柔性视觉检测系统开发

(基于 OpenCV 和 VC++)

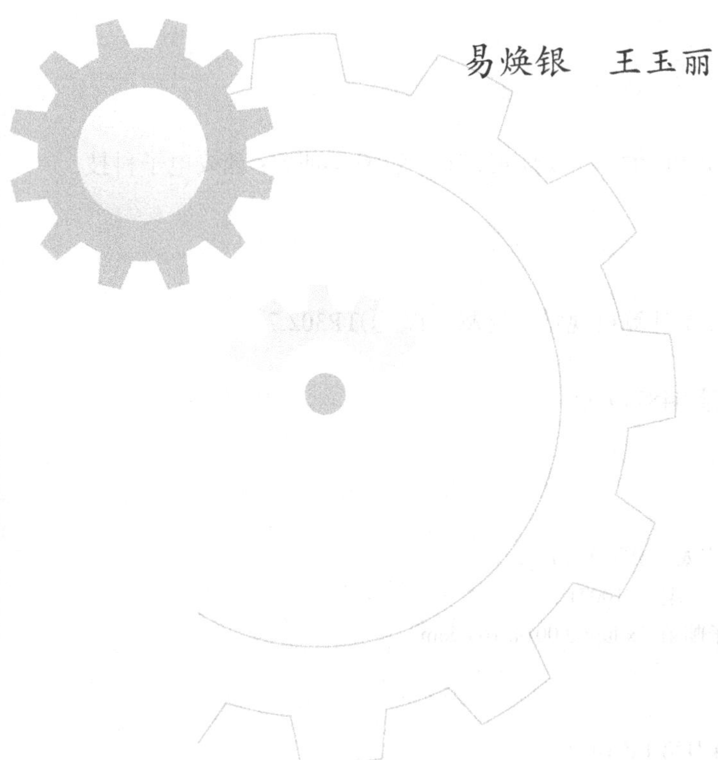

易焕银　王玉丽　著

西安电子科技大学出版社

内 容 简 介

作为实现智能制造的核心技术，视觉检测技术是当前的热门技术之一。本书讲述了基于 OpenCV 和 VC++开发一套高度柔性的视觉检测系统的过程和方法，从硬件、软件、算法及应用四个方面较为全面地介绍了开发柔性视觉检测系统的技术要点和实践方法。

全书共 5 章，简要介绍了视觉检测技术的发展、应用，视觉检测系统的结构、原理及视觉检测系统柔性化的必要性及总体开发思路；阐述了柔性视觉成像系统的结构部件设计与核心光学器件选型，软件和底层通用算法库的设计与实现；最后讲解了数个典型视觉检测应用案例的开发。

本书可作为机器视觉检测、智能生产线开发等相关领域的研究者和工程技术人员的参考用书，而对于有一定 C++编程基础并需要自行搭建一套完整的机器视觉检测系统的读者，也可借鉴本书快速搭建个性专属的视觉系统。

图书在版编目(CIP)数据

柔性视觉检测系统开发：基于 OpenCV 和 VC++ / 易焕银，王玉丽著. --西安：西安电子科技大学出版社，2024.4

ISBN 978 – 7 – 5606 – 7209 – 0

Ⅰ. ①柔…　Ⅱ. ①易… ②王…　Ⅲ. ①计算机视觉—检测　Ⅳ. ①TP302.7

中国国家版本馆 CIP 数据核字(2024)第 048779 号

策　　划　秦志峰　杨丕勇
责任编辑　秦志峰
出版发行　西安电子科技大学出版社(西安市太白南路 2 号)
电　　话　(029)88202421　88201467　邮　　编　710071
网　　址　www.xduph.com　　　　电子邮箱　xdupfxb001@163.com
经　　销　新华书店
印刷单位　西安日报社印务中心
版　　次　2024 年 4 月第 1 版　2024 年 4 月第 1 次印刷
开　　本　787 毫米×1092 毫米　1/16　印张　14
字　　数　329 千字
定　　价　57.00 元
ISBN 978 – 7 – 5606 – 7209 – 0 / TP
XDUP 7511001-1

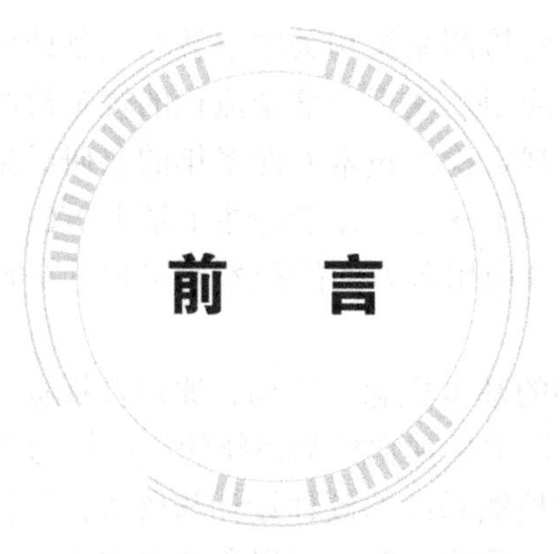

前言

产品质量是企业的生命线。随着用工成本的逐年攀升以及客户对产品质量的要求越来越高，加之视觉检测技术速度快、非接触、精度高等特点，越来越多的制造企业开始引入机器视觉检测系统来代替传统的人工检测方法。基于机器视觉的检测系统目前已被广泛应用于汽车、电子、包装、制药、食品、化工、医学、农业和军事等行业领域。

近年来，随着用户对产品的个性化、多样化需求的日益增强，以及大批量生产模式给企业带来高昂的库存成本等原因，很多生产企业逐渐由过去单品种大批量的刚性生产方式开始转变为多品种小批量的柔性生产方式。然而，多品种小批量生产方式因其品种多、数量少、交期短的特点，其良品率不稳定且返工成本高，对企业的质量和成本的管理和控制带来挑战。

采用视觉检测系统有利于解决产品生产过程中的质量问题，但当前市面上的视觉检测系统大都是针对某种特定检测对象而设计的，专用性强，且价格昂贵，主要应用于大批量生产领域，如手机、汽车等。而在多品种小批量生产领域，客户订货规格不一，生产设备所需加工的产品种类繁多，产品设计制造过程多变，生产线需要对多工位、多种类型的工件进行检测等因素，导致采用传统的机器视觉检测系统的总成本过高，所以当前机器视觉检测系统在多品种小批量生产领域中应用得较少。为了推进视觉检测技术在多品种小批量生产领域中的应用，研制一种基于机器视觉的低成本、高度柔性的检测系统是非常有意义的。

在视觉检测行业，国外知名的品牌有康耐视、基恩士、欧姆龙、迈斯肯、菲力尔、巴斯勒、达尔萨、NI等，国内知名的品牌有大恒图像、海康威视、天准科技、矩子科技、凌云光等。虽然这些品牌的视觉检测系统在硬件上质量可靠，在视觉软件和算法上也都比较成熟，但系统硬件专用性强，软件对用户一般不开放源码，视觉图像处理算法被厂商以库文件的形式打包起来，导致学习者难以深入研究其工作原理和运行过程。

随着机器视觉相关硬件和软件基础设施性能的大幅度提升，包括工业相机、工业镜头、工业视觉光源、图像处理器等硬件的性能显著提升，功能丰富的开源图像处理库(如OpenCV)的出现与发展成熟，视觉检测算法研究的显著进展，行业从业人员开发能力的提升，为自行开发低成本、高度柔性的机器视觉检测系统创造了良好条件。近年来，视觉检测在工业各领域中的应用需求日益增强，也促使越来越多的企业、高校和研究机构开始尝试自主研发机器视觉检测系统。

然而，当前市面上与视觉检测系统相关的书籍和文献或偏重于硬件方案，或偏重于机器视觉理论，或偏重于软件应用，缺乏一套全流程的视觉检测系统开发解决方案。针对以上问题，本书以作者在机器视觉检测技术方面多年的科研成果为基础，以描述如何开发一套完整的柔性视觉检测系统为出发点，详细讲述了基于 VC++和 OpenCV 开发柔性视觉检测系统的硬件、软件、算法及应用各方面的技术要点和重要开发内容。全书共 5 章，具体内容如下：

第 1 章介绍了视觉检测的基本概念、结构、原理及视觉检测系统柔性化的必要性及总体开发思路，使读者整体认识柔性视觉检测系统的核心概念及本书的主要内容。

第 2 章介绍了柔性视觉检测系统的硬件设计与核心光学器件的选型，重点介绍了工业相机、工业镜头和视觉光源的重要参数、选型和使用方法；另外，还介绍了增进柔性成像的六种结构部件的设计，包括中心点定位底座、上光源支架装置、机器视觉光源夹具、实验台简易底板、相机高度调节装置、振动旋转台。

第 3 章讲述了柔性视觉检测系统软件的设计与具体实现，软件开发采用基于 VC++和 OpenCV 的技术方案，包括软件主界面设计、工业相机控制、工业相机的检测参数管理和单个检测项目的开发等内容。

第 4 章介绍了柔性视觉检测的底层通用算法库的设计，包括对视觉检测系统常用的 OpenCV 核心数据结构类型和功能函数的总结、频繁使用的基础几何算法和连通域分析算法、工业生产应用中经常用到的单环检测算法，以及适应旋转、缩放、光照变化、部分遮挡情况的稳健目标定位算法(基于广义霍夫变换)。

第 5 章详细讲解了五个典型的视觉检测应用案例的开发，包括轴承夹齿牙计数与定位、彩色线束线序检测、R 型销间隙测量、螺钉螺纹计数、压缩弹簧中段线径测量。五个案例由易到难，均采用先简要介绍案例背景再详细讲解案例开发过程的方式。

广东交通职业技术学院的易焕银撰写了本书第 1 章、第 2 章、第 4 章和第 5 章的内容并负责全书的统稿工作，苏州工业园区职业技术学院的王玉丽撰写了本书第 3 章的内容。

本书的出版得到了广州市基础研究计划基础与应用基础研究项目(202201011675)的资助，在此向相关部门表示感谢。

由于作者水平有限，书中难免存在疏漏与不足之处，敬请广大读者批评指正。

作者

2023 年 12 月

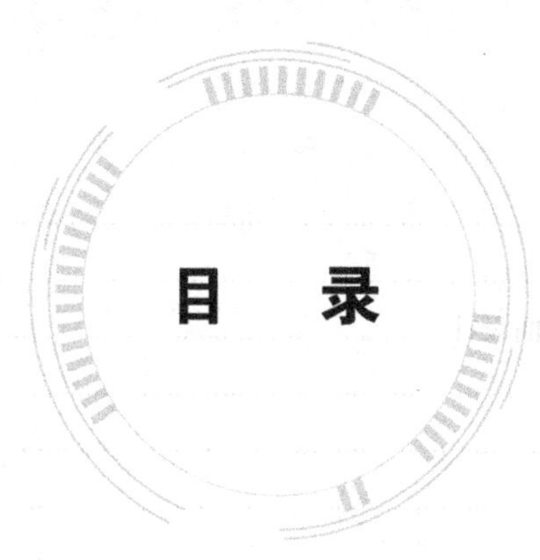

目 录

第1章　绪　论

在工业转型升级的过程中，智能制造成为制造企业的一个重要抓手。机器视觉作为实现智能制造的关键技术，由于其具有的非接触、速度快、精度高、可重复性好以及不会产生视觉疲劳等特点，被赋予了替代人工、提升生产效率、降低生产成本的重任，已经渗透到工业、农业、医学、交通等领域，并且不断推进着产业智能化的转型升级[1]。

随着用户对产品的个性化、多样化需求的日益增强，越来越多的制造企业开始转向多品种小批量生产模式。但是目前国内采用多品种小批量生产模式的制造企业的生产过程质量控制大都还依靠人工检测或使用专用仪器抽检。工业生产中实际应用的机器视觉检测系统因功能专一、价格昂贵，普遍适用于大批量生产模式，难以在多品种小批量生产领域中推广应用。作为全球制造工厂，我国生产着全球大部分的工业产品，而较高的不合格品率会造成大量资源的浪费。因此，研发针对多品种小批量生产领域的柔性视觉检测系统具有重要意义。

1.1　视觉检测技术的发展与应用

1.1.1　视觉检测技术的发展历程

视觉检测是机器视觉技术主要的应用方向，发展机器视觉技术的目的是让机器拥有一双能测量和判断的眼睛。机器视觉系统是指通过机器视觉器件抓取图像，然后将图像传送至处理单元进行数字化处理，基于像素分布和亮度、颜色等信息，进行尺寸、形状及颜色等参数的判别，进而控制和操作现场设备[2]。

机器视觉技术的研究始于 20 世纪 50 年代二维图像的模式识别。20 世纪 60 年代，美国学者罗伯兹提出了多面体组成的积木世界概念，其中的预处理、边缘检测、对象建模等技术至今仍在机器视觉领域中应用。20 世纪 70 年代，David Marr 提出的视觉计算理论给机器视觉研究提供了一个统一的理论框架；同时，机器视觉的研究也形成了包括图像处理和分析的并行算法、目标制导的图像处理、视觉系统的知识库等在内的几个重要分支。

20 世纪 80 年代，机器视觉的研究形成了全球性热潮，处理器、图像处理等技术的飞速发展带动了机器视觉的蓬勃发展，新概念、新技术、新理论不断涌现，使得机器视觉技术持续发展，一直是非常活跃的研究领域[3]。我国的机器视觉技术研究起步于 20 世纪 80 年代，初期主要是引进技术，应用于半导体和电子行业，研发投入较少，相关技术人才缺乏，国内相关厂商以代理国外品牌为主，缺乏自主研发[4]。

20 世纪 90 年代，在图像分割、目标识别与跟踪等理论方面取得的显著进展，推动了机器视觉在高精度实际测量、表面缺陷检测方面的应用。与此同时，基于统计学习的分类方法开始初露端倪，以 Yann LeCun 提出的可快速、准确识别手写数字的卷积网络 LeNet[5] 技术为例，据统计，从 20 世纪 90 年代末至 21 世纪初，全美超过 10%的支票由以该技术为核心的银行支票识别系统读取。

进入 21 世纪后，作为机器学习的一个重要分支，由于在语音处理、计算机视觉、自然语言处理等人工智能领域的突出表现，深度学习受到了前所未有的关注。2006 年，深度学习的领军人物 Hinton 等人探讨了大脑中的图模型[6]，提出了利用自编码器来降低数据的维度[7]，并提出以预训练的方式来快速训练深度信念网络[8]。2012 年，Hinton 和他的学生将 ImageNet[9]图片分类问题的 Top5 错误率由 26%降低至 15%；从此，深度学习技术的发展进入爆发期。然而，当把深度学习运用到“智慧工厂”这样的机器视觉检测应用场景时，还有很多难以克服的缺陷[10]：

(1) 深度学习模型的训练需要大量的计算资源，且训练时间非常长；

(2) 深度学习模型的超参数太多，训练难度大；

(3) 深度学习严重依赖于大规模的带标签数据来训练模型，而人工数据标注耗时耗力，代价高昂，且在以制造业为代表的工业应用领域中常常难以收集到足够多的带标签数据。

尽管如此，近年来在制造业领域还是出现了一些基于深度学习的缺陷检测、目标识别等方面的机器视觉应用，如基于深度学习的焊点识别算法[11]、汽车轮毂表面缺陷检测算法[12]等。

1.1.2　视觉检测技术的应用

从功能来看，机器视觉技术主要应用于定位、测量、检测和识别四个方面。定位是指搜索被测对象并确认其位置，输出有无、中心点坐标和旋转角度等信息，常用于引导机械臂进行抓取。快速精确的目标定位是后续测量、检测、识别等步骤的基础。测量是机器视觉应用的常见需求，指在提取感兴趣区域的前景像素后识别目标对象上的若干个特征点，再计算出被检测对象的尺寸、角度、半径、同心度、数目、面积等几何参数，并将测量结果与预设标准值相比较，输出各检测值是否在容差范围内等结果。广义的检测是指用某种方法测试并验证被测对象的技术参数或性能指标是否符合预设要求。机器视觉领域的检测常为狭义的概念，主要是指判断被测对象的外观表面特征是否符合预期，典型应用为对各种缺陷的检测，如污点、凹坑、裂纹、划痕、气泡、磨损、毛刺和装配缺陷等。广义的识别包括物体的外形、颜色、纹理、图案、人脸、虹膜、指纹等各方面的识别。狭义的识别又称解码，是指对图像进行分析并提取预编码和目标对象的物理特征等信息，在工业生产中常见的应用包括对条码、二维码、光学字符等进行识别。

近年来，机器视觉相关技术越来越受到重视，视觉检测系统或方法的研究已经渗透进了产业的各个方面，国内外很多课题组已开展了针对某种检测对象的视觉检测系统的相关研究，主要集中在检测、测量、识别等方面的工业应用领域[1]，如基于机器视觉的耳机孔壁弹性触点高度的自动检测系统[13]、线缆表面缺陷实时检测系统[14]、罐头缺陷检测系统[15]、用于电子等微观测量的读取和识别表面复杂的分子组件系统[16]、用于果园导航的机器视觉系统[17]、鳟鱼加工系统[18]、螺纹参数检测系统[19]、汽车减震杆检测系统[20]、齿轮几何参数自动测量系统[21]、弹簧座视觉检测系统[22]、热模锻造旋转工件尺寸在线检测系统[23]、用于测量旋转工件表面粗糙度的检测系统[24]等。这些系统大都针对某种特定工件而设计，对于所针对的检测对象的硬件成像及软件检测效果良好，但难以应用于其他类型工件的检测，系统通用性不足。

国内机器视觉检测技术在多品种小批量领域已有少量应用，例如，针对大景深、宽幅面以及高精度的圆形连接器外壳尺寸测量问题，上海威克鲍尔通信科技有限公司设计了一套基于机器视觉的在线检测系统[25]，能够兼容 9 种规格产品的高质量成像，具有自动化程度高、测量精度高、柔性高等特点，解决了企业多品种小批量、多特征的圆形连接器外壳产品的检测问题。浙江大学设计了一种带有视觉检测的复合移动机器人系统[26]，既能够实现机加工车间的工件转移搬运和上、下料的自动化，又能利用视觉检测定位系统保证机械手末端准确抓取不同种类的目标工件，同时提高工件抓取搬运的柔性化程度。以上系统仅解决了机器视觉检测系统在多品种小批量生产领域应用的部分问题，但依然只是针对某种特定类型的产品或应用场景而设计的，系统在光学成像等方面对多品类对象的适应性仍然不足。

1.2　视觉检测系统的结构与原理

1.2.1　视觉检测系统的基本结构

图 1.2.1 所示为视觉检测系统的基本结构，该系统主要由三部分构成：对被测对象进行图像采集的工业相机、工业镜头和机器视觉光源，对采集到的图像进行转换、处理与分析的图像采集卡和计算机，以及对结果进行显示与运用的显示器、控制器和执行机构。如果以人类视觉系统来类比的话，机器视觉光源相当于照明系统(凸显观测对象的检测特征、降低环境光的干扰)，工业镜头相当于人的眼球(将视野光线聚焦成像，影响成像的畸变程度，镜头畸变度高，相当于人眼屈光不正)，工业相机相当于人眼的视网膜(完成光/电能量转换，决定成像的清晰度和信噪比等)，图像采集卡和计算机相当于人的大脑(完成图像的转换、处理与分析)，结果显示与运用模块相当于执行人的意志的喉舌、手、脚等身体执行器官。

图像采集模块的各种光学器件(相机、镜头和光源)的选型和调节决定了图像成像的质量和效果，对后续图像处理与分析的难度乃至整个系统运行的可靠性影响非常大，对于大部分机器视觉检测项目来说，获得良好的成像即表明项目已经成功了一半。图像处理与分析模块是整个机器视觉检测系统的核心，对于大多数视觉检测项目来说，运行于计算机或其他图像处理器上的算法是整个项目的灵魂，其运行效率与稳定性往往决定系统的整体性能。结果显示与运用模块是系统开发的目的和意义，但并非每个视觉检测系统都包含显示器、控制器和执行机构三部分，例如，有些视觉检测系统只需要将检测结果以图像的形式输出显示即可，而不带控制器和执行机构。

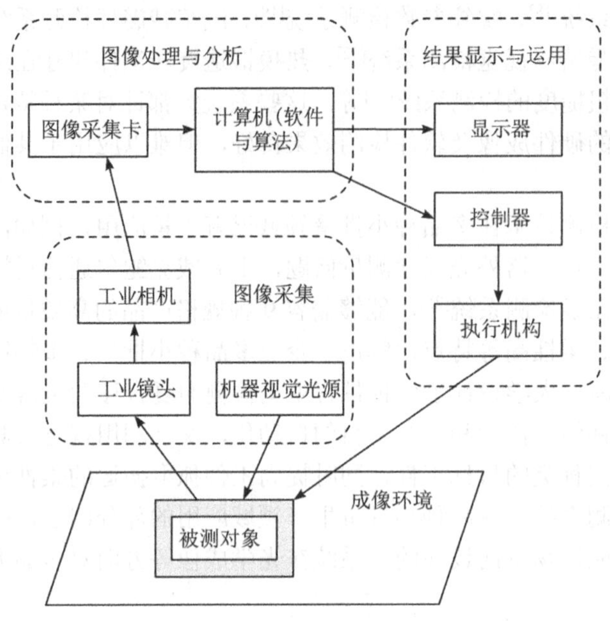

图 1.2.1　视觉检测系统的基本结构

1.2.2　视觉检测系统的工作原理

常见的视觉检测系统的工作过程如下：当某种触发事件(可以是传感器探测到目标对象后由硬件自动触发，也可以是系统操作人员单击检测按钮后通过软件手动触发)发生时，机器视觉软件收到触发指令后，控制机器视觉光源完成频闪等动作来照亮目标(光源也可能是常亮的)，并给工业相机发送抓拍指令，相机将采集到的被测对象的图像发送给图像采集卡，再由图像采集卡将图像形式转换为计算机能够处理的数字图像信号，输出给机器视觉软件处理，视觉软件调用相关的检测算法，检测算法通过执行图像预处理、图像二值化、特征提取等步骤完成对图像目标的分析和识别，计算出被测对象的检测参数、识别类别等检测结果，并将结果输出给显示器显示，同时发送给控制器(如 PLC 等)，最后控制器根据检测结果来控制机械执行机构(如机械臂、气缸、电机等)完成分拣检测对象等动作。

理清系统中的图像数据流是理解视觉检测系统工作原理的关键，图 1.2.2 是典型的视觉检测系统的图像数据流，包括图像采集、图像转换、图像预处理、图像二值化、特征提取、计算检测结果、绘制结果图共七个环节。其中，图像采集由相机完成，图像转换由图像采集卡完成，后续的五个步骤由视觉软件和检测算法完成。

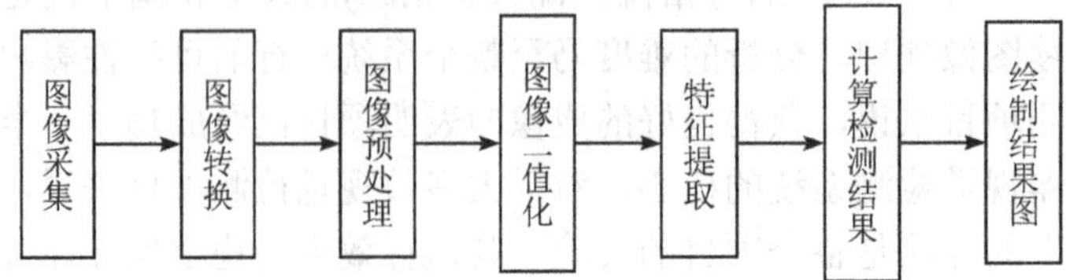

图 1.2.2　典型的视觉检测系统的图像数据流

1. 图像采集

图像采集环节完成对被测对象原图的采集，由工业相机、工业镜头和机器视觉光源三个核心光学器件配合完成。通过对各器件的恰当选型与调节，可获得凸显检测特征、便于后续算法处理的图像。其中，工业相机的成像质量直接影响系统检测结果的精确性，而机器视觉光源的选型和调节是图像采集环节中难度最高的。

2. 图像转换

图像采集卡连接着工业相机与视觉软件，是图像采集与图像预处理的桥梁。图像转换环节由图像采集卡完成，它将模拟图像信号转换为数字图像信号，同时对图像信号进行降噪、增强、滤波等处理，以提高图像信号的质量。

3. 图像预处理

图像预外理环节完成对原始图像的去噪、增强、旋转、尺寸调整等一系列的操作，以达到减少噪声、提高图像质量、增强图像的待检测特征等目的。在图像采集过程中，传感器噪声、信号干扰等因素会导致图像中不可避免地含有噪声，常用的图像去噪方法有高斯滤波、均值滤波、中值滤波等。图像增强是为了使图像更加清晰、对比度更强，常用的图像增强方法有直方图均衡化、对比度拉伸和锐化等。图像旋转和尺寸调整是将图像旋转、缩放到所需要的角度、尺寸，由于在旋转、缩放时需要估计新位置的像素值，因此在旋转、缩放过程中常需要使用最近邻插值、双线性插值等插值方法。

4. 图像二值化

二值图像是指图像中每个像素只有两种可能的取值(常为 0 和 255)。从视觉效果上看，二值图像呈现为完全的非黑即白。图像二值化环节将灰度图像或彩色图像等多值图像转换为二值图像，其目的是从图像中提取出目标对象或感兴趣部分，实现检测目标与背景的分离，并简化、加速后续算法的处理。图像二值化属于一种基础的图像分割方法，有多种实现方式，如全局阈值法、自适应阈值法(局部阈值法)、OTSU 法(也称大津算法、最大类间差法)等。对于以几何参数测量为基础的视觉检测类应用来说，该环节极为关键，直接决定了目标对象边界提取的准确程度，从而影响到系统测量结果的准确性。因此，对于该类视觉检测项目，需要先细致观察和分析原始图像的特点，然后非常谨慎地选择二值化方法及其阈值参数，并测试、验证目标前景像素提取的准确性。

5. 特征提取

特征提取环节完成对图像中的点线面几何特征、物体形状特征、表面纹理特征、直方图统计特征、颜色特征等具有代表性信息的提取，具体包括目标的位置与方向、纹理、边缘、颜色、周长、面积、关键点位置等。特征的选择、提取与描述是视觉检测算法的核心问题之一，所选择的图像特征应具有良好的区分性和可靠性。

6. 计算检测结果

计算检测结果环节对所提取的特征信息进行计算、统计和分析，通过直接计算特征值或通过各种机器学习的方法(包括深度学习和传统的机器学习方法)训练判别模型，再对输入图像特征进行分类，得出目标定位、尺寸测量、表面检测、目标识别等任务的最终检测结果，并完成各项参数是否在预设阈值范围内或是否为预期类别的检查，并对检测结果信息进行保存。

7. 绘制结果图

绘制结果图环节将检测过程中的关键特征和最终的检测结果以各种形式(如圆点、线段、文字等)绘制在原始图像中，然后输出给显示器显示或保存到本地文件，以便于系统开发人员和系统用户查看并分析检测结果。

1.3 视觉检测系统的柔性化设计

1.3.1 视觉检测系统柔性化的必要性

多品种小批量生产方式是指在规定的生产期间内，生产对象的产品种类(规格、型号、尺寸、形状、颜色等)较多，而每个种类产品的生产数量较少的一种生产方式[27]。随着社会经济的发展和人们物质生活质量的不断改善，消费者的需求日益趋向个性化、多样化，为适应这一市场变化趋势，目前大部分制造企业的生产过程已从传统的大批量生产模式转向多品种小批量的生产模式[28-30]。据统计[31]，西方国家超过 75%的企业采用多品种小批量的制造加工方式，产值约占总产值的 60%～70%；我国加工制造业 50%以上的企业属于中小批量生产类型，这一比例在机械制造业中更是高达 95%左右(约占总产值的 75%)，多品种小批量生产方式在制造业中占有十分重要的地位，其生产管理流程优化、系统调度控制、精益单元化生产等问题是当前学界研究的热点[32-48]。

由于多品种小批量生产模式具有品种多、数量少、交期短的生产特性，在实际操作中质量管控难度大，产品加工参数繁多、良品率不稳定、返工成本高，对品质的稳定性带来挑战[49-55]。随着全球工业化程度的不断提升，行业间的相互竞争日益激烈，企业越来越关注被视为核心能力的质量管理。

由于基于机器视觉的检测系统在降低劳动成本、提高检测速度和精度等方面有很大的优势，所以在生产过程中采用的机器视觉检测技术可显著减少产品质量问题，提高生产效率，提升产品品质管理水平和有效减少企业的生产成本，因此，目前许多企业都已将生产质检过程与机器视觉检测技术结合起来。

目前市面上的机器视觉检测系统普遍价格偏高(数万到几十万元人民币不等)，且普遍都只适用于单一类型的检测对象。在多品种小批量生产方式下，客户订货规格不一，生产设备所需加工的产品种类繁多，产品设计制造过程多变，生产线需要对多工位、多种类型的工件进行检测，导致采用传统的机器视觉检测设备的总成本过高，在多品种小批量生产行业中使用情况较少。要推进机器视觉检测技术在多品种小批量生产领域中的应用，关键是降低视觉检测系统的成本并提高其适应性。因此，研制一种基于机器视觉的低成本、高度适应工件类型及其参数变化的柔性视觉检测系统就十分必要。

1.3.2 柔性视觉检测系统的开发思路

柔性视觉检测系统的研发包括柔性视觉成像系统的设计、柔性视觉检测系统软件的开发、底层通用算法库的设计和系统应用案例的开发四个部分，分别对应硬件、软件、算法和应用四个方面的内容。图 1.3.1 所示为柔性视觉检测系统的开发思路。

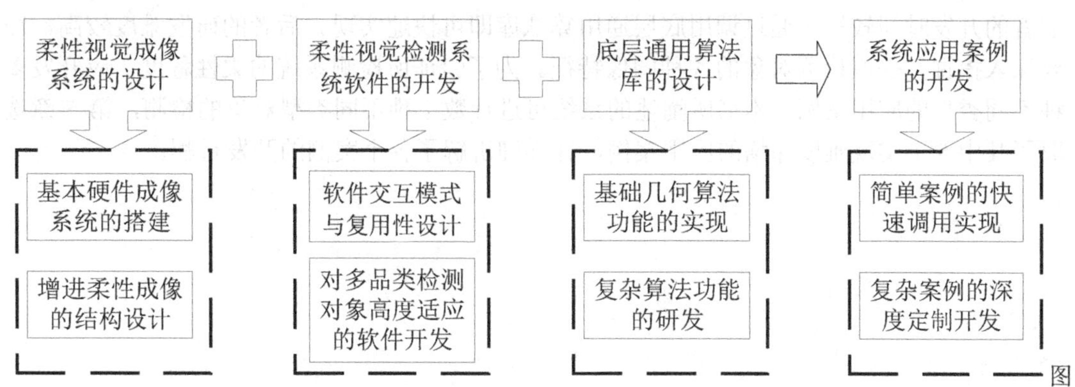

图 1.3.1　柔性视觉检测系统的开发思路

柔性视觉成像系统的设计包括基本硬件成像系统的搭建和增进柔性成像的结构设计两方面。前者包括工业相机、镜头和光源的选型，可将各类光学器件固定到不同的摆放位置和角度的视觉支架的设计，以及外界光线屏蔽装置的设计等。为了使各种常见类型的检测对象都能得到良好的视觉成像，系统需配备多种型号的工业相机和镜头以及包括背光源、条形光源、环形光源、同轴光源、穹顶光源在内的多种类型的机器视觉光源，使得在多品类生产检测时可以就地选择合适的光学器件。设计的几种增进柔性成像的结构部件，可使系统具备工件快速对中、夹持不同类型和规格的光源、自动调节相机高度、快速更换检测背景底色、快速完成多角度样品原图的自动批量采集等多品类视觉检测迫切需要的功能。

柔性视觉检测系统软件的开发包括软件交互模式与复用性设计和对多品类检测对象高度适应的软件开发两个方面。系统软件的开发主要完成软件系统的整体框架、用户交互界面的设计、相机的软件控制和调节、检测项目和参数的管理等基础功能。由于系统需管理的检测应用实例很多，每一个实例都要有良好的运行交互界面和参数修改界面，这就要求在项目设计时必须完成系统软件的复用性设计和规划，设计一个较为统一的交互模式。针对在多品类检测时需频繁地变换检测型号的情况，需开发根据配置文件自动增减检测型号的功能以提高检测的效率。同时，系统需提供在线单次检测、实时检测、加载单张本地图片离线检测和离线批量检测等多种检测模式，其中，离线批量检测可对计算机本地指定目录内的所有图像进行批量加载并完成测试，以提高视觉检测算法可靠性验证的效率。

底层通用算法库的设计主要是设计一套方便后续实例应用直接调用的通用底层算法功能库，包括基础几何算法功能的实现和复杂算法功能的研发两部分。前者包括基础几何算法模块及连通域分析模块的实现，主要解决在机器视觉检测应用中经常需要用到各种几何计算(如点线关系、线线关系等)和描述目标数量、位置、大小等信息的连通域分析问题。复杂算法功能包括单环检测算法和基于广义霍夫变换的目标定位算法。在工业生产中，经常需要对环状物进行检测，而快速、精确、可靠地定位到旋转、缩放、光照差异大、部分遮挡的目标是工业视觉检测应用的基础性需求。因此，底层通用算法库广泛应用于不定位置目标对象的几何参数测量、引导机器人抓取等场景。

系统应用案例的开发包括简单案例的快速调用实现和复杂案例的深度定制开发两类。前者的开发时间较短，通过调用底层通用算法库即可快速实现。后者的研发难度较高，需要深入挖掘并提取检测对象的各种图像特征。为了验证所检测系统的柔性程度，应开发多种不同类型的应用案例。本书所阐述的系统可进行数十种不同类型对象的检测，第 5 章选取了其中 5 个实现难度递增的应用案例，并详细讲解了各个案例的开发过程。

第 2 章　柔性视觉成像系统的设计

视觉成像系统是视觉检测系统的硬件部分，主要用于采集观测对象的图像。柔性视觉成像系统对各种常见类型的观测对象都能获得良好的视觉成像，且能够实现不同类型对象成像环境的快速切换。本章主要介绍柔性视觉成像系统的整体结构和系统搭建思路、光学器件选型与使用方法以及增进柔性成像的结构部件设计，首先，通过对一个基本的视觉成像系统实例的介绍，使读者对视觉检测系统的硬件结构及搭建方法有一个整体的把握；然后，重点讲解工业相机、工业镜头和机器视觉光源这三类核心光学器件的选型与基本使用方法，并举例说明；最后，介绍增进柔性成像的六种结构部件的设计，即中心点定位底座、上光源支架装置、机器视觉光源夹具、实验台简易底板、相机高度调节装置和振动旋转台。

2.1　基本的视觉成像系统实例

视觉成像系统由核心光学器件和其他辅助支撑部件两部分构成。对于绝大部分的机器视觉检测系统来说，光学器件都包含工业相机、工业镜头和机器视觉光源三部分，而辅助支撑部件的组成和形态的差异性较大。图 2.1.1 所示是一个典型的视觉检测系统的硬件部分，其核心光学器件包括工业相机及镜头、机器视觉光源(环形光源为上光源，背光源为下光源)，其他辅助支撑部件包括遮光装置、相机夹具、相机升降杆、光源夹具、工件搭载底座、工具箱等。

图 2.1.1　典型的视觉检测系统的硬件部分

图 2.1.2 所示是视觉成像系统硬件部分的安装流程。

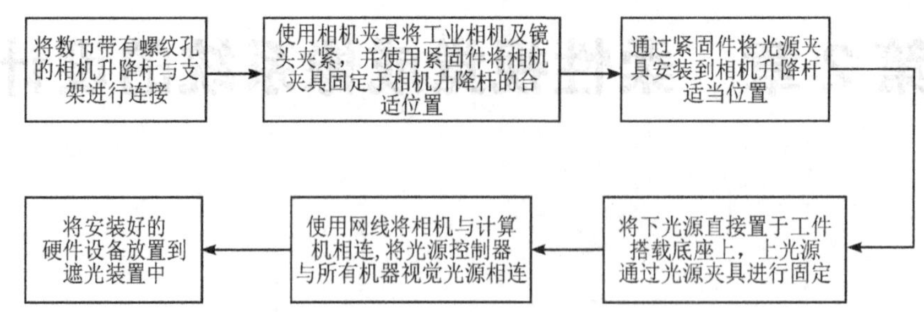

图 2.1.2　视觉成像系统硬件部分的安装流程

表 2.1.1 为图 2.1.2 所示的视觉成像系统各组成部件的功能说明。理论上，仅需要工业相机和工业镜头即可完成实际成像功能。工业镜头相当于人的眼球，通过对光的折射和聚焦将检测对象在工业相机的传感器上成像；工业相机相当于人眼的视网膜，完成光/电转换并输出图像信号。以上两部分对所有的机器视觉系统来说都是必不可少的。除此之外，绝大部分机器视觉检测系统的光学器件还包括机器视觉光源，其作用是克服环境光的干扰并获得对比鲜明的成像条件，形成有利于后续图像处理的成像效果，保证系统在硬件成像环节的稳定性。

表 2.1.1　视觉成像系统各组成部件的功能说明

部件名称	功能说明
工业相机及镜头	采集检测对象的图像
机器视觉光源	凸显工件特征并稳定成像环境
遮光装置	屏蔽外界光线，支撑整体结构
相机夹具	固定工业相机及镜头
光源夹具	紧固并调节上光源的打光角度
相机升降杆	调节工业相机的高度
光源控制器	调节光源的亮度、控制屏闪
工件搭载底座	放置待检测的工件
工具箱	放置备用光学器件、常用工具和检测工件

遮光装置是整套设备的骨架，其核心作用是屏蔽外界光线的干扰，提高系统检测的精度和稳定性，其辅助作用是支撑系统的整体结构和收纳工具箱等。遮光装置由金属框架结构和粘附于其内部的抗反光贴膜及挂在其开口处的遮光布组成。

在实际项目中使用的相机夹具、相机升降杆、光源夹具和工件搭载底座等辅助支撑部件需要根据具体的应用场景和环境条件进行配置，若只需搭建用于检测应用方案评估、基础机器视觉教学实验等基本的机器视觉检测系统，则只需在各网络购物平台直接搜索“机器视觉实验支架”即可方便购得，支架样例如图 2.1.3 所示，价格一般在数百到千元人民币之间。相机夹具和光源夹具分别用于固定相机和光源；相机升降杆用于调节相机和光源的高度；工件搭载底座用于放置待检测的工件和背光源等。

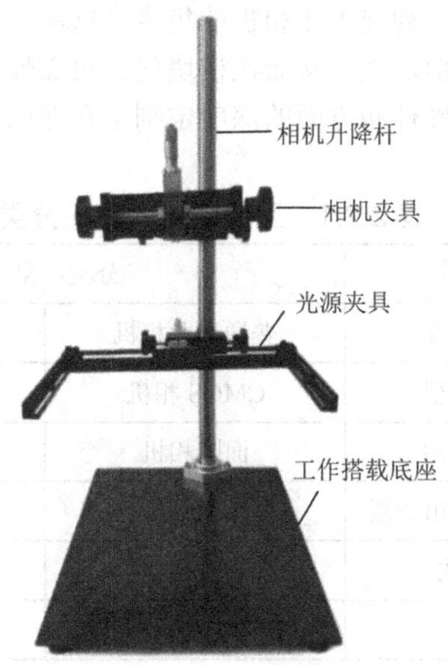

图 2.1.3　机器视觉实验支架

2.2　光学器件的选型与基本使用方法

对于机器视觉检测项目，系统硬件构建的核心问题是光学器件的选型与调节，其中，工业相机和工业镜头的选型决定了检测能达到的理论精度、速度等，机器视觉光源的选型和调节决定了成像的特征是否准确、稳定。

这些光学器件的价格普遍都比较昂贵，而且器件卖家大都不支持非质量原因的退换货。因此，在搭建机器视觉系统前，需谨慎地计算好工业相机和镜头的相关参数，在光学器件的选型过程中最好咨询卖方的销售和技术人员的意见。若针对特定工件的检测应用，机器视觉光源的恰当选型可能会有很高的难度，可考虑先把检测样品寄给光源卖家，由他们通过实验获得较好的打光方案后再下单购买。

2.2.1　工业相机

1. 工业相机的分类与类型选择

工业相机的分类有多种角度和形式，较为常见的是按相机集成度、传感器类型、传感器结构、传感器色彩输出类型、快门方式和输出信号方式这几个角度来分类，分类结果如表 2.2.1 所示。一般来说，表中每种分类结果的第一类相机应用得更加广泛。

基于普通工业相机和智能工业相机的机器视觉系统在结构上的差异明显，后者不需要配备额外的运行视觉检测软件和图像处理算法的处理器(PC、DSP 等)；前者的优势是可拓展性强、灵活度高，计算机可以接入多个工业相机，实现多视场、多工位、多功能的应用组合等，所以应用更加广泛。智能工业相机的集成度远高于普通工业相机，相机内部集成了图像采集、图像处理与通信功能，从而在模块化、可靠性和易于实现等方面有一定的优势，但其在检测功能的软、硬件两方面的深度定制上存在明显劣势，适用于快速搭建比较简单的机器视觉应用。

表 2.2.1 工业相机的常见分类

分类标准	分类结果	
相机集成度	普通工业相机	智能工业相机
传感器类型	CMOS 相机	CCD 相机
传感器结构	面阵相机	线阵相机
传感器色彩输出类型	黑白相机	彩色相机
快门方式	全局快门相机	卷帘快门相机
输出信号方式	数字相机	模拟相机

CCD 相机的工业应用远早于 CMOS 相机，目前 CMOS 已成为工业相机中主流的图像传感器，CCD 传感器则更多地应用在天文、生物、军事等高端领域。CCD 传感器的工作过程分为电荷的生成、电荷的收集、电荷的转移和电荷的测量四个阶段，电荷的收集、转移及测量是在像元外部完成的。CMOS 相机传感器的每个像元都有单独的电压转换，通常还包括放大器、噪声校正和数字化电路。CMOS 相机的结构更简单、帧率更高、功率和制造成本更低，但由于每个像元都是单独处理的，CMOS 相机在成像的一致性方面要差于 CCD 相机。

面阵相机较线阵相机更为常用，线阵相机最大的特性在于可修改成像的最大行数，在类似如下几方面应用时应考虑采用线阵相机：

(1) 检测圆柱形表面(弧转面)；

(2) 添加视觉到空间受限的机器；

(3) 需要获取更高分辨率和更大的长宽比图像。

面阵相机的传感器像元排列是矩形的，单次成像即可输出二维的“面”(矩阵)图像(如 1920×1080)；线阵相机的传感器是线形的(一般为 1 行或 3 行)，单次成像即可输出一维的“线”图像(如 4096×1)。如果线阵相机要成像，需要将输出的每行像素拼接起来。

市面上同型号的黑白相机与彩色相机价格基本一样(一般可以通过它们型号名称的最后一个字母来区分，M 为黑白相机，C 为彩色相机)，由于彩色图像很容易转换成灰度图像，所以彩色相机能够胜任黑白相机可完成的所有功能，反之则不然。那么，既然同型号彩色相机与黑白相机价格基本一样，是否意味着对于常规的视觉应用都应该优先选择彩色相机呢？其实不然，在相同分辨率条件下，黑白相机的检测精度显著高于彩色相机，因此除非一定需要彩色信息作为检测特征，否则工业应用中一般优先采用黑白相机。市面上的彩色相机大都为采用 Bayer 阵列方案的伪彩色相机，与黑白相机一样，里面只有一块感光芯片。每个像素只感应滤光片允许通过的指定光波段，只输出 RGB 三通道中一个通道的值。为了解决每个像素缺失另外两个通道值的问题，彩色相机采用了根据邻近像素的值进行插值计算的方法，从严格意义上来说，由插值计算得到的结果是不精确的，所采集到的图像边缘的对比度会比黑白相机差。

全局快门相机的曝光时间更短，抓拍时整个传感器的所有像元同时曝光。当卷帘快门相机抓拍时，像元从第一行到最后一行按顺序曝光，曝光时间更长。当相机与被拍摄对象在抓拍期间有相对运动时，抓拍结果会存在明显的运动形变，即产生“果冻现象”。因此，虽然全局快门相机价格高于卷帘快门相机，但在抓拍运动的检测对象或相机本身运动的场合，应优先选用全局快门相机。

模拟相机输出的是模拟信号，结构更简单、价格更便宜，可直接接监视器或显示器使用，如需对所采集的图像进行处理，则必须接图像采集卡，通常用于闭路电视、监控摄像。由于传输的模拟信号分辨率低、帧率固定、噪声较大，易受电磁干扰而造成失真，因此模拟相机在工业视觉检测领域鲜有应用。数字相机内部有一个 A/D 转换器，数据以数字形式传输，图像质量好，在分辨率、帧率等方面有很大的优势。

图 2.2.1 所示为本视觉系统所选用的两台国产品牌(迈德威视)的工业相机，表 2.2.2 为其技术参数。其中，MV-GE501GM 为黑白相机，MV-GE501GC 为彩色相机，由于二者的大部分参数都是相同的，因此表中参数值共用一列(表中彩色相机区别于黑白相机的 4 个参数通过加粗字体及灰底区分)。选择以上两种类型的相机的原因如下：

(1) 由于需要对成像和处理进行深度定制，各检测应用差异化较大，因此选用普通相机；

(2) 出于价格、适用性方面的考虑，选用 CMOS 数字相机；

(3) 由于所要检测的各类观测对象都可以在一个视场下呈现，因此选用面阵相机；

(4) 由于本视觉系统所应用的检测项目既有对精度要求较高的测量、检测类应用，同时也有颜色识别类应用，所以本视觉系统配备了 1 台彩色相机和 1 台黑白相机；

(5) 由于所检测的对象可能会与相机产生相对运动，因此选用全局快门相机；

(6) 由于需要对图像进行处理且要求分辨率、帧率较高，因此采用数字相机。

图 2.2.1　本视觉系统所选用的两台工业相机

表 2.2.2　本视觉系统采用的工业相机的技术参数

参数名称	参 数 值
型号	MV-GE501GM/**C**
传感器	2/3" CMOS
快门类型	全局快门
相机类型	黑白/**彩色**
像元尺寸/μm	3.45 × 3.45
有效像素	500 万

续表

参数名称	参 数 值
分辨率@帧率	2448 × 2048@24f/s
像素位深度/ bit	12
灵敏度	915 mV 1/30 s/**1146 mV 1/30 s**
GPIO	1 路光隔输入，1 路光隔输出；可选配 3 路输入、4 路输出
采集模式	连续/软触发/硬触发
最大增益(倍数)	64
曝光时间范围/ms	0.022～23068
滤光片	标配双面 AR 增透片/标配 650 nm 红外截止滤光片
帧缓存/B	32 M
用户自定义数据区/B	2 K
视频输出格式	Mono8/Mono12/**Bayer8/Bayer12**
视觉标准协议	GigE Vision V1.2、GenICam
镜头接口	C 接口
数据接口	RJ45 千兆以太网接口，向下兼容 100 M 网络制
电源供电/ V	9～24 (POE 为选配)
功率/W	<2.5
外形尺寸/ mm	29×29×70.85 (不含镜头底座和后壳接口)
重量/g	＜75
工作温度/℃	0~50
工作湿度/%	20~80(无凝结)
存储温度/℃	-30~60
存储湿度/%	20~95(无凝结)

2. 工业相机选型时需关注的几个重要参数

1) 分辨率

分辨率指相机采集图像的横向与纵向像素点的数量(如 1920×1080)，当用相机拍照时，传感器的像元矩阵的亮度感应值与所拍得图像的像素矩阵的灰度值一一对应。分辨率对相机的成像质量有决定性影响，在其他条件相同时，高分辨率的相机成像更加清晰，相应的视觉检测系统的精度更高。直观理解就是，低分辨率下类似于屈光不正的人眼看到的效果，而高分辨率下类似于视力良好甚至是配备显微镜的人眼看到的效果。在实际应用中并非分辨率越高越好，一方面，一般分辨率越高的相机价格越贵，另一方面，分辨率越高的相机的图像处理的速度也越慢，因此选用满足检测精度要求的相机分辨率即可。

2) 像元尺寸

相机传感器的像元与所拍摄图像中的像素一一对应，像元尺寸指图像传感器上每一个像元点的尺寸，像元尺寸越大，则单个像素点感光越强，对噪声的控制能力越强。目前工业相机的像元尺寸一般为 3～10 μm，其大小对后续传感器尺寸参数有重要影响。与像元和像素密切相关的一个参数是位深或像素深度，即表达每个像素所用的数据位数，工业相机一般使用 8 bit。

3) 传感器尺寸

传感器尺寸是相机感光芯片对角线的长度，其单位为英寸，1 英寸，等于 25.4 mm。传感器尺寸由像元的大小和相机的分辨率(即成像图片尺寸)共同决定(感光芯片单方向的尺寸等于像元尺寸乘以成像图片对应方向的像素数目)。传感器尺寸非常重要，结合镜头的焦距和工作距离即可决定成像的视野范围，而镜头的光学放大倍数等于感光芯片尺寸除以视场大小。在像素数目、制作的工艺水平相同的情况下，相机的传感器尺寸越大，成像效果越好。

4) 帧率

帧率是指相机每秒能够采集图像的最大张数，即每秒的帧数(f/s)，相机帧率越高，每秒可采集图像的最大数量越多。对于线阵相机来说，帧率为每秒可采集的最大行数(Hz)，也称行频。当要检测运动工件时，需选择帧率高的工业相机；当要检测快速运动的物体时，需采用高速相机。一般高速相机的价格较贵，在同一传输带宽限制条件下，分辨率越高，帧率越低。

5) 位深

位深是指在将传感器像元感应到的模拟信号转换为数字信号时进行 A/D 转换所采用的二进制位数。位深越高，相机输出图像的像素深度越大，其蕴含的信息细节越多，也意味着要处理的数据越大。工业视觉检测中一般采用 8 bit 位深的图像，少部分需求会采用 10 bit 或 12 bit 位深。

6) 动态范围

以最常用的 8 bit 位深的图像为例，动态范围是指图像里灰度值为 255(即 $2^8 - 1$)的像素对应像元中的电子数与图像里灰度值为 1 的像素对应像元中的电子数的比率。动态范围越大，像元之间采样的差异越大，成像图像的暗度细节越多，对比度越高。对于户外成像应用，如自动驾驶，一般要求相机动态范围越大越好。

7) 光学接口

光学接口是相机的镜头接口，只有镜头与相机的接口匹配才能安装在相机上并且清晰成像。工业相机的镜头接口有多种类型，典型的有 C、CS、F 和 M72 口。其中，C 口和 CS 口是工业相机应用最广泛的接口，均为每英寸 32 牙的英制螺纹口，相互之间具有一定的兼容性。C 口的后截距为 17.5 mm，CS 口的后截距为 12.5 mm，CS 中的“S”可以用“Short”来理解和记忆。C 口镜头匹配 C 口相机，CS 口镜头匹配 CS 口相机，C 口镜头配合 5mm 接圈可以匹配 CS 口相机，CS 口镜头则不能匹配 C 口相机。选择哪种接口主要取决于相机传感器的尺寸，当传感器尺寸在 1 英寸以下时(可满足大部分工业视觉检测应用)，往往采用 C/CS 接口。F 口又称尼康口，是尼康镜头的接口标准；一般在使用大于 25 mm 的镜头、配套相机的靶面尺寸大于 1 英寸时，应采用 F 口的镜头。随着工业相机的靶面尺寸越来越大，应运而生的是 M72 口，这种接口具有更大的卡环直径和法兰后截距，可以匹配大靶面的工业相机。

8) 接线接口

接线接口也称数据接口，是相机的供电、数据传输、I/O 信号的接口，位于相机的后端。常见的接线接口有 GigE、USB 3.0、CameraLink 和 CoaXPress 等。其中，GigE，USB3.0 接口的工业相机因成本低、多相机扩展容易等优势而最为常见。两者相比较，USB 3.0 接口相机传输速率高，GigE 接口相机传输距离远。CameraLink 和 CoaXPress 接口相机需配专用采集卡，配件成本高，前者的优势在于抗干扰能力强、传输带宽高，后者的优势在于传输速率高、传输距离长。为了实现数据抓拍，工业相机都具备外部 I/O 信号触发采图的功能。如果工业相机采用的传输协议自身不能供电，则需要通过外接电源实现相机供电。因 USB 3.0 协议自身能够供电，所以 USB 3.0 相机可以不用外接供电电源。因工业相机本身不带图像算法处理功能，所以需要将所采集到的图像信息通过某种协议传输到图像处理平台，不同图像数据传输协议采用的物理接口样式和结构不同。由于大部分 PC 都自带网口和 USB 数据接口，因此基于 PC 的视觉系统无须额外安装图像采集卡即可直接使用 GigE 接口和 USB 3.0 接口的相机，其他情况及其他接口的相机一般都需要安装图像采集卡。

3. GigE 接口工业相机的基本使用方法

由于方便多相机组网、成本低、速度快、连接线的获取方便、传输距离远、连接 PC 时无须额外安装图像采集卡等优点，GigE 接口的工业相机在工业视觉检测应用中更为常见。本视觉系统所选用的两台工业相机均为 GigE 接口类型，下面简要介绍 GigE 接口相机的硬件连线和 PC 端的软件设置的操作方法。

(1) 设置硬件连线。相机可以直接通过单条网线连接到 PC，也可以将相机和 PC 都连接到同一个千兆网路由器上，如各网线的黄绿信号灯正常发亮，则连接正常。跟 USB 3.0 接口的相机不同，GigE 接口的相机需要一条单独的电源线来供电。

(2) 设置 IP。将相机、PC 和路由器(如有用到)的 IP 设为同一局域网内的地址，相机与 PC 的网段必须一致。如子网掩码都设为 255.255.255.0，则三者的 IP 地址的前 3 个字段必须一致，且最后 1 个字段必须不同，例如 192.168.2.X，其中 X 的取值范围为 2~254，且在整个子网中是唯一的。

(3) 设置巨型帧。巨型帧的英文名称为 Jumbo Frame，大于 1500 B 的数据包即为巨型帧。由于工业相机采集的图像数据量非常大，而以太网默认最大的传输数据单元(帧，frame)为 1500 B。GigE 接口相机支持巨型帧传输模式，通过设置巨型帧可以减少 PC 中 CPU 的中断次数，以提高图像传输的效率。当 PC 网卡开启巨型帧传输模式后，相机会默认优先使用巨型帧传输。其设置方法为：右击以太网→属性→配置→高级→巨型帧，可设为最大值，例如，将其设为 9014 B，表示网卡在通信时最大可收/发 9014 B 的数据包。需要特别注意的是，并非所有的网卡都能在巨型帧下稳定传输，这和网卡的性能密切相关，当发现图像异常或者帧率较低、不稳定时，应关闭巨型帧模式。

(4) 测试 PC 与相机之间的网络连接。在以上硬件连线和设置完成后，需通过网络命令 ping 来测试 PC 与相机的网络连通情况，操作方法为：单击开始→运行→输入“cmd”并确定打开命令行，在对话框中输入“ping 相机的 IP -t”(如“ping192.168.1.12 -t”)，确认连接正常后按“Ctrl+C”停止。

2.2.2　工业镜头

1. 工业镜头的基本概念

工业镜头一般不带自动聚焦功能，需要手动调节聚焦位置与光圈，而且焦距固定，其优点是耐冲击性好，寿命长，成像畸变小。在视觉检测项目中，选择工业镜头时最核心的问题是确认镜头焦距，这需要根据工作距离、视野范围、传感器尺寸三个要素来确定。图 2.2.2 所示为本视觉系统所选用的 3 个不同焦距的工业镜头，表 2.2.3 所示为各镜头的技术参数。

(a) 8 mm 焦距镜头

(b) 25 mm 焦距镜头

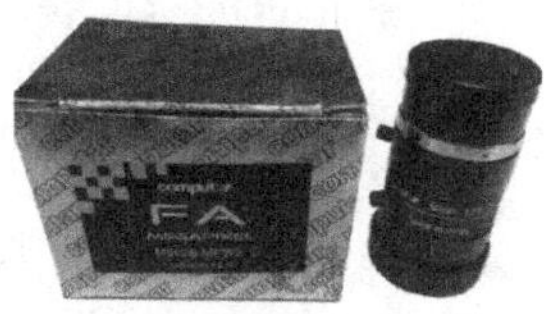

(c) 50 mm 焦距镜头

图 2.2.2　本视觉系统所选用的 3 个工业镜头

表 2.2.3　本视觉系统采用的 3 个工业镜头的技术参数

型　号		M0824-MPW2	M2518-MPW2	M5028-MPW2
靶面尺寸		2/3″	2/3″	2/3″
焦距/mm		8	25	50
最大成像尺寸/mm		8.8 × 6.6(ϕ11)	8.8 × 6.6(ϕ11)	8.8 × 6.6(ϕ11)
光圈范围(F-Stop)		F2.4~F16.0	F1.8~F16.0	F2.8~F32.0
最小物距(M.O.D)/m		0.05	0.2	0.4
控制	光圈	手动	手动	手动
	焦距	手动	手动	手动
最小物距时视场(V× H)/ cm	2 / 3″	5.4 × 7.4	3.5 × 4.6	5.5 × 7.3
	1 / 1.8″	4.3 × 5.7	2.7 × 3.6	4.3 × 5.7
	1 / 2″	3.9 × 5.3	2.5 × 3.4	4.0 × 5.3
视场角(D × H × V)/(°)	2 / 3″	69.3 × 57.8 × 44.4	17.8 × 14.3 × 10.7	24.6 × 19.9 × 15.0
	1 / 1.8″	56.9 × 46.7 × 35.6	14.0 × 11.2 × 8.5	19.5 × 15.7 × 11.8
	1 / 2″	53.2 × 43.7 × 33.2	13.0 × 10.4 × 7.8	18.1 × 14.5 × 10.9
变形率	2 / 3″	−1.87%(y=5.5)	0.011%(y =5.5)	0.03%(y =5.5)
	1 / 1.8″	−1.55%(y =4.32)	0.010%(y =4.32)	-0.02 %(y =4.32)
	1 / 2″	-1.42%(y =4.0)	0.009%(y =4.0)	-0.02%(y =4.0)
后焦距/mm		13.7	13.8	27.7
光学接口		C 口	C 口	C 口
滤镜螺纹/mm		M27.0 × 0.5	M27.0 × 0.5	M27.0 × 0.5
尺寸/mm		ϕ29 × 45.71	ϕ29 × 36.37	ϕ29 × 45.36
重量/g		80	60	69
工作温度/℃		−10～+50	−10～+50	−10～+50

工业镜头有一系列的参数，包括焦距、相机靶面尺寸、工作距离(Working Distance，WD)、景深(Deph of Field，DoF)、视野范围(Field of View，FoV)、光圈、聚焦范围、分辨率、畸变等，图 2.2.3 所示是工业镜头的主要参数图解。

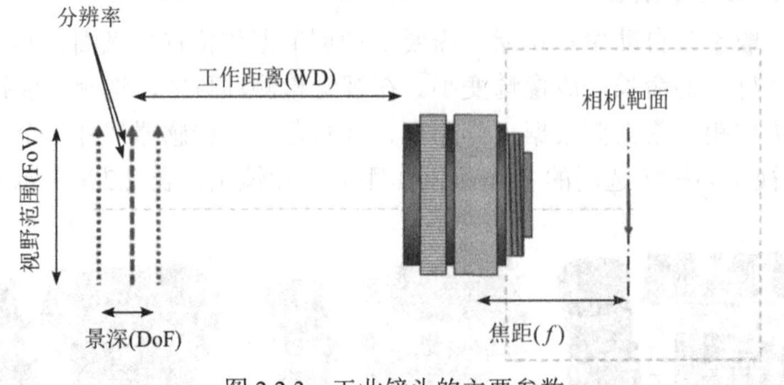

图 2.2.3　工业镜头的主要参数

2. 工业镜头的主要参数

1) 焦距

焦距是镜头最基本的参数，指在成像清晰的条件下，从镜头的中心到相机的传感器之间的距离，一般用字母 f 表示，单位为 mm，工业镜头的焦距一般标注在镜头上面。在其他条件不变的情况下，焦距越大，工作距离越大，但成像的视野范围反而越小。按焦距分类，工业镜头可以分为广角镜头、长焦镜头、变焦镜头和定焦镜头。广角镜头的景深大，聚焦距离较近；长焦镜头的景深小，可放大远距离物体；变焦镜头的焦距可以调节，比较灵活；定焦镜头也有调焦环，但只用于聚焦使成像清晰。在机器视觉应用中，定焦镜头由于价格低、畸变小、成像锐利、稳定性好，应用得最为广泛。

2) 光圈

光圈位于镜头靠近观测物的一端，主要用于控制镜头的通光量。其孔径可以扩大或者缩小，从而改变光圈值和光通量。光圈越大，镜头通光量越多，图片越亮。一般用光圈值(F 值)表示镜头光圈的大小，如 F1.4、F2、F2.8，光圈值 F 由其孔径光阑的直径 D 及焦距 f 确定：$F=f/D$，即光圈值与焦距成正比，与孔径光阑的直径成反比。

3) 靶面尺寸

镜头选择的一个基本原则是镜头支持的最大芯片尺寸(镜头成像的最大靶面)要大于等于选配相机的传感器尺寸。镜头成像的本质是将物方的圆形视野聚焦，并在像方成一个圆形像，这个圆形像的直径即为相机靶面尺寸。如果镜头的靶面尺寸大于等于相机的传感器尺寸，那么相机与镜头匹配，成像为正常图像；反之，如果镜头的靶面尺寸小于相机的传感器尺寸，那么相机与镜头不匹配，成像会出现类似于暗访画面的效果，即成像的四个角出现黑边。

4) 工作距离

工作距离又称物距，是镜头前端的中心到被测物体之间的距离。只有落在镜头的最小工作距离和最大工作距离之间的空间才可以清晰成像，二者之差即为景深(DoF)。

5) 聚焦范围和景深

镜头距离物体有效工作距离的范围称为聚焦范围，超出该范围则不能清晰成像。镜头的景深是指当被观测对象在镜头前端移动时，能够清晰成像的前、后移动的距离范围。镜头的景深与光圈、工作距离和焦距的关系如下：光圈越大、工作距离越近、焦距越长，景深越小。

6) 分辨率

分辨率是镜头清晰地再现被观测对象细节的能力，镜头的分辨率越高，则成像越清晰。分辨率的定义为镜头在像平面上每毫米内能够分辨开的黑白相间条纹的对数，单位为 lp/mm，即“线对/毫米”，lp 是 line pairs 的缩写。

7) 畸变

在精密测量、高精度定位等精度要求较高的应用中，需考虑镜头畸变的影响与校正，常采用标定板来进行畸变校正。在被拍摄平面内主轴线以外的直线，其成像后在图像中变为曲线，由此造成的成像误差称为畸变。畸变一般只影响成像的几何形状(像素的相对位置)，而不影响成像的清晰度。畸变可以分为枕形畸变与桶形畸变，枕形畸变效果与枕头被压后的效果相似，即非轴线位置的像素向远离中心的方向偏移，桶形畸变则与之相反。

3. 普通工业镜头的基本使用方法

图 2.2.4 所示是普通工业镜头调节的相关结构与操作说明，共有焦距和光圈两个参数可以调节，一般靠近凸透镜的一端为调焦环，靠近相机接口的一端为光圈调节环。在调焦或调光圈时，先拧开对应的紧固螺丝，调节过程中建议将视觉软件设置为视频显示模式，以方便实时看到调节效果，调节完成后需拧紧对应的紧固螺丝。

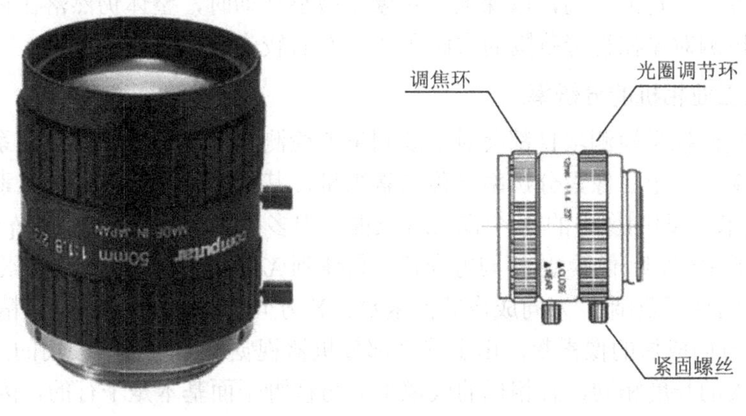

(a) 镜头调节的外观　　(b) 镜头调节的内部结构

图 2.2.4　普通工业镜头调节的相关结构与操作说明

2.2.3　确定工业相机和镜头参数的方法

图 2.2.5 所示为机器视觉成像的主要概念和核心参数，在视觉检测项目中，工业相机和镜头选型的基本思路如下：

(1) 根据待检测工件的尺寸确定大致的视野范围；

(2) 根据检测精度要求和视野范围确定相机的芯片尺寸、分辨率；

(3) 根据检测过程中交互的安全性等要求确定工作距离；

(4) 根据前述参数确定镜头的焦距等。

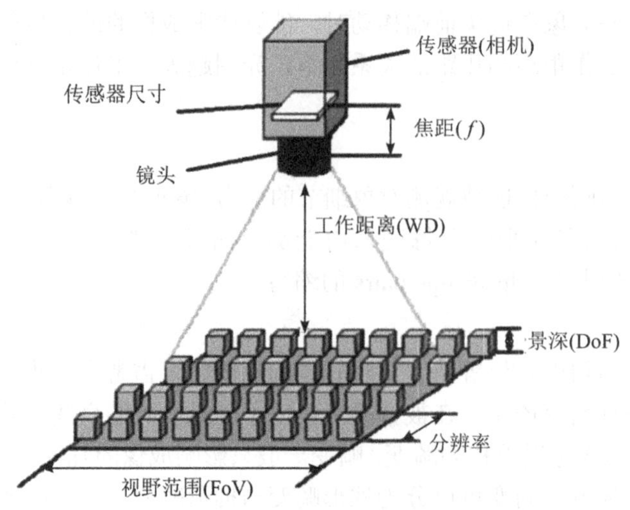

图 2.2.5　机器视觉成像的主要概念和核心参数

1. 确定视野范围

视野范围(FoV)又称视场或视野，是相机实际拍到区域的尺寸，其定义为成像系统在检测平面中所能够覆盖到的观测范围。在相机分辨率相同的情况下，视野范围越小，检测精度越高，因此在设定视野范围时，应该让被测对象尽量占据大部分视野。视野范围过大不利于后续算法的处理，降低了系统的检测精度；同时，视野范围也不能过小，要让被测对象离视野边界有一定的距离，以保证当对象作微小移动时，整体仍然落在视野范围以内。一般图像中检测对象在视野范围的占比在 75%左右较为合适。

2. 确定工业相机的分辨率

大部分机器视觉检测项目都会对系统测量或检测的精度有明确要求，系统的理论精度由像素分辨率来决定。像素分辨率又称像素当量，其定义为图像中每个像素代表视场中的实际尺寸(毫米)，即图像中的 1 个像素对应视野中多少毫米，单位为 mm/pixel，计算公式为“像素分辨率=视野/像素数(相同方向)”，具体到 X/Y 方向：X 方向的像素分辨率(系统精度)＝X 方向的视野范围/X 方向成像的像素数；Y 方向的像素分辨率(系统精度)＝Y 方向的视野范围/Y 方向成像的像素数。由于绝大部分机器视觉检测项目中使用的工业相机的 X/Y 方向单个像素的长度相同，且相机的成像平面与视野平面基本是平行的，因此 X/Y 两个方向的像素分辨率基本相同。

像素分辨率的选择步骤如下：

(1) 确定系统成像的视野范围。

(2) 由项目要求的系统检测精度，按公式“相机(X/Y 方向)分辨率=(X/Y 方向)视野范围大小/要求的(X/Y 方向)系统检测精度”来计算出相机的(X/Y 方向)的最小分辨率。在实际项目中，图像采集很难达到理想状态，为了提高系统的稳定性，通常选取精度的 1/2 到 1/4 甚至 1/10 来估算相机的分辨率。

(3) 结合工业相机常见分辨率选择相机的实际分辨率。

工业相机常见分辨率有 640×480、1280×1024、1600×1200、2560×1920、3672×2754 等，分别对应 30 万、130 万、200 万、500 万、1000 万像素的相机，如表 2.2.4 所示。

表 2.2.4　工业相机常见分辨率与总像素数量

序号	分 辨 率	总像素数目
1	640×480	30 万
2	1280×1024	130 万
3	1600×1200	200 万
4	2560×1920	500 万
5	3672×2754	1000 万

3. 确定工作距离

工作距离的选择应考虑镜头的景深范围、交互操作的舒适性、检测过程的安全性和对测量结果精度的影响等。作为基本要求，工作距离一定要在系统选用镜头的景深范围内，否则不能清晰成像。其次，在有人机交互动作或有机械手参与的检测任务中，选择的工作距离要便于人和机械手的操作，不可出现碰到检测对象或镜头的情况。当其他条件相同时，工作距离越小，成像越能提高检测时感兴趣区域在整个图像中的比例，因此测量精度越高。但也不能为了提高检测精度就无限拉近物距，一定要限制在镜头的景深范围内，例如，高精度测量任务往往采用焦距较大的镜头，该类镜头要求的工作距离往往较大，这样才能清晰成像。

4. 确定镜头的焦距

镜头焦距主要根据如图 2.2.6 所示的相似三角形关系计算获得焦距的近似值来确定(最后需要根据工业镜头焦距的常用规格选定与计算值相近的焦距)，因图中镜头两侧的两个等腰三角形是相似的，由此可推导出焦距(f)、工作距离(WD)、芯片尺寸(CCD)和视野范围(FoV)这 4 个参数之间的比例关系：

$$\frac{f}{\mathrm{WD}}=\frac{\mathrm{CCD}}{\mathrm{FoV}}$$

式中，芯片尺寸(CCD)和视野范围(FoV)可以取 X 方向、Y 方向或对角线方向三个中的任何一个，但二者的选取必须一致。

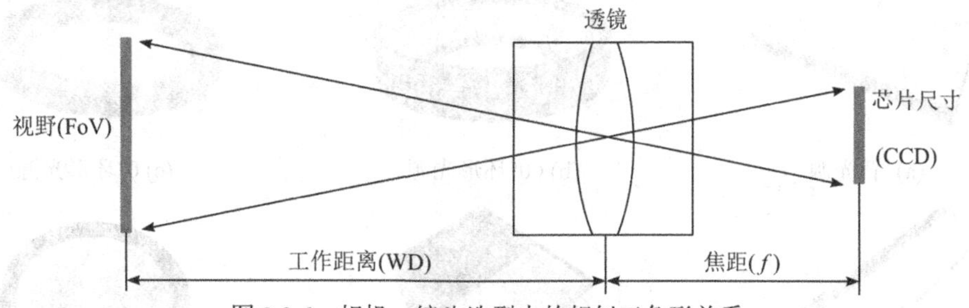

图 2.2.6　相机、镜头选型中的相似三角形关系

下面举例说明相机和镜头参数的确定方法。例如，给定一个正方形的检测对象，尺寸为 100 mm × 100 mm，X/Y 方向的检测精度都要求为 0.2 mm。因相机的芯片为长方形，而检测对象为正方形，那么只需要相机的短边成像能覆盖物体投影的像即可，即拍摄对象的短边为 100 mm，假设短边占该方向视野长度的 75%，视野范围 FoV 在短边方向的大小为

100/0.75 = 133.3 mm，则 X 方向的最小分辨率 = 133.3/0.2 = 666.5。若此处选取精度的 1/3 计算(实际选择的精度要高于理论精度)，则该相机 X 方向的分辨率为 1999.5，结合已有相机型号，最终可选用 500 万像素(2560 × 1920)的相机，相机芯片尺寸为 2/3 英寸。相机芯片对角长度为 16 × 2/3 = 10.67 mm，由于相机芯片与图像分辨率(2560 × 1920)长宽比一致，则根据图像传感器大小，CCD 为 8.53 mm×6.40 mm。如果根据系统检测时交互操作的安全性等选定工作距离 WD 为 320 mm，根据计算公式 f = WD × CCD/FoV，代入实际值，可以算出镜头的焦距 f = 320 × 6.4/133.3 = 15.36 mm。由于工业镜头焦距的常用规格有 8 mm、12 mm、16 mm、25 mm、35 mm、50 mm、75 mm，因此选用焦距为 16 mm 的镜头。

2.2.4　机器视觉光源

1. 机器视觉光源的基本概念

光源直接影响到系统成像的图像质量，实现稳定高效的光照从而获取高品质、高对比度的图像意味着视觉检测系统成功了一半，因此选择合适的打光方案是视觉检测系统研发过程中极为关键的环节之一。机器视觉光源的主要功能是获得对比鲜明的成像并克服环境光的干扰，形成有利于视觉算法处理的效果，从而提高系统检测的速度和精度，保证系统的稳定性。好的成像应该具备如下条件：

(1) 整体成像均匀，色彩真实，亮度适中；

(2) 检测特征真实，突出待处理的物体特征，前景和背景对比明显，边界清晰；

(3) 背景淡化，减弱不关注的目标和噪声的干扰；

(4) 不引入额外的干扰。

由于 LED 光源在成本和性能方面的显著优势(如成本低，寿命长，形状、尺寸、颜色和照射角度定制方便，电源带有外触发，亮度可调节且稳定，反应速度快(可在 10 μs 内达到最大亮度)，支持通过计算机控制和频闪，散热效果好等)，因此，目前机器视觉光源市场已大部分都被 LED 光源占据。根据 LED 光源颗粒的排列， LED 光源可以分为背光源、环形光源、条形光源、同轴光源、穹顶光源等。图 2.2.7 所示是本视觉系统选用的 6 种国产品牌科麦的视觉光源，其中，60° 环形光源主要用于明场照明，0° 环形光源则主要用于暗场照明。

(a) 背光源　(b) 60°环形光源　(c) 0°环形光源

(d) 条形光源　(e) 同轴光源　(f) 穹顶光源

图 2.2.7　本视觉系统选用的视觉光源

机器视觉光源控制器给视觉光源提供输入电源，并控制光源的亮度及亮灭。同时，光源控制器还可以设置接收外部触发信号来控制光源的频闪，从而提高某些机器视觉应用的抓拍成像质量，同时延长光源的寿命。光源控制器一般输入的是 220 V 交流电，输出安全电压的直流电。图 2.2.8 所示是本视觉系统选用的与以上光源适配的光源控制器，输入为 220 V 交流电，输出为 24 V 峰值可调的直流电。其中，单通道的光源控制器为项目前期选用，4 通道的光源控制器为项目后期选用，可同时独立控制 4 路光源。4 通道光源控制器的价格与 4 个单通道光源控制器的总价相近，但前者易打理、空间利用率高，对于需要频繁切换光源类型或同时需多个光源打光的项目，推荐选用该类型控制器。

(a) 单通道光源控制器的输出与调节面

(b) 单通道光源控制器的输入与开关面

(c) 4 通道光源控制器

图 2.2.8　本视觉系统选用的光源控制器

2. 常见的机器视觉光源及其应用

下面简要介绍本视觉系统选用的几种机器视觉光源的概念、特点和应用。

1) 背光源

背光源又称面光源，背光源的 LED 颗粒装在水平基板上，均匀朝上发光，图 2.2.7(a)所示为背光源的实物图。它的特点是发光源为一个面，对于透明物体，背光可以穿透；对于不透明物体，光线无法穿透，物体的形状轮廓将与背光形成对比，从而极易测量/检测。背光源的应用领域包括机械零件外形轮廓尺寸的测量、电子元件的外观检测、IC 的外观检测、异物检测、胶片污点检测、液面检测、透明物体划痕检测等。

2) 环形光源

环形光源指的是具有环状外观结构的 LED 光源，是最常见的光源种类之一，其成本低，维护简单。根据照明的角度，环形光源可以分为高角度环形光源及低角度环形光源两种。图 2.2.7(b)所示的 60° 环形光源为高角度环形光源，一般用于明场照明，由于大量光线直接反射回镜头，因而可以把待测物照得很亮，但容易在比较光滑的表面形成镜面反射；图 2.2.7(c)所示的 0° 环形光源为低角度环形光源，一般用于暗场照明，除了纹理、凹凸变化明显的表面有少量反射光线进入镜头外，大部分反射光线不会进入镜头，因此特别适用于要凸显表面纹理特征的场景。环形光源的应用领域包括 PCB(印制电路板)检测、IC 元件检测、电子元件检测、显微镜照明、液晶校正、塑胶容器检测、集成电路印字检查等。

3) 条形光源

条形光源指的是具有直线条状外观结构的 LED 光源，图 2.2.7(d)所示为条形光源的实物图。条形光源可以根据使用环境自由调节照射的方向和角度，可以选择窄型集中照射，也可以选择宽型大幅面扩散照射，还可以配散射板作背光源使用，性价比高。条形光源的应用领域包括印刷字符、LCD 字符检测与识别、金属表面缺陷检测、表面裂痕检测、液晶面板缺陷检测、连接器引脚平整度检测等。

4) 同轴光源

同轴光源的特点是光源的入射与反射同轴，图 2.2.7(e)所示为同轴光源的实物图。半透半反镜的作用原理是让一半的光通过，一半的光反射。直接通过的一半光照射在黑色的基板上，无法进入相机视野内；另一半的光垂直向下反射到物体表面，再垂直向上进入相机中，因为光线入射与反射是同轴的，所以称为同轴照明。同轴光源适用于反射度极高的物体表面特征检测，如金属、玻璃、胶片、晶片等表面的划伤检测，芯片和硅晶片的破损检测，包装条码识别等。

5) 穹顶光源

穹顶光源又称碗光源、Dome 灯、球形光源，其外观为半球形，是一种空间 360° 的无影光源，图 2.2.7(f)所示为穹顶光源的实物图。穹顶光源的 LED 发出的光线经球面形成漫反射效果，照射到观测物表面的光线在均匀性和平滑性方面优于其他类型光源。穹顶光源适用于金属、玻璃等表面反光强烈的物体及曲面、弧形表面的检测。

2.3 增进柔性成像的结构部件设计

增进柔性成像的结构部件设计，可实现多品种小批量生产领域的视觉检测迫切需要的工件快速对中、上光源的对称居中放置和打光角度的对称调节、夹持不同类型和规格的光源、快速更换检测背景的底色、实现相机高度的自动调节、通过随机改变检测对象的位置和角度并结合软件的定时抓拍功能实现检测对象在不同摆放位置和角度的大量样本图像的自动获取等功能，实现对不同类型检测对象都能快速捕获特征凸显、方便视觉算法处理的图像，从而在硬件上实现对各类检测目标的高适应性。

2.3.1 中心点定位底座设计

在机器视觉检测应用中，经常需要把各种不同的观测对象放在机器视觉实验台底座的中心点，以减少图像处理算法的难度，提高视觉系统的检测精度和运行效率。解决此问题的传统做法是针对不同的观测对象，设计与观测对象适配的夹具，将观测对象放在位置调整好了的夹具上，以实现将观测对象定位到预设位置的目的。这种传统做法有两方面的限制，一方面，夹具的机械设计和制作成本较高，而柔性视觉检测系统所涉及的观测对象种类繁多，为每一种观测对象设计并制作一种与之适配的夹具的成本过高；另一方面，即使为每一种观测对象设计制作一种适配的夹具，在检测过程中也会由于观测对象种类繁多，导致在更换观测对象时操作繁琐，需要在多种夹具中找到特定的并进行更换。本中心点定位底座通过简单的手动操作，即可完成将观测对象快速移动到底座中心位置，且能够适应不同尺寸、不同结构类型的视觉检测对象，图 2.3.1 所示为其设计图。

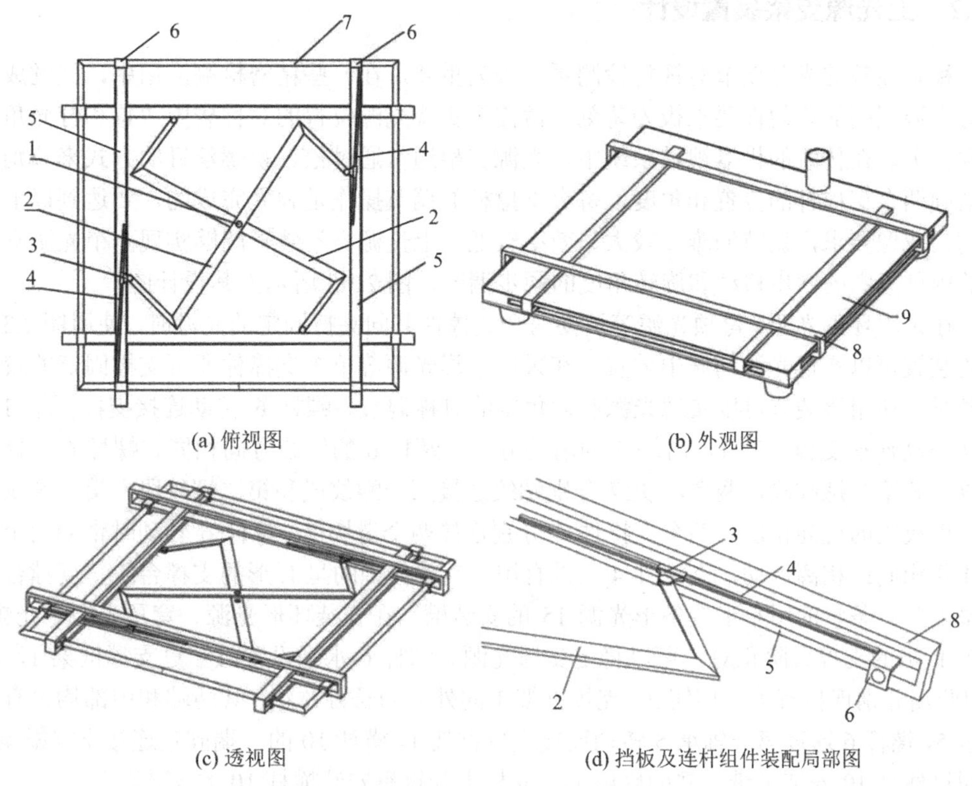

(a) 俯视图　(b) 外观图

(c) 透视图　(d) 挡板及连杆组件装配局部图

1—中心轴；2—连杆；3—驱动滑块；4—导轨；5—反向移动杆；6—横向滑动块；7—横向导轨；8—上层挡板；9—外壳。

图 2.3.1　中心点定位底座设计图

中心轴 1 与连杆 2 通过轴承连接，两条连杆的固定角度为 90°，连杆 2 与微型直线导轨系统驱动滑块 3 通过轴承连接，微型直线导轨系统的导轨 4 安装在反向移动杆 5 上，两个导轨 4 在反向移动杆 5 中呈对角线安装，引导微型直线导轨驱动滑块 3 的运动方向，使得连杆 2 顺时针旋转，反向移动杆 5 连接两个直线导轨系统横向滑动块 6 的侧面，反向移动杆 5 分为上、下两套，之间相互错开，合并时不会碰撞。

在实际工作中，随着连杆 2 的旋转，两个反向移动杆 5 顺着直线导轨系统的横向导轨 7 反向移动，4 条直线导轨系统的横向导轨 7 连接成矩形，挡板 8 与反向移动杆 5 的另一个侧面连接，通过外壳 9 的开孔通到外面，上层挡板 8 的中心位置有小块向下的伸缩片(图中未画出)，当观测对象的厚度过薄，上层挡板 8 无法接触到检测对象时，可压下伸缩片来完成对中。

连杆 2 的长杆与两条短杆的角度为 75°，长杆的倾斜角度为 50°，长杆的长度不应超过反向移动杆 5 张开的最长距离，这样才能确保挡板 8 的完全合并，解决因观测对象过小而无法完全对中的问题。在实际使用中，将两个上层挡板 8 手动靠拢，上层直线导轨系统横向滑动块 6 与上层反向移动杆 5 跟随着靠拢，在上层微型直线导轨系统的导轨 4 的引导下，连杆 2 顺时针旋转，带动下层反向移动杆 5 靠拢，直到两层挡板推动观测对象运动而完成对中。

2.3.2 上光源支架装置设计

稳定高效的光照调节对视觉检测系统极为重要，在一些精密检测应用中，视觉成像系统对光源照明的均匀性要求极为苛刻，常需要实现光源位置的对称居中放置和打光角度的对称调节。在传统的机器视觉系统中，光源支架通常通过松、紧螺丝钉的方式来分别调节和紧固两个支撑杆的位置和角度，每个支撑杆的调节操作是独立完成的，要达到以上苛刻的均匀成像要求，调节的难度较大、效率较低。上光源支架装置能够实现两个光源支撑结构的内外紧固的同步移动和旋转角度的同步调节，图 2.3.2 所示为其设计图。

在采用环形光源、穹顶光源等需要两个支撑件共同夹持固定的光源时，使用图 2.3.2 所示的装置可以实现光源的居中放置；在采用条形光源等单个支撑件即可支撑固定的较小型光源时，使用该装置可以实现光源照射角度的对称调节。螺杆 6 转动连接支撑框架 1，滑块 7 滑动连接支撑框架 1，滑块 7 的滑动方向与螺杆 6 的轴线方向相同。螺杆 6 包括第一螺纹段和第二螺纹段，两个滑块 7 分别螺纹连接第一螺纹段和第二螺纹段，第一螺纹段和第二螺纹段的旋向相反，两个支撑件 4 分别连接两个滑块 7，螺杆 6 转动时带动两个支撑件 4 作相向或相离运动。支撑件 4 上设有用于支撑光源的呈 L 形的支撑台阶，支撑台阶的侧壁上开有条状的用来卡接条形光源 15 的安装槽，在安装环形光源、穹顶光源等光源时，两个 L 形的支撑台阶正对，可以稳定支撑光源。螺杆 6 水平设置且穿过支撑框架 1，螺杆 6 的两端分别连接有第一旋钮 2。支撑框架 1 的外形为长方体状，其两端和中部均设有第一轴承 5，螺杆 6 通过第一轴承 5 转动连接支撑框架 1。横杆 10 的一端固定连接支撑框架 1，它通过横杆 10 安装于带立柱的底座上，立柱上开设有安装横杆 10 的安装孔。

支撑件 4 通过旋转组件连接滑块 7，旋转组件包括蜗杆 12 和蜗轮 13，蜗杆 12 和蜗轮 13 分别转动连接滑块 7，蜗轮 13 与蜗杆 12 啮合，蜗轮 13 固定连接支撑件 4。滑块 7 的内部设有空腔，蜗杆 12 和蜗轮 13 均位于空腔内。蜗轮 13 和蜗杆 12 的耦合设计实现了支撑杆在调节后自动紧固，使光源调节更加稳健。支撑框架 1 上转动连接有旋转杆 8，旋转杆 8 的轴线平行于螺杆 6 的轴线，蜗杆 12 为空心蜗杆，蜗杆 12 套于旋转杆 8 的外侧并且通过导向平键连接旋转杆 8。蜗杆 12 内开有轴孔，轴孔的内壁设有两个对称的键槽，键槽从轴孔的一端延伸至另一端，旋转杆 8 的外侧设有条形的平键，平键与键槽相匹配，二者之间可相对滑动，当滑块 7 滑动时，蜗杆 12 可随之沿旋转杆 8 滑动。

当需要调节角度时，转动旋转杆 8，旋转杆 8 通过蜗杆 12 和蜗轮 13 带动支撑件 4 转动。两个旋转组件与蜗杆 12 的旋向相反，旋转杆 8 可以带动两个旋转组件同步调节，实现打光角度的对称调节。支撑框架 1 的两端和中部均设有第二轴承 9，旋转杆 8 通过第二轴承 9 转动连接支撑框架 1，螺杆 6 和旋转杆 8 均通过轴承连接支撑框架 1。旋转组件还包括连接杆 11，连接杆 11 固定连接支撑件 4 的一端，蜗轮 13 固定地套于连接杆 11 的外侧，连接杆 11 转动连接滑块 7。旋转杆 8 穿过支撑框架 1，旋转杆 8 的两端分别连接第二旋钮 3。第一旋钮 2 和第二旋钮 3 均包括装接部和把手部，装接部呈圆柱状，装接部分别固定套于螺杆 6 和旋转杆 8 的两端，把手部固定连接于装接部的一端表面，把手部的两侧均呈凹进的圆弧形，从而使手柄呈两头宽、中间窄的条状结构。

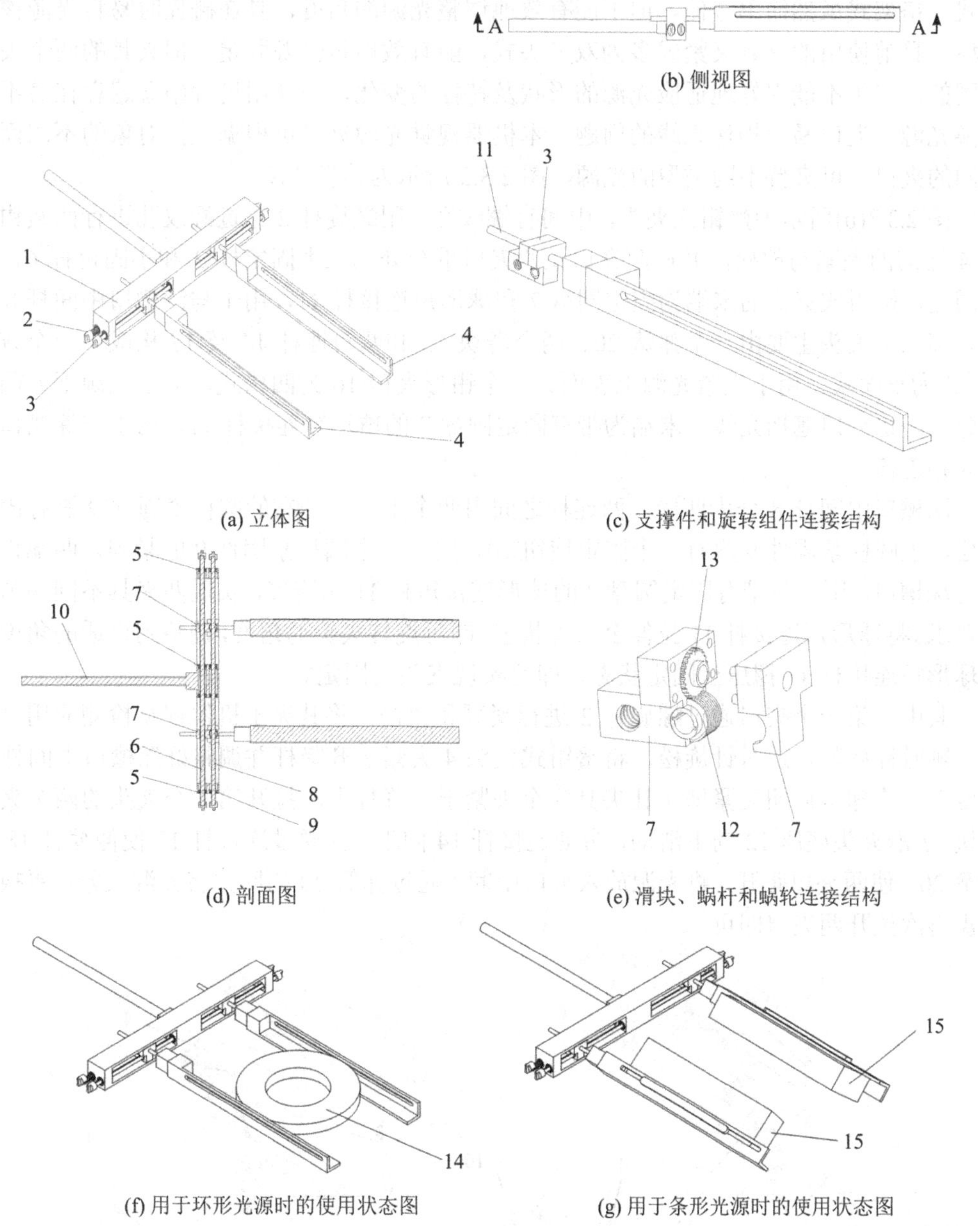

(b) 侧视图

(a) 立体图　　(c) 支撑件和旋转组件连接结构

(d) 剖面图　　(e) 滑块、蜗杆和蜗轮连接结构

(f) 用于环形光源时的使用状态图　　(g) 用于条形光源时的使用状态图

1—支撑框架；2—第一旋钮；3—第二旋钮；4—支撑件；5—第一轴承；6—螺杆；7—滑块；8—旋转杆；9—第二轴承；10—横杆；11—连接杆；12—蜗杆；13—蜗轮；14—圆形光源；15—条形光源。

图 2.3.2　上光源支架装置设计图

2.3.3　机器视觉光源夹具设计

在应用机器视觉检测的过程中，用到的光源种类很多，且对光源的安装及放置有非常严苛的要求。目前光源的放置主要有两种方法，分别是利用横杆的搭架式和利用夹具的夹紧式。搭架式虽然简单方便，但不能有效地调整光源的角度，且在碰撞时易将光源摔下而损坏。目前使用的夹具夹紧式多为双夹头式，能有效地将光源固定，但夹具的两个夹头是相同的，夹头不能很好地适应光源的形状及特性的变化，在使用过程中普遍存在着不方便更换光源、夹口易遮挡住光线的问题。本机器视觉光源夹具可根据夹持对象的不同而采用不同的夹口，可夹持不同类型的光源，图 2.3.3 所示为其设计图。

图 2.3.3(b)所示为蟹钳式夹头，中间有螺纹孔，用螺旋杆 2 穿过螺纹孔进行两蟹钳式夹头 4 之间的夹紧与放松，并在两夹口及两夹口重合处加入大固定杆 3 和小固定杆 6，进一步固定。蟹钳式夹头的末端为固定圆盘 7 和球形短连接杆 11，用于与深槽口中间杆 8 相连接。第二个夹头主要由一个弹簧 20、两个滑块 13 和两对连杆 14 及 17 构成。一个方形夹口 15 为平面式，用于夹紧光源上表面。一个钳形夹口 16 为凹槽式，夹于光源下方凸槽条部分，防止夹口遮挡光线。末端为带有固定圆盘 7 的球形短连接杆 11，用于与深槽口中间杆 8 相连接。

深槽口中间杆 8 分为两段，两连杆之间用两个上、下分布的圆柱紧固件 9 进行固定及放松，上圆柱紧固件 9 附有一个固定旋钮 10，用于两个圆柱紧固件 9 的紧固。两端口部分设有深槽口，用于与带有固定圆盘 7 的球形连接短杆 11 相连接，实现两夹具不同调节角度的要求。将球形短连接杆 11 拉伸至松脱状态，即可旋转夹头的角度，调整到合适的角度后，将球形短连接杆 11 摁压至固定状态，即可实现夹头的固定。

其中，第一个夹口通过螺旋杆 2 进行紧固和放松，将其夹于机器视觉检测应用升降杆上，顺时针旋紧，逆时针旋松。将蟹钳式夹头 4 夹紧于升降杆并调整好深槽口中间杆 8 的角度后，将球形旋钮旋紧即可让夹具完全夹紧于升降杆上。拉开第二个夹头的两个夹口，滑块 13 沿夹头底座 12 向下滑动，带动连接杆 14 向下，并通过连接杆 17 使伸缩杆 18 压紧弹簧 20，使两夹口张开，将光源放入夹口中间，通过弹簧 20 的回弹将光源夹紧，更换光源只需再次拉开两夹口即可。

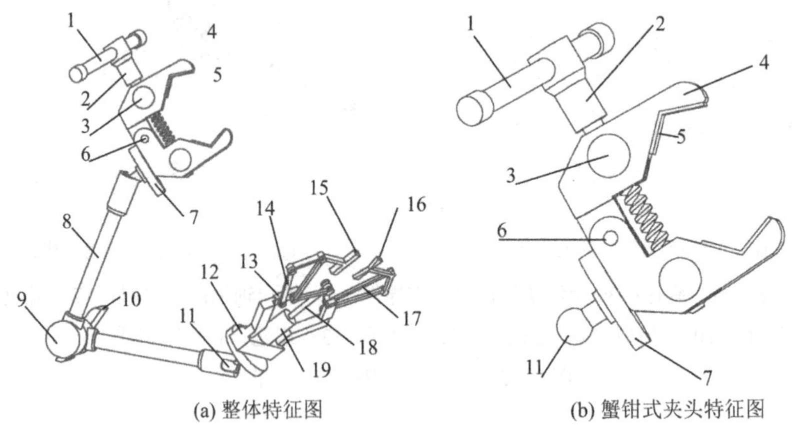

(a) 整体特征图　　(b) 蟹钳式夹头特征图

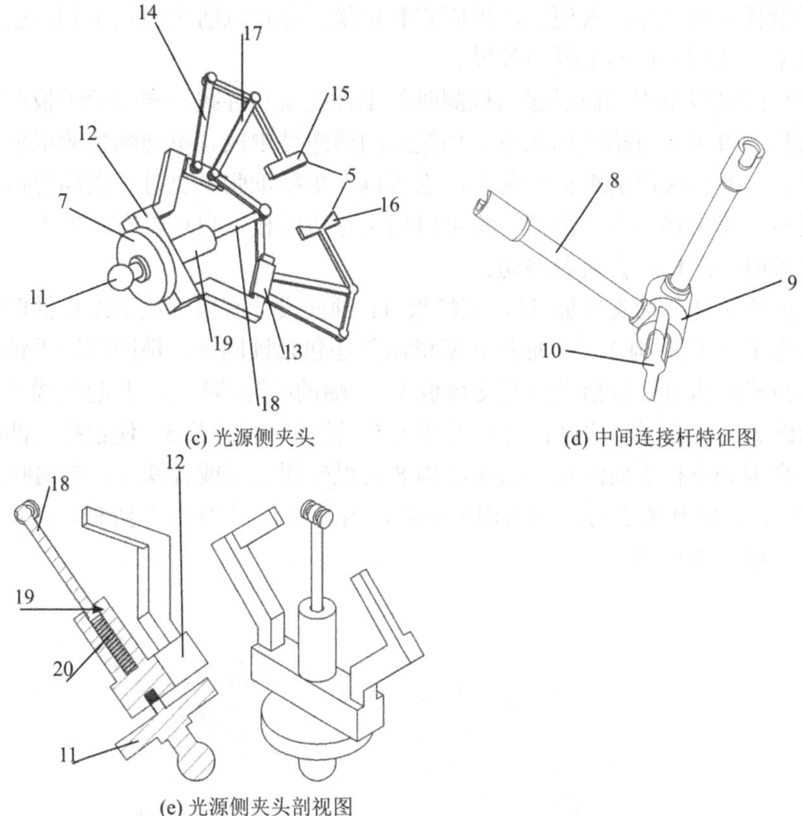

(c) 光源侧夹头　　(d) 中间连接杆特征图

(e) 光源侧夹头剖视图

1—旋杆；2—螺旋杆；3—大固定杆；4—蟹钳式夹头；5—防滑垫；6—小固定杆；7—固定圆盘；8—深槽口中间杆；9—圆柱紧固件；10—固定旋钮；11—球形短连接杆；12—夹头底座；13—滑块；14—连接杆 1；15—方形夹口；16—钳形夹口；17—连接杆 2；18—伸缩杆；19—弹簧保护器；20—弹簧。

图 2.3.3　机器视觉光源夹具设计图

2.3.4　实验台简易底板设计

机器视觉实验台的底座一般为黑色的金属底板，存在不够光滑且明显反光的问题。在日常机器视觉实验中，当需要观测某个工件时，往往要把工件放置在与之形成明显色差的背景中。目前常采用的方法是在金属底板上放置所需颜色的纸板作为背景。然而，如果放置的纸板没有固定措施，则在放置工件时以及实验过程中都易发生移动从而影响视觉测量的准确度，而且寻找不同类型的纸板较为费时。本实验台简易底板带有几个滑槽，可以有效地解决底板纸张不固定的问题，易于存放，从而提高实验效率，图 2.3.4 所示为其设计图。

本实验台简易底板包括凹槽框架 1 以及多个抽拉式凹槽组件(见图 2.3.4(a))。其中，凹槽框架 1 包括相对设置的侧板 3 和连接在两侧板底部的连接板，两侧板上平行相对设置有多个滑槽结构 2，各滑槽结构沿侧板长度方向设置，凹槽框架 1 顶端设置有隔板 4，隔板 4 将凹槽框架 1 分隔成工作层和储存层，工作层位于隔板 4 上方，工作层包括一个滑槽结构 2；各抽拉式凹槽组件通过滑槽结构 2 滑动安装在凹槽框架 1 内，各抽拉式凹槽组件位于隔板 4 下方，且各抽拉式凹槽组件与隔板 4 平行设置。通过在侧板 3 内设置多个多层的滑槽结构来配合纸板完成工作，既便于纸板固定和更换，也可以防止因找不到纸板而耗时，提高了实验效率，达到了稳固纸板的效果。

为了避免因纸板不固定而引起的检测时的工件扰动和寻找不同颜色纸板的麻烦，本实验台简易底板通过多层滑槽结构在不同抽拉式凹槽组件中放置不同颜色的纸板，这样既可以使滑槽结构与实验所用的纸板相配合，也可以在更换纸张颜色时，提高更换的速度。在工作层设置有一个滑槽结构，滑槽结构可以用来存放纸板，也可以有效地固定住纸板，使得在更换光源时，纸板不会随着移动。

抽拉式凹槽组件包括支撑板 11，支撑板 11 顶面设计有用于放置纸板的凹槽，支撑板 11 可滑动安装在滑槽结构 2 上。抽拉式凹槽组件还包括锁固部，锁固部用于锁固抽拉式凹槽组件。抽拉式凹槽组件包括设置在支撑板 11 一端的凸起结构 8，凸起结构 8 采用金属材料制作，侧板 3 安装有可转动设置的磁吸开关 5，转动磁吸开关 5，使抽拉式凹槽组件锁固或解锁，不会因为不稳固而滑落。凸起结构 8 可以采用铁片或者铁块。当磁吸开关 5 开到“OFF”挡时，磁吸开关 5 与凸起结构 8 相吸，当开关开到“ON”挡时，两者不相吸，可以将抽拉式凹槽组件拉出。

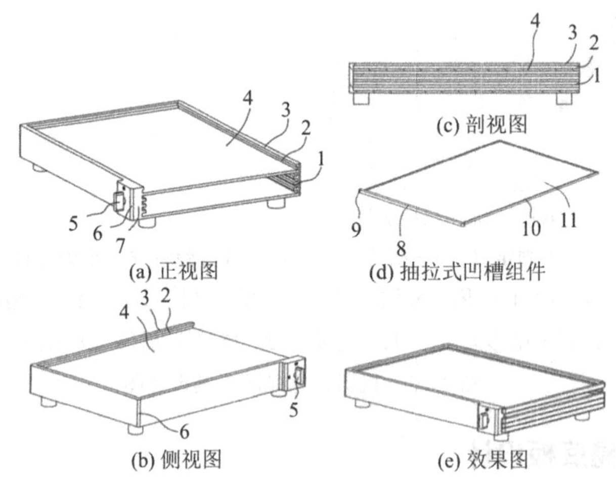

1—凹槽框架；2—滑槽结构；3—侧板；4—隔板；5—磁吸开关 1；6—内直角外半圆转角结构；7—磁吸开关 2；8—凸起结构；9—铁块；10—凹槽结构；11—支撑板。

图 2.3.4　实验台简易底板设计图

2.3.5　相机高度调节装置设计

目前，机器视觉检测系统在采集检测对象图像时需要频繁地调整相机的高度，从而获取不同高度位置的照片。但在实际操作中，调节相机的高度通常是由人工手动进行的，这会对需要经常调整高度的机器视觉系统(如在多品种小批量产品的视觉检测应用中)的工作效率产生不利影响。本相机高度调节装置通过相机高度调节电机以及固定组件来控制相机高度调节组件的动作，精准地调节相机升高或降低，相较于人工调节相机高度，能够显著提高相机调节的效率，提高了相机使用的便捷性，图 2.3.5 所示为其设计图。

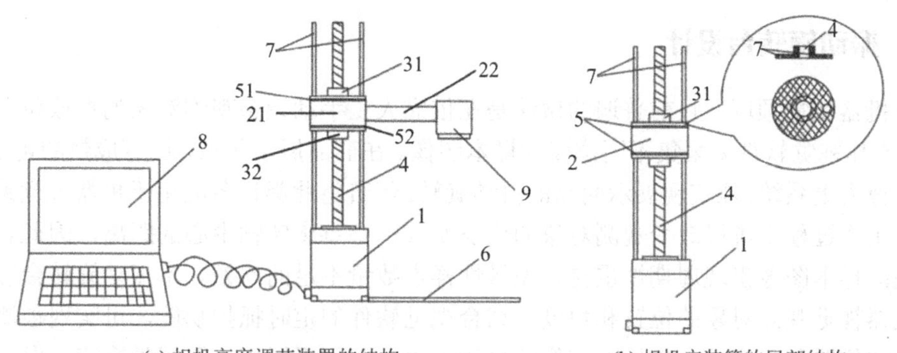

(a) 相机高度调节装置的结构　　(b) 相机安装管的局部结构

1—步进电动机；4—丝杆；6—底座；7—固定组件；8—计算机；9—相机；21—相机安装管主体；22—相机安装管连接臂；31—第一螺母；32—第二螺母；51—第一平垫圈；52—第二平垫圈。

图 2.3.5　相机高度调节装置设计图

本相机高度调节装置包括相机高度控制组件、相机高度调节组件、固定组件 7 和底座 6 四部分，通过相机高度控制装置以及固定组件，可控制相机高度调节组件的动作，从而精准调节相机高度。其中，相机高度调节组件包括丝杆 4、相机安装管、第一螺母 31、第二螺母 32。相机安装管包括相机安装管主体 21 和相机安装管连接臂 22；相机安装管连接臂 22 上安装有相机 9，相机安装管主体 21 上开有通孔，通孔滑动套内连接丝杆 4；第一螺母 31 与丝杆 4 是螺纹连接，并且靠近相机安装管主体 21 的一侧；第二螺母 32 与丝杆 4 也是螺纹连接，并且靠近相机安装管主体 21 的另一侧；相机安装管主体 21 的内壁还开有固定孔，固定孔内滑动安装有固定组件 7，固定组件 7 与底座 6 固定连接；相机高度控制装置与丝杆 4 连接，丝杆 4 与底座 6 连接。

具体地，底座 6 用于承载相机高度控制装置、相机高度调节组件和固定组件 7；通过靠带动相机高度调节组件的丝杆 4 的转动来实现相机安装管主体 21 上、下移动，从而实现相机 9 的上、下移动。为了防止相机安装管主体在上、下移动的过程中跟随丝杆 4 旋转，还设置了固定组件 7，该固定组件 7 的一端与底座 6 固定连接，另一端穿过相机安装管主体的固定孔。相机高度控制装置还包括计算机 8 和步进电动机 1；计算机 8 与步进电动机 1 连接；步进电动机 1 固定安装在底座 6 上并且与丝杆 4 连接。装置操作人员可以向上位机输入指定的“相机高度”，计算机 8 将输入的“相机高度”进行处理，并触发控制信号来控制步进电动机 1 转动，上位机每发出一个脉冲信号，步进电动机 1 就旋转一个步距角的角度，通过改变上位机输出的脉冲数来控制步进电动机 1 的旋转角度，而步进电动机 1 能够带动丝杆 4 转动，从而能够精准控制丝杆 4 转动，实现精准调节相机高度的目的。

固定组件 7 包括第一固定杆和第二固定杆，固定杆的一端与底座 6 连接，另一端穿过固定孔，固定孔包括第一固定孔和第二固定孔；第一固定孔内滑动安装有第一固定杆，第二固定孔内滑动安装有第二固定杆，第一固定杆和第二固定杆分别安装于底座 6 上，从而在相机安装管主体上、下移动的同时，防止相机安装管主体旋转，从而防止了相机 9 在调节高度时相对于丝杆 4 旋转。相机高度调节装置还包括第一平垫圈 51 和第二平垫圈 52；第一平垫圈 51 活动嵌套在丝杆 4 上，并位于第一螺母 31 和相机安装管主体 21 之间；第二平垫圈 52 活动嵌套在丝杆 4 上，并位于第二螺母 32 和相机安装管主体 21 之间。

2.3.6　振动旋转台设计

在机器视觉领域，目前普遍的做法是在依靠人工手动调整观测对象的摆放位置和角度后，再操作视觉软件来采集不同位姿的样本图像。在商品展示领域，已有成熟的可 360° 旋转的图像采集系统，能实现展示商品的自动旋转。但若将此类设备应用于机器视觉系统中，由于在工作过程中难以改变观测对象的位姿及其中心点离转轴中心的距离，因此容易引起所采集的样本图像出现周期性重复、差异性样本数量不足的问题。本振动旋转台能够随机改变机器视觉观测对象的位置和角度，结合视觉软件的定时抓拍功能，可实现被测对象在不同摆放位置和角度的大量样本图像的自动采集，有利于提高机器视觉系统研发、测试和验证的效率，图 2.3.6 所示为其设计图。

本振动旋转台的电机 16、旋转调节机构和振动调节机构均安装在底座托盘 1 上，由电机 16 带动旋转调节机构再带动转盘 22 转动，电机 16 同时还通过振动调节机构(振动器)带动转盘振动。振动调节机构包括振动调节变速箱 8、第一主动传动齿轮 7、第一从动齿轮 6、主转轴 3、偏轴运动机构和振动部件。

振动调节机构的工作原理：电机 16 带动振动调节变速箱 8 工作，再带动第一主动传动齿轮 7 转动，再带动第一从动齿轮 6 转动，从而带动主转轴 3 转动，主转轴 3 带动偏轴运动机构进行偏轴运动，再带动振动部件运动，从而实现转盘 22 的振动。偏轴运动机构为凸轮连杆机构，它是通过凸轮转动带动连杆偏离转轴轴线，使得振动部件进行往复运动，再带动转盘 22 在一定范围内往复移动，最终实现振动功能的。振动部件一般为弹簧，短距弹簧 18 的拉伸和压缩变化带动托盘 19 上、下振动，进而带动转盘 22 上的观测对象振动。偏轴运动机构包括偏轴板 5、连接轴 9、连接板 10、运动塞 13、缓震杆(位于第二套筒 14 内)、第二套筒 14 和传力板 15。偏轴板的数量为两块，均设有偏心孔和连接孔。

转轴包括主转轴 3 和从转轴 4，主转轴 3 的一端和第一从动齿轮 6 套接，另一端和一块偏轴板 5 的偏心孔固定连接。从转轴 4 的一端和另一块偏轴板 5 的偏心孔固定连接，连接轴 9 的两端分别与两块偏轴板 5 的连接孔固定连接。主转轴 3 和从转轴 4 均安装在底座上，连接板 10 的一端和连接轴 9 转动连接，连接板 10 的另一端和运动塞 13 转动连接。运动塞 13、缓震杆和传力板 15 由下到上依次连接，第二套筒 14 套在缓震杆的外侧，传力板 15 和振动部件连接传动。主转轴 3 通过振动调节变速箱 8 驱动转动，然后带动偏轴板 5、连接轴 9 和从转轴 4 转动，连接轴 9 沿转轴的周向环绕运动，带动连接板 10 进行往复运动，连接板 10 带动运动塞 13、缓震杆、第二套筒 14 和传力板 15 进行往复运动，传力板 15 带动振动部件进行往复运动。

振动部件包括长距弹簧 12、第一套筒 11 和短距弹簧 18，第一套筒的一端和底座支撑块 2 固定连接，长距弹簧的一端插入第一套筒内并与第一套筒固定连接，另一端和传力板 15 的底端固定连接，短距弹簧的一端和传力板 15 的顶端连接，另一端连接托盘 19，转盘 22 和托盘 19 传动连接，转盘 22 相对于托盘 19 转动。两个长距弹簧在两个第一套筒内进行伸缩，伸出第一套筒的一端和传力板 15 连接，传力板 15 随着缓震杆做往复运动，对长距弹簧进行压缩。短距弹簧位于托盘 19 和传力板 15 之间，传力板 15 作往复运动时会对短距弹簧进行挤压或者拉伸，带动托盘 19 也作往复运动，从而和托盘 19 连接的转盘 22 也作往复运动，实现转盘 22 的振动功能。

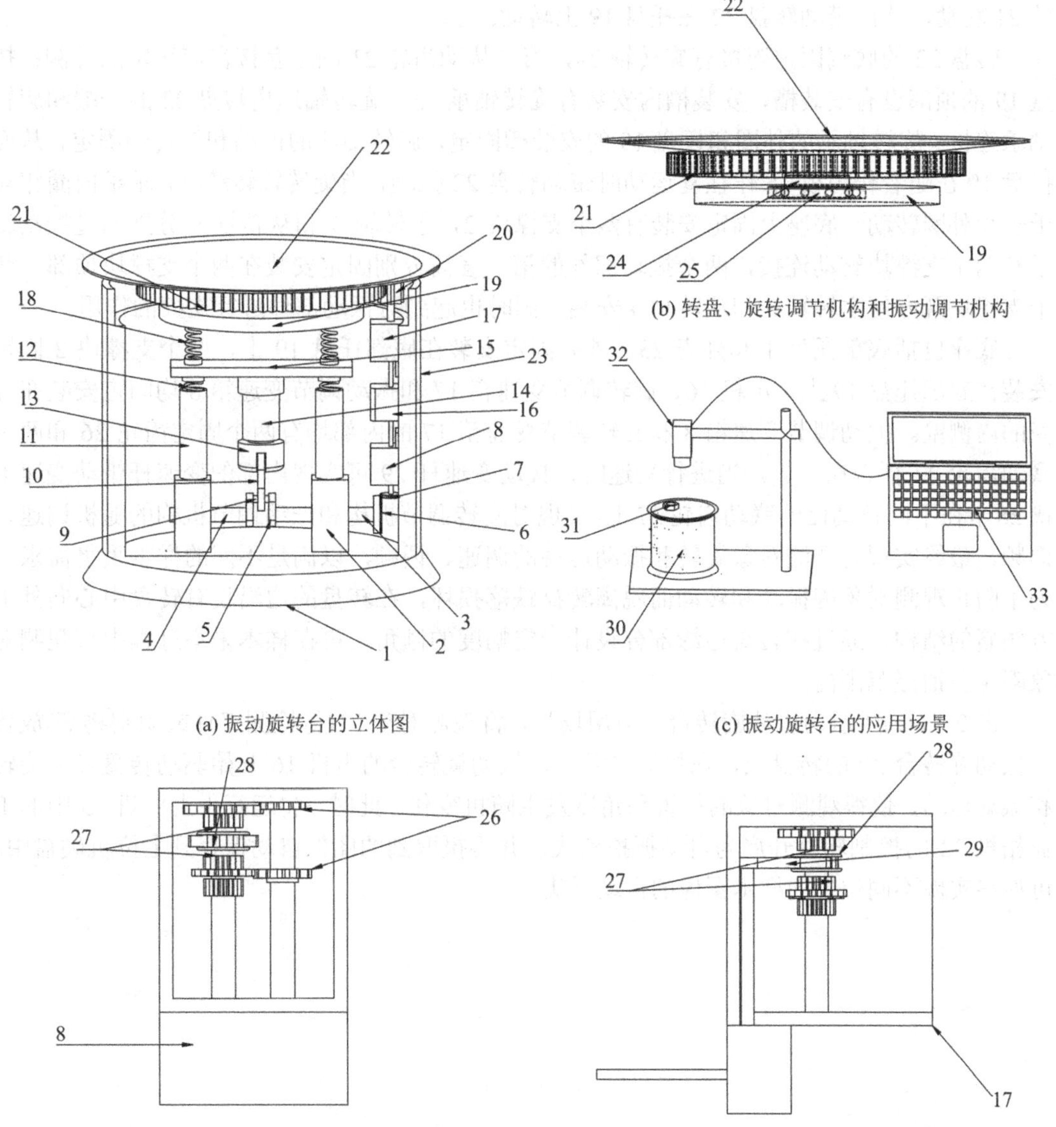

1—底部托盘；2—支撑块；3—主转轴；4—从转轴；5—偏轴板；6—第一从动齿轮；7—第一主动传动齿轮；8—振动调节变速箱；9—连接轴；10—连接板；11—第一套筒；12—长距弹簧；13—运动塞；14—第二套筒；15—传力板；16—电机；17—旋转调节变速箱；18—短距弹簧；19—托盘；20—第二主动传动齿轮；21—第二从动齿轮；22—转盘；23—外壳；24—旋转轴；25—旋转轴承；26—固定齿轮；27—联动齿轮；28—变速卡槽；29—变速杆；30—振动旋转台；31—观测对象；32—工业相机；33—上位机。

图 2.3.6　振动旋转台设计图

旋转调节机构包括旋转调节变速箱 17、第二主动传动齿轮 20 和第二从动齿轮 21，旋转调节变速箱 17 固定安装在底座上，旋转调节变速箱 17 和电机 16 通过传动轴连接，第二主动传动齿轮 20 套接在旋转调节变速箱 17 的输出轴上，第二从动齿轮 21 和第二主动传动齿轮 20 啮合，第二从动齿轮 21 和转盘 22 固定连接。旋转调节变速箱 17 由电机 16 带动，旋转调节变速箱 17 带动第二主动传动齿轮 20 转动，第二主动传动齿轮 20 带动第二从动齿轮 21 转动，从而带动转盘 22 在托盘 19 上转动。

转盘 22 的底端固定连接有旋转轴 24，第二从动齿轮 21 固定套接在旋转轴的外侧；托盘 19 的顶部设有安装槽，安装槽内安装有旋转轴承 25，旋转轴远离转盘 22 的一端和旋转轴承连接。旋转轴承的外圈和托盘 19 的安装槽固定，旋转轴承的内圈和旋转轴固定，从而托盘 19 在随着传力板 15 作往复运动时带动转盘 22 振动，当旋转轴转动时，轴承内圈相对于轴承外圈转动。底座上固定安装有两个支撑块 2，主转轴 3 和从转轴 4 分别通过振动轴承和两个支撑块转动连接，两个振动部件的第一套筒分别固定安装在两个支撑块顶部。两个支撑块既方便主转轴 3 和从转轴 4 安装，同时也起到对振动部件进行支撑的作用。

底座包括底部托盘 1 和外壳 23，外壳固定安装在底部托盘 19 上，两个支撑块 2 固定安装在底部托盘 19 上，电机 16、旋转调节变速箱 17 和振动调节变速箱 8 均固定安装在外壳的内侧壁。振动调节变速箱 8 和旋转调节变速箱 17 的内部均有两个固定齿轮 26 和两个联动齿轮 27 耦合在一起，当进行变速时，拨动变速杆 29 可实现内部的变速杆带动变速卡槽 28 卡在不同传动比的联动齿轮 27 上，实现对旋转调节机构和振动调节机构的随机调速、调频，最终实现对观测对象旋转和振动运动的调速、调频，以满足不同的样本采集需求。为了防止观测对象因振动和转动而脱离转盘跌落损坏，在转盘的边沿设有转盘中心向外上方倾斜的结构，通过在转盘边缘部分设计一定幅度的倾角，可在样本采集过程中将观测对象限定在拍摄范围内。

图 2.3.6(c)所示为振动旋转台的应用场景，将观测对象 31(待检测工件或识别物等)放置于振动旋转台 30 的转盘上，在接通电源后，振动旋转台的电机 16 开始驱动转盘发生旋转和振动运动，使得观测对象的位置和角度发生随机变化。此时，将运行于上位机 33 中的工业相机 32 的控制软件开启为自动抓拍模式，并将摄取到的图像自动保存到上位机硬盘中，可最终实现不同位姿的样本图像的自动采集。

第 3 章　柔性视觉检测系统软件的开发

机器视觉软件负责系统各类资源的调度、控制及与用户的交互，目前市面上常见的机器视觉软件有 VisionPro、iNspect Express 等。这些软件集成了大量成熟的视觉工具，通过拖拽操作即可完成一些基本的视觉检测应用的搭建，入门难度较低。同时，这类软件还提供一定的脚本编程(如 VB/C#)功能，可以完成稍复杂一些的机器视觉检测任务，但难以胜任需要自行开发的、需要较为复杂的图像处理算法方面的机器视觉检测应用。

本章只涉及算法以外的软件部分的开发，讲述如何利用 VC++和 OpenCV 开发一个简易的机器视觉软件，算法部分在第 4 章讲述。本柔性视觉检测系统软件可通过工业相机采集产品图像，并使用图像处理算法对图像进行分析和处理，最终输出可视化检测结果。本软件提供了抓拍显示和实时显示两种显示模式，提供了加载图片检测、抓拍检测、实时检测和离线批量测试共四种检测方式，能够实现相机参数的设置，图像的拍摄、加载、保存及实时显示，工具参数的设置等功能。本软件针对多品种小批量生产领域在视觉检测时需频繁变换检测型号的情况，设计了可根据配置文件自动增减检测型号的功能，离线批量检测功能可批量加载图像并完成检测，提高了验证检测算法可靠性的效率。

3.1　软件功能与整体结构

柔性视觉检测系统软件的开发主要包括用户界面、图像采集、项目管理、参数管理等模块的设计和实现。系统采用合理的软件架构设计、算法优化和系统测试，可以实现快速、准确的产品检测和分类功能。同时，系统还需要具备稳定性、可靠性和扩展性，以满足不同产品的检测需求。柔性视觉检测系统软件整体上分为四大板块，包含十多个子模块，其整体结构如图 3.1.1 所示。

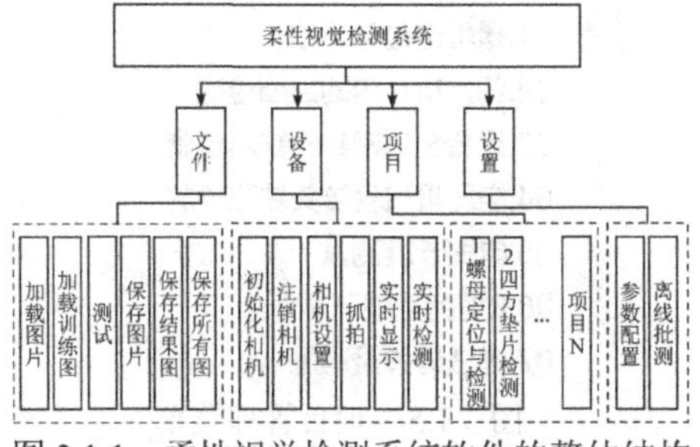

图 3.1.1　柔性视觉检测系统软件的整体结构

3.1.1　系统软件功能概述

本柔性视觉检测系统软件的主界面如图 3.1.2 所示，包括菜单栏、工具栏、图片显示区域、提示信息显示区域和测试结果参数列表显示区域五部分。当软件打开时，提示信息显示区域会显示当前进行的项目名称。

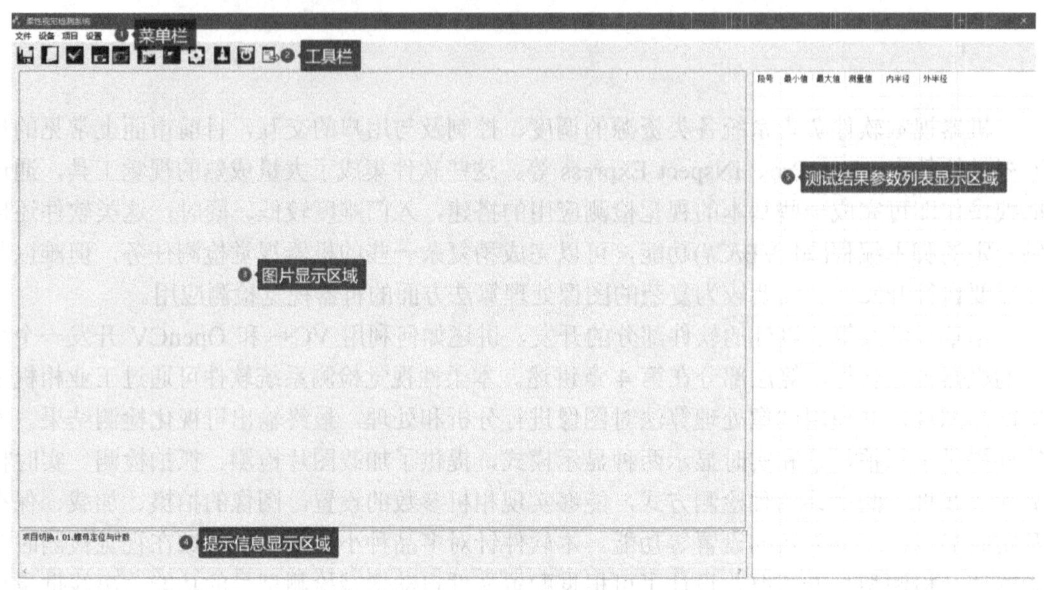

图 3.1.2　系统软件的主界面

系统软件主要包括四大核心功能模块，即文件管理(见图 3.1.3)、设备管理(见图 3.1.4)、项目管理(见图 3.1.5)和系统设置(见图 3.1.6)。

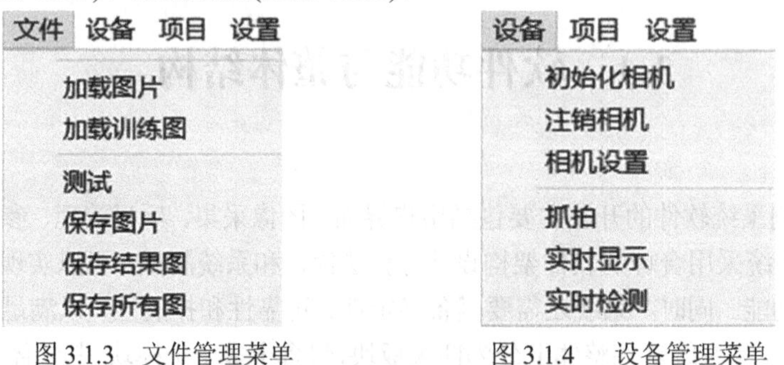

图 3.1.3　文件管理菜单　　图 3.1.4　设备管理菜单

图 3.1.5　项目管理菜单

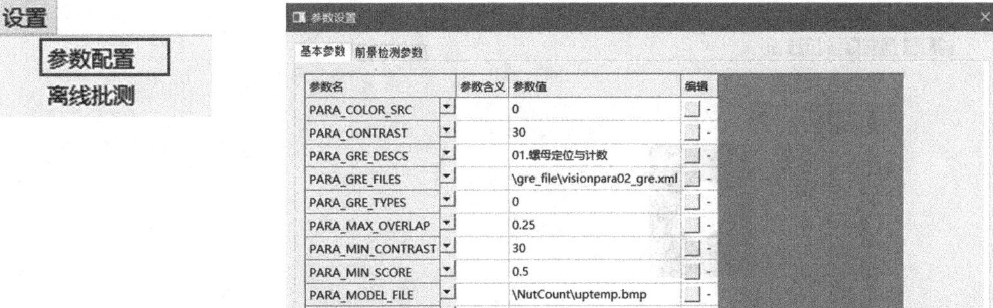

(a) 基本参数设置界面

(b) 离线批量测试界面

图 3.1.6　系统设置菜单及界面

3.1.2　文件管理模块

文件管理模块的核心是实验图片的加载与保存，它主要管理离线加载的实验图片和训练图片，并将相机抓拍图和实验测试结果图进行保存。

1. 实验图片的加载

如图 3.1.7 所示为实验图片的加载界面，图 3.1.7(a)和图 3.1.7(b)分别是实验图片加载前的加载界面和加载后的显示界面。其中，加载界面包含实验图片导入选择、实验图片显示和实验图片存储路径显示等。

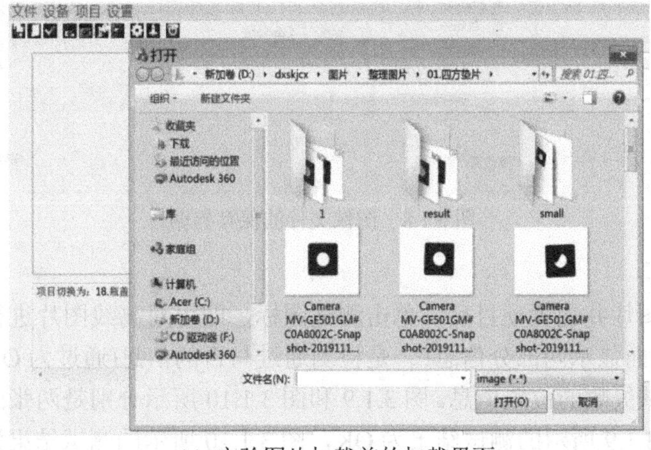

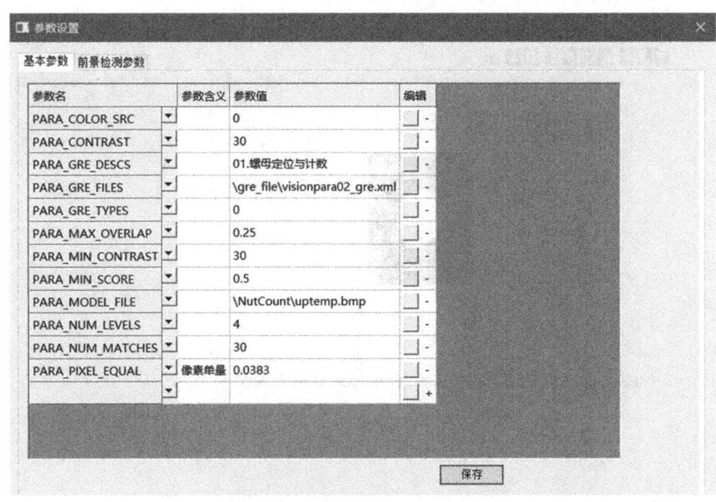

(a) 实验图片加载前的加载界面

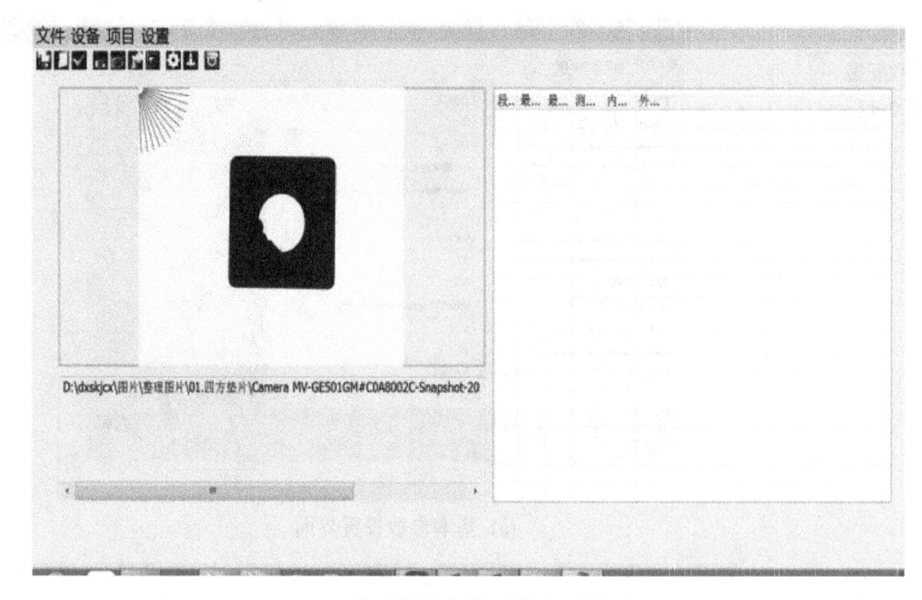

(b) 实验图片加载后的显示界面

图 3.1.7　实验图片的加载界面

2. 实验图片的保存

所有离线加载或相机拍摄的图像文件均可保存，其保存界面如图 3.1.8 所示，在保存时选择保存目录和保存类型并输入保存文件名即可。

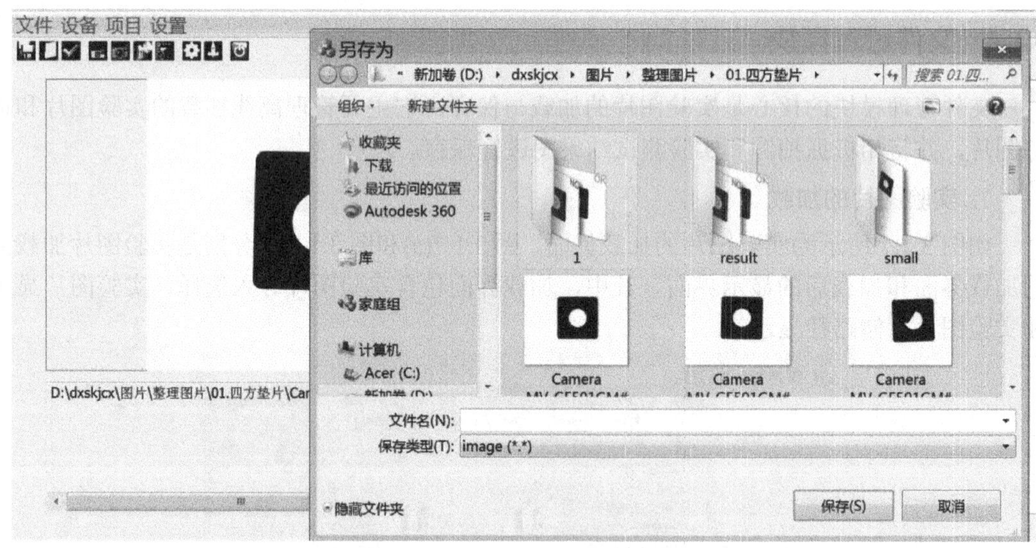

图 3.1.8　图像文件的保存界面

3. 离线测试

在导入离线图片并配置项目后，单击测试图标，即可对离线图片进行分析并显示测试结果。测试结果界面显示两部分信息：一是检测通过与否的信息(通过为 OK、不通过为 NG)，二是不通过时测试失败的位置信息。图 3.1.9 和图 3.1.10 所示分别是两张四方垫片图片的离线测试结果，图 3.1.9 所示的测试结果为 OK，图 3.1.10 所示的测试结果为 NG。

内圆半径:OK
最大: 8.23mm
最小: 8.16mm
OK

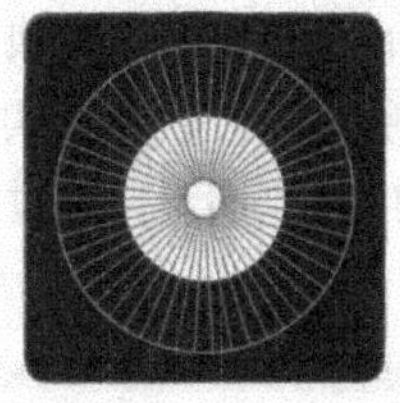

图 3.1.9　测试结果为 OK

内圆半径:NG
最大: 8.29mm
最小: 6.48mm
NG

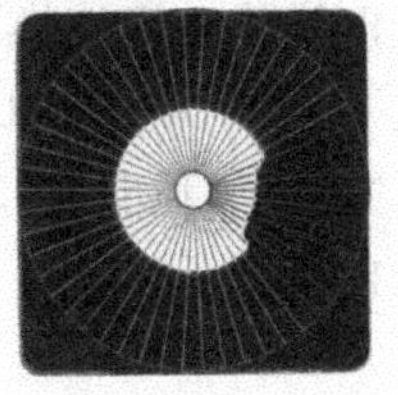

图 3.1.10　测试结果为 NG

3.1.3　设备管理模块

设备管理模块的核心是相机控制，包括相机连接、参数调节、抓拍控制、实时检测与实时显示。工业相机的连接和参数调节负责将软件连接相机，对相机进行参数设置，断开相机与软件的连接等。工业相机的抓拍控制、实时检测与实时显示负责实现单张抓拍、视频模式抓拍、单张图片实验对象的离线检测、实验对象的实时检测等。

1. 工业相机的连接和参数调节

工业相机的设备管理界面如图 3.1.11 所示。单击下拉菜单中的“初始化相机”选项，可对相机进行初始化并建立连接；单击下拉菜单中的“注销相机”选项，可断开相机连接并释放相关资源；单击下拉菜单中的“相机设置”选项，可设置相机参数，如图片格式、帧速率等。

2. 工业相机的抓拍控制、实时检测与实时显示

在如图 3.1.11 所示界面中，单击下拉菜单中的“抓拍”选项，可捕获实验对象图片；单击下拉菜单中的“实时显示”选项，可以视频形式显示采集效果；单击下拉菜单中的“实时检测”选项，能以程序设定的固定速度完成抓拍和检测，并实时显示检测效果。

图 3.1.11　工业相机的设备管理界面

3.1.4 项目管理模块

项目管理模块负责切换不同的实验项目，并自动初始化所选择实验项目的参数。目前系统中集成了 20 个项目，如图 3.1.12 所示，更多项目可通过添加扩展来实现。单击具体项目名称即可完成项目切换，项目切换后项目参数会自动切换。项目 1 与项目 2 的运行界面切换如图 3.1.13 所示。

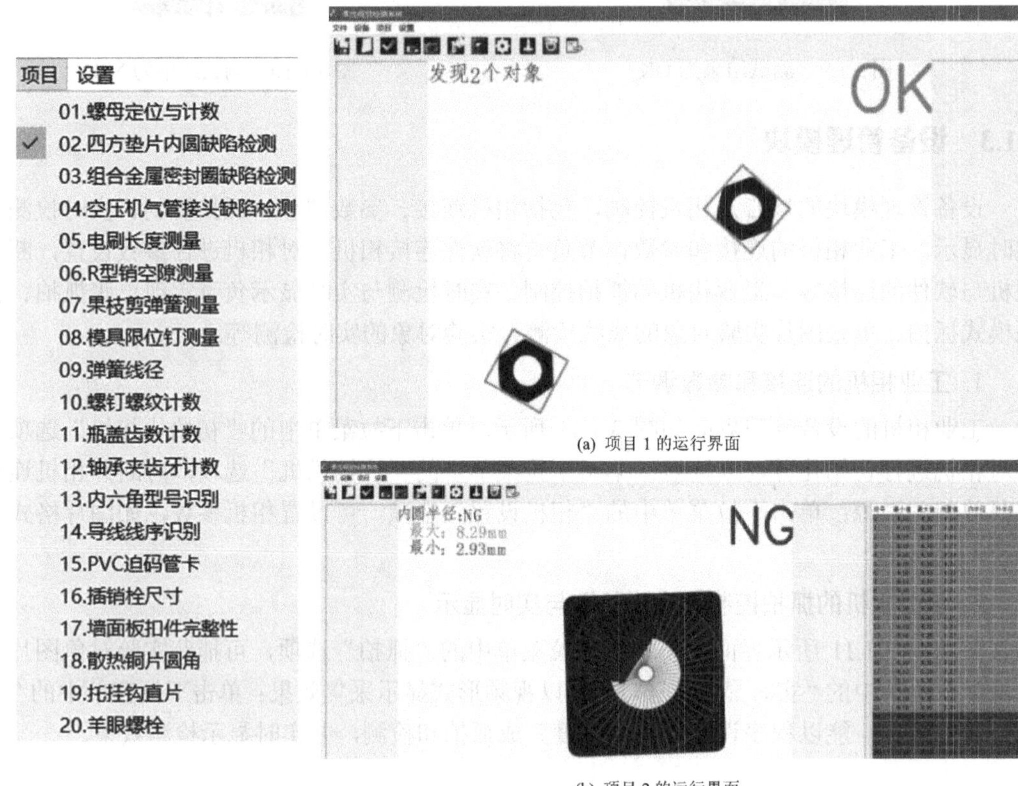

(a) 项目 1 的运行界面

(b) 项目 2 的运行界面

图 3.1.12 项目管理菜单

图 3.1.13 项目切换时对应运行界面的切换

3.1.5 系统设置模块

系统设置模块包括项目参数设置和离线批量测试。其中，项目参数设置以列表形式显示项目参数，允许在列表中修改项目参数并保存到参数文件中。离线批量测试可通过指定实验图片所在目录和实验结果保存目录来进行批量测试，并显示测试进度。

1. 项目参数设置

项目参数设置界面包括基本参数修改和前景检测参数修改两部分，如图 3.1.14 所示。

基本参数存储在 user.xml 文件的 visionpara 节点中并以项目的序号命名，序号为两位数字，从 00 开始。例如，项目 1 的基本参数存储在<visionpara00>节点中，项目 2 的基本参数存储在<visionpara01>节点中，以此类推。前景检测参数存放在运行目录 gre_file 文件夹下的 visionparaXX_gre.xml 文件中。在基本参数中存储了前景检测参数配置文件的位置。

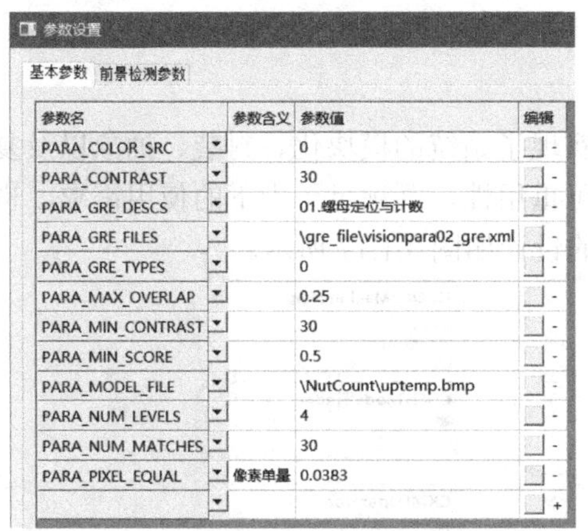

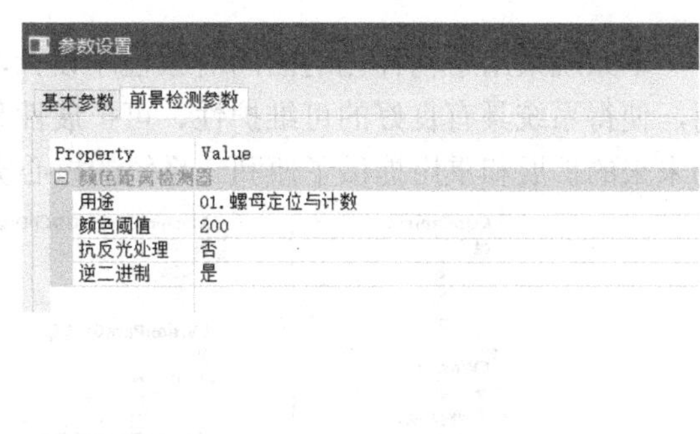

图 3.1.14　项目参数设置界面

2. 离线批量测试

离线批量测试界面包含选择源图目录、选择结果图保存目录(结果目录)和测试进度显示，如图 3.1.15 所示。图 3.1.16 所示是四方垫片项目的离线批量测试运行结果界面。

图 3.1.15　离线批量测试界面

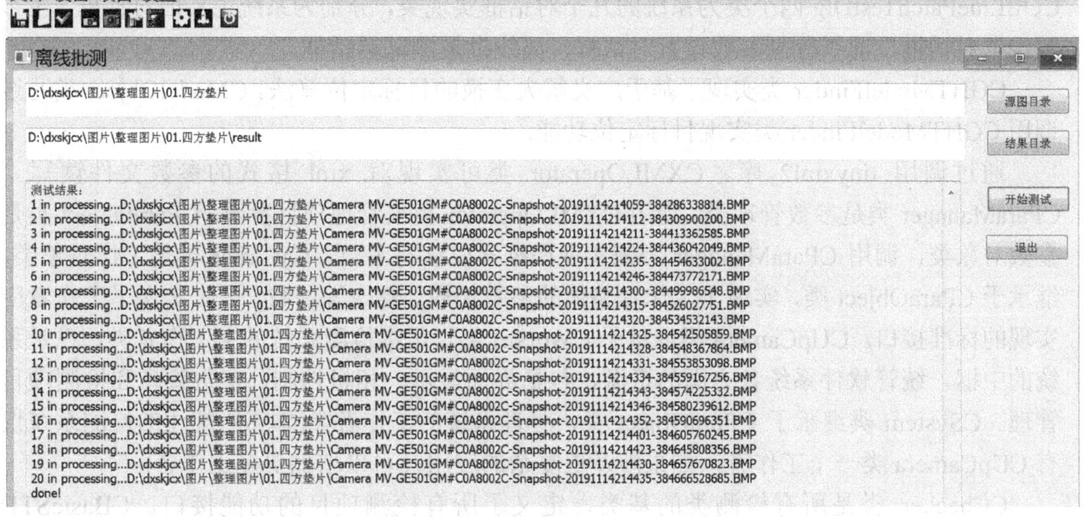

图 3.1.16　四方垫片项目的离线批量测试运行结果界面

3.1.6　核心类的设计

本系统采用了构件化的面向对象程序设计，实现了系统的模块化、封装、抽象以及复用，使得系统具有良好的可维护性、可扩展性和可重用性，既满足了当下的使用需求，也为未来的扩展和重用提供了便利。系统的核心类的设计如图 3.1.17 所示。

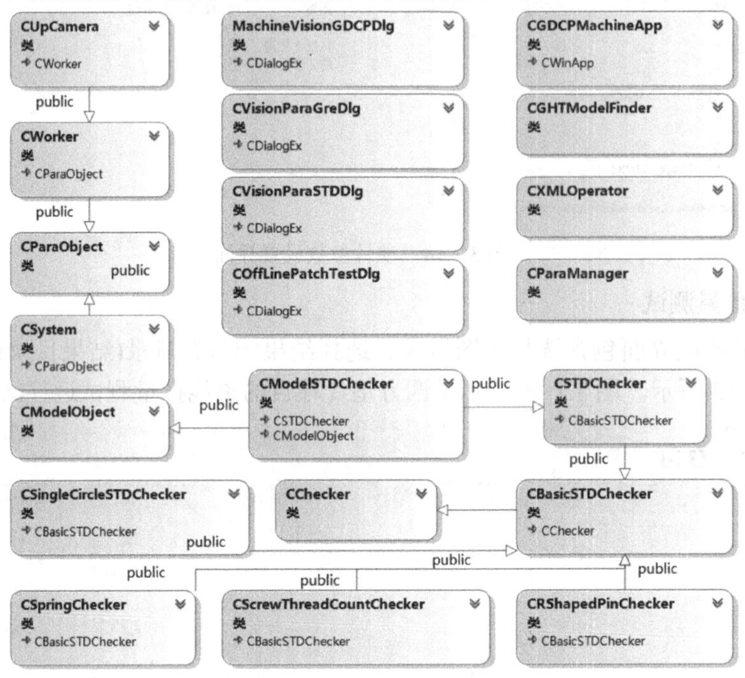

图 3.1.17　核心类的设计

在图 3.1.17 中，CGDCPMachineApp 为应用程序类，在系统启动时，该类初始化实例会加载主对话框。MachineVisionGDCPDlg、CVisionParaGlueDlg、CVisionParaSTDDlg、COffLinePatchTestDlg 四个类为系统的几个对话框实现类，分别为系统主界面对话框、主参数设置对话框、前景分割参数设置对话框、离线批量测试对话框。

CGHTModelFinder 类实现了基于广义霍夫变换的目标定位算法。CModelObject 类通过调用 CGHTModelFinder 类实现目标定位功能。

通过调用 tinyxml2 库，CXMLOperator 类可实现对 xml 格式的参数文件读写。CParaManager 类是参数管理类，调用 CXMLOperator 类来管理项目参数。CParaObject 类是参数对象类，调用 CParaManager 类来实现根据索引读写参数。CWorker 类是工作对象类，继承于 CParaObject 类，实现了工作者整体的参数加载、修改等函数，同时定义了工作者应实现的标准接口。CUpCamera 类继承于 CWorker 类，是本检测系统的主工作者类，也是系统的中枢，统管软件系统各方面的资源，包括界面显示、相机控制、参数管理和检测项目管理。CSystem 类继承于 CParaObject 类，管理系统的工作者类(本书所阐述的检测系统仅有 CUpCamera 类一个工作者，如果涉及更复杂的应用，可以增加更多工作者)。

CChecker 类是所有检测类的基类，定义了所有检测项目的功能接口。CBasicSTD Checker 类继承于 CChecker 类，定义了检测参数类别的宏及各检测项目需要检测的参数类别，并实现了检测前景提取都需要使用的公共函数。CModelSTDChecker 类和 CSingleCircleGlueChecker 类都继承于 CBasicSTDChecker 类，分别用于基于模板的检测和单环检测。CSpringChecker、CScrewThreadCountChecker 和 CRShapedPinChecker 三个类为弹簧线径测量、螺纹计数和 R 型销间隙测量类，也都继承于 CBasicSTDChecker 类。

秉承一个项目一个构件类的思想，本检测系统根据实验项目的不同构建了多个类，类之外的部分为公共部分，封装在通用类和方法中。以弹簧线径测量、螺纹计数和 R 型销间隙测量为例，功能类的设计分别如图 3.1.18、图 3.1.19 和图 3.1.20 所示。

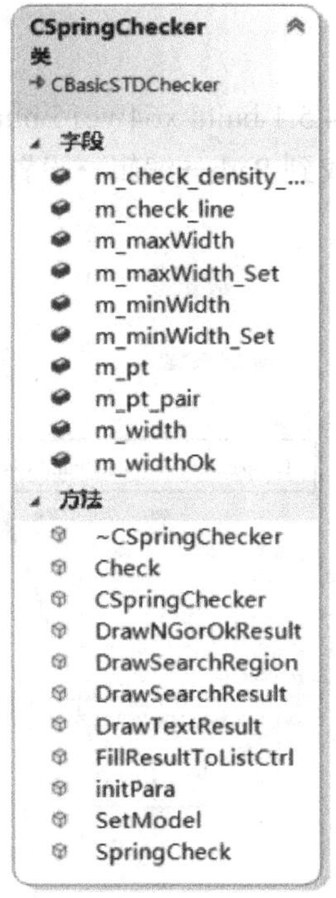

图 3.1.18 弹簧线径测量类设计

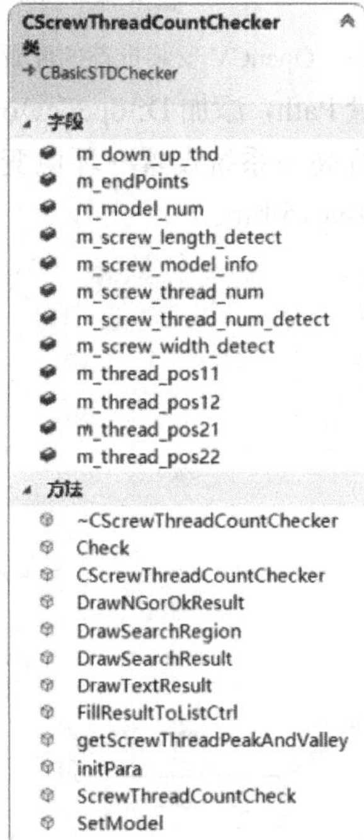

图 3.1.19 螺纹计数类设计

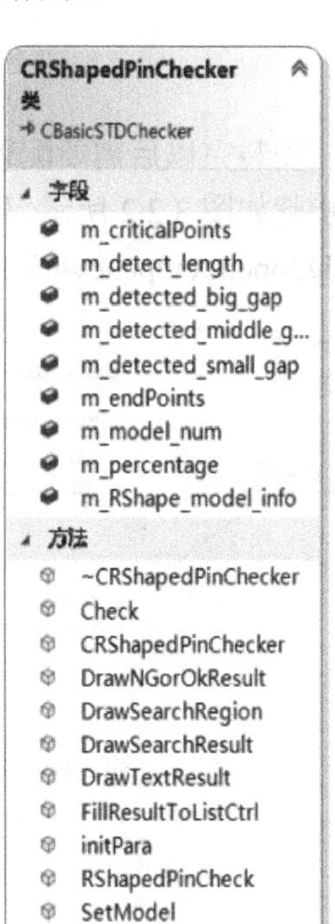

图 3.1.20 R 型销间隙测量类设计

3.2 软件开发环境搭建与主界面设计

3.2.1 软件开发环境搭建

1. Visual Studio 的安装与设置

本软件系统使用 Visual Studio 开发，通过官网下载 vs2017 社区版安装文件 vs_Community.zip，解压安装即可。

2. OpenCV 的安装与环境配置

下载 opencv-4.5.1-vc14_vc15.exe 并进行安装，为方便管理可将路径统一为 D:\opencv

\opencv4.5.1，如图 3.2.1 所示。

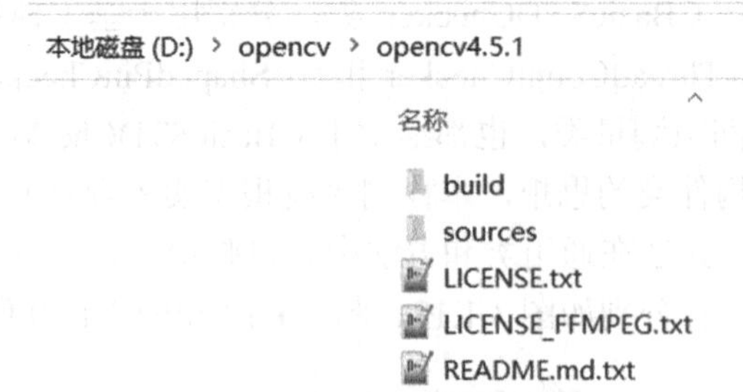

图 3.2.1　OpenCV 安装推荐的配置目录

安装完以后需要配置环境变量 Path，添加 D:\opencv\opencv4.5.1\build\x64\vc15\bin；配置步骤如图 3.2.2 所示，即依次进行高级系统设置→环境变量→找到 Path→编辑→设置变量值 D:\opencv\opencv4.5.1\build\x64\vc15\bin。

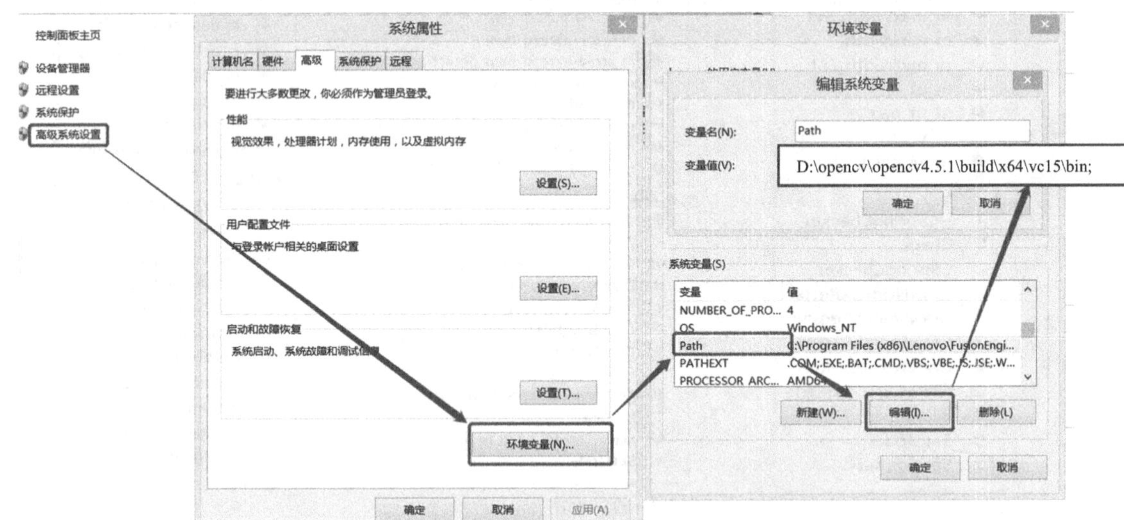

图 3.2.2　环境变量配置

3. 安装缺少的功能

在 VS 中打开项目，如果直接运行，则会报错，正确做法是用鼠标右键单击项目名称，会提示“安装缺少的功能”，在线安装即可，如图 3.2.3 所示。

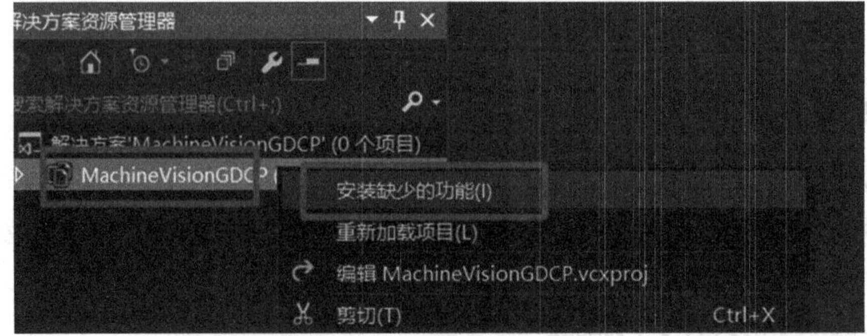

图 3.2.3　安装缺少的功能

4. 安装相机驱动

在新机器上运行项目，若此前未安装过相机驱动，会出现找不到 MVCAMSDK_ X64.DLL 的错误，如图 3.2.4 所示。下载文件 MindVision Camera Platform Setup(2.1.10.135). exe，完成安装即可解决问题。

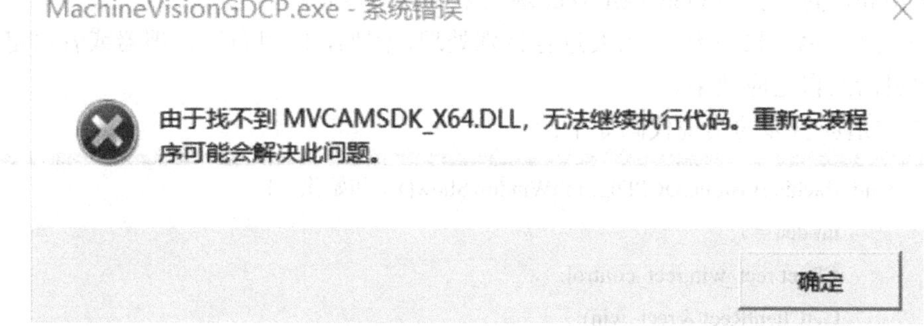

图 3.2.4　缺少相机驱动

3.2.2　软件主界面设计

1. 主界面整体设计

主界面主要由对话框(DIALOG)、菜单(MENU)、工具栏(TOOLBAR)、图片控件(CONTROL IDC_IMAGE)、文字编辑框(EDITTE XT)和列表框(CONTROL IDC_LIST)组成，其设计线框图如图 3.2.5 所示。

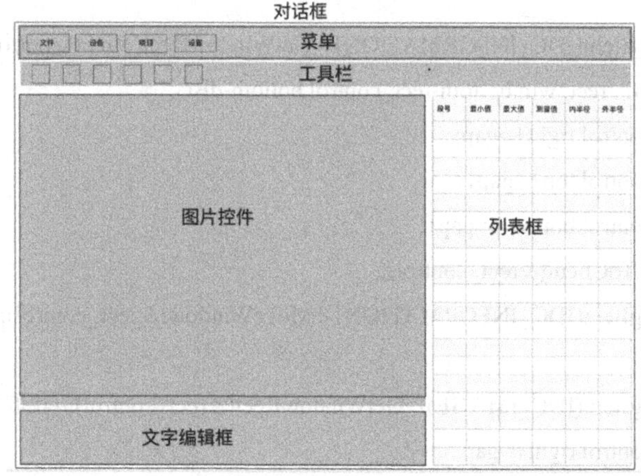

图 3.2.5　主界面设计线框图

每个部分的功能实现会在后续章节中介绍。

2. MFC 自适应窗体实现

自适应窗体是指在不同设备和屏幕尺寸下能够自动调整布局和大小的窗体，可以提高用户体验，适应不同设备。MFC 自适应窗体的实现思路如下：

(1) 获取当前电脑分辨率：使用 GetSystemMetrics 函数来获取当前电脑的屏幕分辨率，包括屏幕的宽度和高度。

(2) 计算窗口的缩放比例：根据当前电脑的分辨率和设计时的分辨率，计算出窗口的缩放比例。通过将当前电脑的分辨率除以设计时的分辨率来得到窗口的缩放比例。

(3) 缩放窗口控件的大小和位置：遍历窗口中的所有控件，根据缩放比例调整控件的大小和位置。使用 GetWindowRect 函数和 SetWindowPos 函数来获取和设置控件的位置和大小。

(4) 响应窗口大小变化事件：在窗口的 OnSize 事件中，重新计算缩放比例并缩放窗口控件的大小和位置。使用 GetClientRect 函数来获取窗口客户区的大小。

(5) 对于一些特殊的控件，需要进行特殊处理，例如，使用布局管理器或者自定义绘制来实现更灵活的自适应效果。

MFC 自适应窗体的实现代码如下：

```
void MachineVisionGDCPDlg::initWindowShow(){//初始化窗口
    int dist = 1;
    CRect rect_win,rect_control;
    GetClientRect(&rect_win);
    GetDlgItem(IDC_LIST)->GetWindowRect(&rect_control);//获取控件信息
    int gap=rect_win.right-rect_control.right-dist;
    rect_control.left+=gap;
    rect_control.right+=gap;
    rect_control.bottom=rect_win.bottom-dist;
    ScreenToClient(&rect_control);  //把屏幕坐标转换为窗口坐标
    GetDlgItem(IDC_LIST)->MoveWindow(&rect_control);//控件调整

    GetDlgItem(IDC_INFORMATION)->GetWindowRect(&rect_control);//获取控件信息
    int gap1=rect_win.bottom-rect_control.bottom-dist;
    rect_control.right+=gap;
    rect_control.top+=gap1;
    rect_control.bottom+=gap1;
    ScreenToClient(&rect_control);
    GetDlgItem(IDC_INFORMATION)->MoveWindow(&rect_control);//控件调整

    GetDlgItem(IDC_IMAGE)->GetWindowRect(&rect_control);//获取控件信息
    rect_control.right+=gap;
    rect_control.bottom+=gap1;
    ScreenToClient(&rect_control);
    GetDlgItem(IDC_IMAGE)->MoveWindow(&rect_control);//控件调整
}
```

3.3　工业相机控制

3.3.1　工业相机的初始化

1. 初始化功能说明

为了确保工业相机能够正常工作且符合用户需求，需要对相机进行初始化操作。在初始化过程中需要完成参数设置(如曝光时间、增益、白平衡等参数)、资源分配(分配相机所需的内存资源和缓冲区，用于存储、处理和传输图像等操作)、确保相机正常工作(检查和配置相机，如检查连接是否正常、传输是否稳定等)、图像采集准备(如设置采集模式和分辨率等)等操作。工业相机的初始化可以确保相机能够按照用户的需求进行图像采集和处理。

2. 相机初始化的基本流程

不同的相机 SDK(Software Development Kit，软件开发工具包)可能会有不同的接口和函数来进行相机初始化操作，具体的初始化流程可能会略有差异，可参考相机 SDK 的文档和示例代码来进行具体操作。相机初始化的一般流程如图 3.3.1 所示。

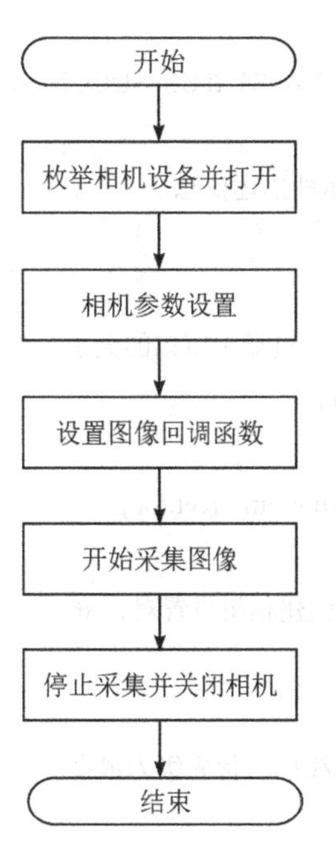

图 3.3.1　相机初始化的一般流程

(1) 枚举相机设备并打开：调用相机 SDK 提供的函数枚举设备并打开相机。打开函数会返回一个相机句柄，可用于后续操作。

(2) 相机参数设置：相机打开后，可以通过相机 SDK 提供的函数来设置相机的各种参数(如曝光时间、增益等)，参数的设置可按需调整。

(3) 设置图像回调函数：如果需要实时获取相机的图像数据，可以设置一个图像回调函数。当相机采集到图像数据时，会调用这个回调函数将图像数据传递给用户。

(4) 开始采集图像：设置完相机参数后，可以调用相机 SDK 提供的函数来开始图像采集。相机开始工作后即开始不断采集图像数据。

(5) 停止采集图像：如果不再需要采集图像，可以调用相机 SDK 提供的函数来停止图像采集。

(6) 关闭相机：当不再需要使用相机时，需要调用相机 SDK 提供的函数来关闭相机。关闭之后，相机将无法再进行采集和设置参数等操作。

3. 关键实现代码与解析

相机初始化的关键实现代码与解析如下：

```
BOOL MachineVisionGDCPDlg::InitCamera(){ //相机初始化函数
    //(1)变量声明与初始化
    INT iCameraNums;  //用于存储相机数量
    CameraSdkStatus status;  //相机初始化状态
    CRect rect;  //相机显示窗口的位置和大小
    tSdkCameraCapbility sCameraInfo;  //相机特性描述

    //(2)SDK 初始化：用于初始化相机 SDK，以便在应用程序中使用相机
    CameraSdkInit(1);

//(3)设备枚举：枚举相机设备，获取设备列表，根据返回值判断是否找到相机
    iCameraNums = CameraEnumerateDeviceEx();
    if (iCameraNums <= 0){    return FALSE; } //未找到则返回 FALSE

     //(4)相机连接：注意事项：
//函数 CameraInitEx 负责初始化相机，如果初始化失败，则返回错误信息
//参数 0：假设只连接了一个相机，因此只初始化第一个相机，则序号为 0
//参数(-1,-1)表示加载上次退出前保存的参数，若首次使用，则加载默认参数
//参数中的 m_hCamera 是相机的设备句柄，使用地址引用方式
    if ((status = CameraInitEx(0,-1,-1,&m_hCamera)) != CAMERA_STATUS_SUCCESS)
    {return FALSE;} //如果初始化失败，则返回  FALSE
//初始化成功，则调用函数 CameraGetCapability 获取相机的属性描述信息
    CameraGetCapability(m_hCamera,&sCameraInfo);

//(5)显示图像：使用 SDK 封装好的接口显示图像,获取和设置相机显示窗口的大小
    CameraDisplayInit(m_hCamera,m_cPreview.GetSafeHwnd());
    m_cPreview.GetClientRect(&rect);
    CameraSetDisplaySize(m_hCamera,rect.right - rect.left,rect.bottom - rect.top);

//(6)创建相机属性配置窗口：使用 SDK 内部自动创建的方式创建相机设置对话框
CameraCreateSettingPageEx(m_hCamera);

//(7)图像显示：通过_beginthreadex 创建显示线程,并设置显示线程的优先级为最高
//beginthreadex 参数说明：
//(安全属性，堆栈大小，线程函数的入口地址，传递给线程函数的参数，线程选项，返回的
//线程 ID)
    m_bExit = FALSE;m_bSnapMode = FALSE;
m_hDispThread = (HANDLE)_beginthreadex(NULL, 0, &uiDisplayThread, this, 0,    &m_threadID);
```

```
    SetThreadPriority(m_hDispThread,THREAD_PRIORITY_HIGHEST);

    //(8)图像发送与停止：通知相机开始发送图像,并更新菜单允许手动暂停实时显示
    CameraPlay(m_hCamera);
    m_bPause = FALSE;
    CMenu *subMenu = GetMenu()->GetSubMenu(1);
    subMenu->ModifyMenu(5, MF_BYPOSITION, ID_REALTIME_DISP, _T("暂停实时显示
"));

    //(9)结束：程序正常执行完，返回 TRUE 表示相机初始化成功
return TRUE;
}
```

3.3.2　工业相机的抓拍控制

1. 抓拍功能说明

抓拍是指通过相机设备捕捉现实世界中的图像或视频帧，使用户能够获取现实世界的图像信息并进行各种视觉处理和分析的操作。抓拍是进行图像采集、视频录制、目标检测与跟踪(如人脸、车辆、物体等)、图像处理与分析(如图像增强、边缘检测、图像分割等)、三维重建与测量(通过抓拍多视角图像进行三维重建和测量、通过计算多视角图像视差恢复场景的三维结构等)、视频监控与分析等任务的基础。

2. 相机抓拍控制的一般流程

相机抓拍控制可参考相机 SDK 的文档和示例代码来实现，相机抓拍控制的一般流程如图 3.3.2 所示。

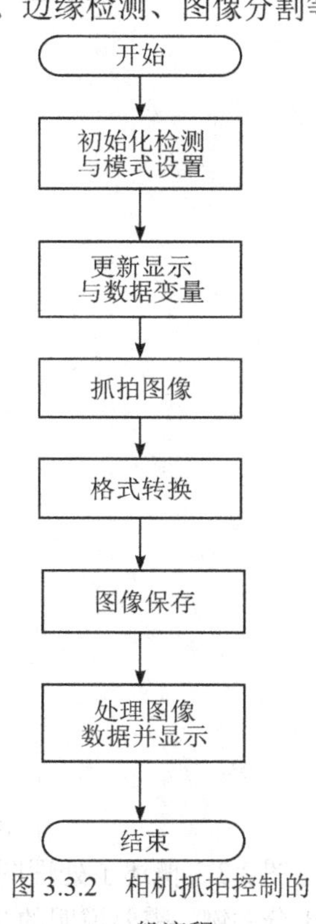

图 3.3.2　相机抓拍控制的一般流程

(1) 初始化检测与模式设置：检查相机是否已经初始化，如果未初始化，则显示错误并返回。如已初始化成功，则将抓拍模式设置为真。

(2) 更新显示与数据变量：获取菜单信息并显示“实时显示”子菜单。创建变量用于保存帧信息、原始数据和 RGB 数据、文件名等。

(3) 抓拍图像：设置分辨率，调用函数抓拍一帧图像数据到缓冲区中并进行保存。检查相机是否抓拍成功。如果失败，显示错误消息并返回。

(4) 格式转换：可根据需要进行格式转换，例如将原始数据转换为 RGB 数据。

(5) 图像保存：抓拍成功后，调用函数保存图像到文件，保存时需设置相机句柄、图片保存文件完整路径、图像的数

据缓冲区、图像的帧头信息、图像保存格式、图像保存的质量因子等。当保存成功时，返回 0；否则返回非 0 值的错误码。

(6) 处理图像数据并显示：进行图像格式转换、图像处理和显示操作，最终将处理后的图像显示在界面上。该部分涉及到多个图像处理方法。

3. 处理图像数据并显示

在抓拍控制中，“处理图像数据并显示”环节的实现较为复杂。因为通过相机获取的图像数据是字节形式，无法直接显示在界面控件上，需要经过一系列的处理才能显示。在 MFC 上显示相机图像有三种常见的方法：一是将图像显示在窗口中并将窗口贴到 MFC 的图片控件上；二是通过 CvvImage 类将 Mat 类型的数据显示在控件上；三是通过手动转换，将 Mat 数据转换到 CImage 中，然后进行显示。综合考虑灵活性和复杂度，本系统使用第二种方法来处理图像数据并显示，其基本实现流程如图 3.3.3 所示。

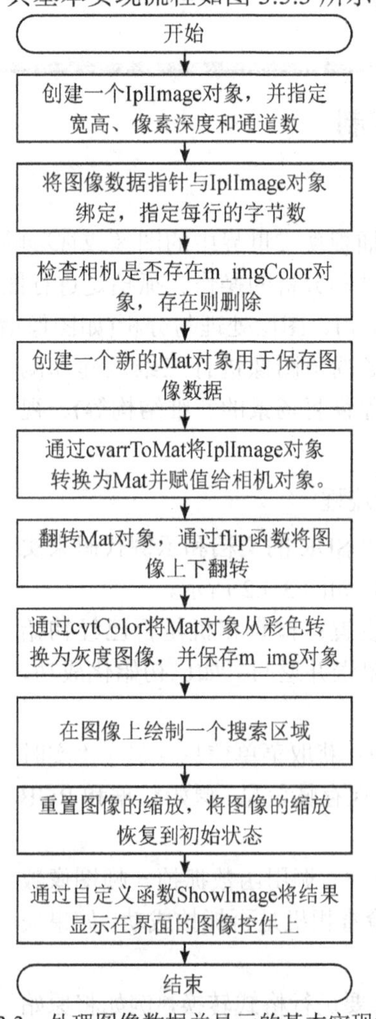

图 3.3.3　处理图像数据并显示的基本实现流程

图 3.3.3 概述了处理图像数据并显示的基本实现流程，其中，IplImage 与 Mat 之间的转换十分关键。需要说明的是，OpenCV 中有 IplImage 和 Mat 两种不同的数据类型，IplImage 是 OpenCV 早期版本使用的图像数据类型，而 Mat 是 OpenCV2.0 版本之后引入的图像数据

类型，二者可以相互转换。但相机原始数据一般既不是 IplImage 类型，也不是 Mat 类型，而是由工业相机厂商提供的二进制数据流。这些数据流需要通过相机 SDK 或者相机驱动程序进行解析，才能转换为 OpenCV 中的 IplImage 或 Mat 类型的图像数据。一些相机厂商会提供将数据流转换为 Mat 类型的方法，也有一些厂商只提供将数据流转换为 IplImage 类型的方法，本系统使用的工业相机就是后者。因此在项目实现过程中，先创建 IplImage 对象，然后将其转换为 Mat 类型。

4. 关键实现代码与解析

工业相机抓拍控制的关键实现代码与解析如下：

```
//相机抓拍函数(有关消息提示的代码部分省略)
void MachineVisionGDCPDlg::OnSnap(){
    //(1)初始化检测：检查相机是否已经初始化
    if (m_hCamera <= 0){ return; }//未初始化显示错误并返回
    m_bSnapMode = TRUE; //否则设置为抓拍模式

    //(2)更新显示与数据变量
    CMenu *subMenu = GetMenu()->GetSubMenu(1);
    subMenu->ModifyMenu(5, MF_BYPOSITION, ID_REALTIME_DISP, TEXT("实时显示
"));
    UpdateUI();
    tSdkFrameHead FrameInfo;BYTE *pRawBuffer;BYTE *pRgbBuffer;CString sFileName;
    CameraSdkStatus status;CString msg;

//(3)抓拍图像：设置分辨率，调用函数抓拍图像，如果抓拍失败，显示错误消息并返回。注意
//事项：使用函数 CameraSetResolutionForSnap 设置抓拍时的分辨率，可以和预览时相同或不
//同 sImageSize.iIndex = 0xff; sImageSize.iWidth 和 iHeight 置 0，则抓拍分辨率和预览时相同。
//CameraSnapToBuffer 负责抓拍一帧图像数据到缓冲区中，该缓冲区由 SDK 内部申请,成功
//调用后需要抓拍成功后，获取当前可执行文件的路径和当前系统时间，根据时间进行文件
//命名
tSdkImageResolution sImageSize;memset(&sImageSize,0,sizeof(tSdkImageResolution));
sImageSize.iIndex = 0xff;
CameraSetResolutionForSnap(m_hCamera,&sImageSize);
if((status = CameraSnapToBuffer(m_hCamera,&FrameInfo,&pRawBuffer,1000)) !=
CAMERA_STATUS_SUCCESS){return;}
else{
    CString msg;CString sCurpath = GetExePath();
    CString strTime = CTime::GetCurrentTime().Format(_T("%Y%m%d%H%M%S"));
    sFileName.Format(_T("%s\\Snapshot%s"),sCurpath ,strTime);
```

```
//(4)格式转换：使用 CameraAlignMalloc 申请一个缓冲区，使用 CameraImageProcess 转换为
//RGB 数据
pRgbBuffer = (BYTE *)CameraAlignMalloc(FrameInfo.iWidth*FrameInfo.iHeight*3,16);
CameraImageProcess(m_hCamera,pRawBuffer,pRgbBuffer,&FrameInfo);
CameraReleaseImageBuffer(m_hCamera,pRawBuffer);
char    pFilePathName[256];
WideCharToMultiByte(    CP_ACP,    0,    sFileName.GetBuffer(1),    -1,    pFilePathName,
sizeof(pFilePathName), NULL, NULL );    //将宽字符(Unicode 字符)转换为多字节字符

//(5)图像保存：CameraSaveImage 函数将图像缓冲区的数据保存成图片文件。参数说明：
//返回值：成功时，返回 CAMERA_STATUS_SUCCESS (0)；否则返回非 0 值的错误码
//参数(m_hCamera,pFilePathName,pRgbBuffer,&FrameInfo,FILE_BMP,100)分别是：相机句柄、
//图片保存文件完整路径、图像的数据缓冲区、图像的帧头信息
//图像保存格式 BMP(支持 BMP、JPG、PNG、RAW 四种格式，此处仅实现 BMP)
//图像保存的质量因子为 100，仅当保存为 JPG 格式时该参数有效，范围为 1～100
if((status=CameraSaveImage(m_hCamera,pFilePathName,pRgbBuffer,&FrameInfo,FILE_BMP,10
0)) !=CAMERA_STATUS_SUCCESS)
{ ...错误提示...} else{  ...消息提示...}

//(6)处理图像数据并显示：进行图像格式转换、图像处理和显示操作，最终将处理后的图像
//显示在界面上
//说明：IPL(Image Processing Library)，图像处理库
IplImage *iplImage = cvCreateImageHeader(cvSize(m_sFrInfo.iWidth,m_sFrInfo.iHeight)
,IPL_DEPTH_8U,m_sFrInfo.uiMediaType == CAMERA_MEDIA_TYPE_MONO8?1:3);
cvSetData(iplImage,pRgbBuffer,m_sFrInfo.iWidth*(m_sFrInfo.uiMediaType    ==
CAMERA_MEDIA_TYPE_MONO8?1:3));
if (m_upCamera->m_imgColor){
    delete m_upCamera->m_imgColor;m_upCamera->m_imgColor = NULL;}
m_upCamera->m_imgColor = new Mat();
*(m_upCamera->m_imgColor) = cv::cvarrToMat(iplImage);
flip(*(m_upCamera->m_imgColor), *(m_upCamera->m_imgColor), 0);
cvtColor(*(m_upCamera->m_imgColor), *(m_upCamera->m_img), CV_BGR2GRAY);
m_upCamera->DrawSearchRegion();
ResetZoom(m_upCamera->m_imgColor);
ShowImage(m_upCamera->m_imgDrawing, IDC_IMAGE); }}
```

3.3.3　工业相机的实时显示

1. 实时显示功能说明

相机实时显示的目的是让操作人员能够实时监控和检查工业生产过程中的图像，以确保产品质量和生产效率。通过实时显示，可以即时观察到产品的外观、尺寸、缺陷等信息，以便及时调整和纠正生产过程中的问题。区别于抓拍，实时显示具有非特定时刻实时显示、连续监控和即时反馈等特点。

2. 实时显示控制按钮的控制流程

在本软件界面上，实时显示控制按钮的控制流程如图 3.3.4 所示，主要进行如下操作：

① 初始化检查：检查相机是否已初始化，若未初始化，进行消息提示并返回。

② 抓拍模式检查：检查是否处于抓拍模式，若是，则调用 SDK 函数 CameraPlay 开始实时显示并设置抓拍标志位为假，同步更新界面显示并返回；若不是抓拍模式，暂停状态位取反。

③ 暂停/开始实时显示：根据暂停状态位调用 CameraPause 函数暂停实时显示，或调用 CameraPlay 函数开始实时显示。

④ 界面状态更新：更新界面信息。

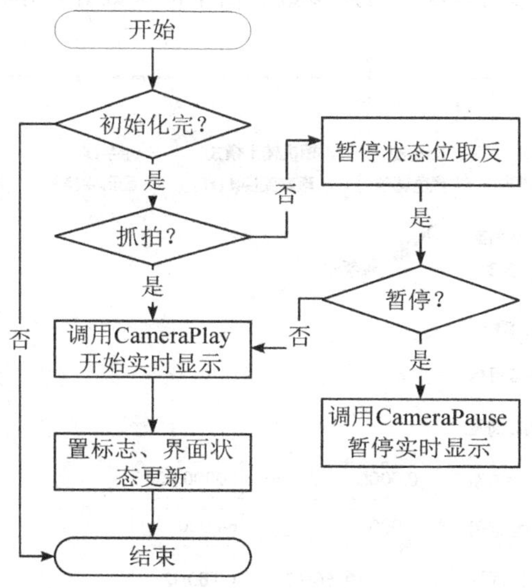

图 3.3.4　实时显示控制按钮的控制流程

3. 关键实现代码与解析

在本软件界面上，实时显示控制按钮的关键实现代码与解析如下：

```
//控制相机的实时显示功能，根据当前的状态进行相应的操作，并更新界面
void MachineVisionGDCPDlg::OnRealtimeDisp(){
    //(1)初始化检查
    if (m_hCamera <= 0){ return; }
```

```
    //(2)抓拍模式检查
      if (m_bSnapMode){ //(1)开始实时显示
          CameraPlay(m_hCamera);m_bSnapMode = FALSE;//...界面更新...
          return;}
      m_bPause = !m_bPause;
     //(3)暂停实时显示
      if (m_bPause){ CameraPause(m_hCamera);}
     //(4)开始实时显示
      else{ CameraPlay(m_hCamera);}
      ...//(5)界面状态更新(省略)
  }
```

3.3.4　工业相机的参数设置

1. 相机参数设置说明

相机参数设置功能允许调整相机的各项参数来达到拍摄要求，常见的相机参数包括图像格式、图像分辨率、曝光参数、对焦参数、白平衡参数等。相机参数设置界面如图 3.3.5 所示。

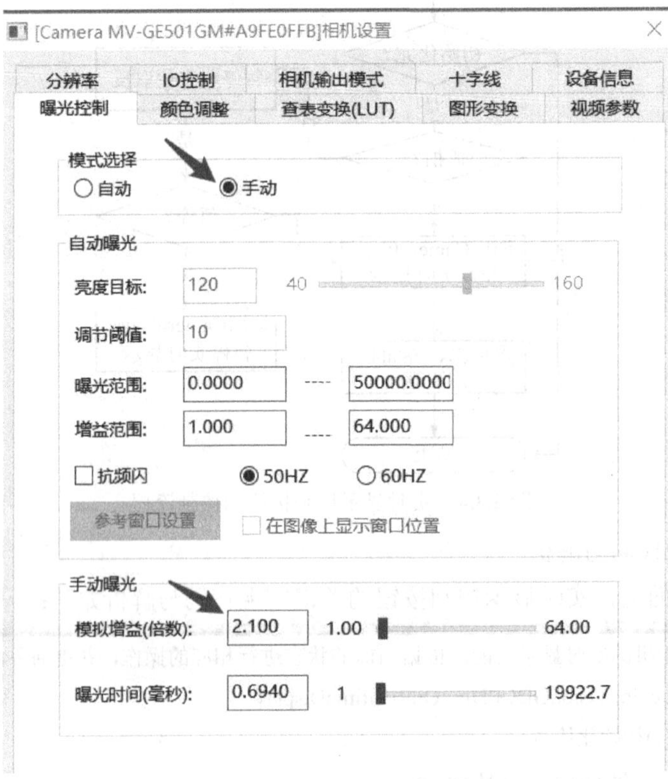

图 3.3.5　相机参数设置界面

2. 相机参数设置实现要点

相机参数设置界面可通过调用 SDK 函数快速实现，需要注意的是必须先初始化相机，在初始化过程中调用 CameraCreateSettingPageEx 函数创建相机属性配置窗口，再调用 CameraShowSettingPage 函数进行显示。

相机参数设置的关键实现代码与解析如下：

```
BOOL MachineVisionGDCPDlg::InitCamera()//初始化函数
{
    CameraCreateSettingPageEx(m_hCamera);
}
void MachineVisionGDCPDlg::OnCameraSetting()    //相机参数设置事件处理函数
{
    if (m_hCamera <= 0){    return;}
    CameraShowSettingPage(m_hCamera,TRUE);
}
```

3.3.5 工业相机的注销

1. 三次注销机制

工业相机的注销是指将相机从系统中移除，释放相机资源，使其可以被其他应用程序或设备访问。

为确保资源被充分释放，本系统设计了三次注销机制。三次注销机制具有以下优点：

(1) 充分释放资源：相机在使用过程中会占用一些系统资源，如内存、文件句柄等。进行三次注销可以确保所有相关资源都被充分且正确释放，避免资源泄漏和系统性能下降。

(2) 防止误操作：相机注销是一项敏感操作，可能会对系统和其他应用程序产生影响。进行三次注销可以增加注销的安全性，减少误操作的可能性。

(3) 确保可靠性：有时相机在注销过程中可能会出现异常情况，如网络中断、设备故障等。进行三次注销可以增加注销的可靠性，确保相机成功注销并释放资源。

总之，进行三次注销可以保证相机资源的正确释放，提高注销的安全性和可靠性。

2. 三次注销关键实现代码与解析

工业相机三次注销的关键实现代码与解析如下：

```
/*函数功能：关闭实时测试和抓拍模式，暂停操作，然后进行三次注销相机的操作，确保相机资源和帧缓冲区的正确释放。
  核心步骤：(1) 模式切换：关闭实时测试和抓拍模式，开启暂停模式
            (2) 三次循环退出：退出显示线程->等待显示线程结束->关闭显示线程句柄->相机反初始化->释放内存空间*/
void MachineVisionGDCPDlg::destroyCam3Times(){
    //(1) 关闭实时测试和抓拍模式，开启暂停模式
```

```
        m_bIntimeTest = FALSE;m_bPause = TRUE;m_bSnapMode = FALSE;
        for (int i = 0; i < 3; i++){    //(2) 注销三次
            if (m_hCamera > 0){
                if (NULL != m_hDispThread){
                    m_bExit = TRUE;  //退出显示线程
    //等待显示线程的结束，函数将一直等待，直到显示线程结束
        ::WaitForSingleObject(m_hDispThread, INFINITE);
    CloseHandle(m_hDispThread);  //关闭显示线程的句柄
                    m_hDispThread = NULL;
                }
                CameraUnInit(m_hCamera);  //相机反初始化，释放资源
    m_hCamera = 0;
            }
            if (m_pFrameBuffer){   //释放由 CameraAlignMalloc 函数申请的内存空间
                CameraAlignFree(m_pFrameBuffer);
                m_pFrameBuffer = NULL;}
        }
    }
```

3.4　工业相机的检测参数管理

3.4.1　检测参数的整体结构

检测参数存放在系统 XML 文件中，用户可以通过界面查看、修改，表 3.4.1 所示为项目 1 的基本参数解析。

表 3.4.1　项目 1 的基本参数解析

内　容	含　义
<visionpara00>	配置节开始
<PARA_GRE_FILES>\gre_file\visionpara02_gre.xml</PARA_GRE_FILES>	前景检测参数配置文件存放位置
<PARA_GRE_TYPES>0</PARA_GRE_TYPES>	类型(前景检测参数可能有多个)
<PARA_GRE_DESCS>01.螺母定位与计数</PARA_GRE_DESCS>	项目描述

续表

内　容	含　义
<PARA_PIXEL_EQUAL>0.0383</PARA_PIXEL_EQUAL>	像素当量是指图像中每个像素代表视场中的实际尺寸(毫米)，即图像中的 1 像素对应视野中多少毫米
<PARA_COLOR_SRC>0</PARA_COLOR_SRC>	0：黑白；1：彩色
<PARA_CONTRAST>30</PARA_CONTRAST>	对比度
<PARA_NUM_LEVELS>4</PARA_NUM_LEVELS>	金字塔层数
<PARA_MAX_OVERLAP>0.25</PARA_MAX_OVERLAP>	最大重叠系数
<PARA_MIN_CONTRAST>30</PARA_MIN_CONTRAST>	最小对比度
<PARA_MIN_SCORE>0.5</PARA_MIN_SCORE>	最低分数
<PARA_MODEL_FILE>\NutCount\uptemp.bmp</PARA_MODEL_FILE>	模型文件存放位置
<PARA_NUM_MATCHES>30</PARA_NUM_MATCHES>	匹配数量
</visionpara00>	配置节结束

表 3.4.2 所示为项目 1 的前景检测参数解析。

表 3.4.2　项目 1 的前景检测参数解析

内　容	含　义
<?xml version="1.0"?>	文件说明
<opencv_storage>	配置节开始
<colors> 220 220 220</colors>	颜色值
<colorDistanceMethod>0</colorDistanceMethod>	颜色距离方法
<antiReflect>0</antiReflect>	抗反光处理
<invBinaryTh>1</invBinaryTh>	反向二值化
</opencv_storage>	配置节结束

3.4.2　检测参数读取与保存功能的实现

检测参数的管理主要通过自定义类 CParaManager 来实现，该类封装了参数的读取、写入等函数，结合界面操作可完成参数读取与保存等功能，CParaManager 类结构如图 3.4.1 所示，其方法与功能描述如表 3.4.3 所示。

图 3.4.1 CParaManager 类结构

表 3.4.3 CParaManager 类的方法与功能描述

序号	方　法	功能描述
1	CString ComposeStr (CString section)	将 section 下的所有键值对组合成一个字符串
2	CParaManager (CParaObject *owner)	构造函数
3	void FillToDataGrid(CGridCtrl *gridCtrl, CString visionStr, map<CString, CString> *paraMap)	填充参数到数据网格中
4	CString GetPara(CString &key, CString section)	根据 key 和 section 获取参数值
5	float GetParaAsFloat(CString &key, CString section)	根据 key 和 section 获取 float 类型参数值
6	int GetParaAsInt(CString &key, CString section)	根据 key 和 section 获取 int 类型参数值
7	void ParseStr(CString &str, CString section)	解析字符串
8	void ReadFromSysXML()	从系统 XML 文件中读取参数
9	void ReadFromUserXML()	从用户 XML 文件中读取参数
10	void SaveToSysXML()	保存数据到系统 XML 文件
11	void SaveToUserXML()	保存数据到用户 XML 文件
12	void SetPara(CString key, CString value, CString section)	根据 key、value 和 section 设置参数值
13	void UpdateFromDataGrid(CGridCtrl *gridCtrl)	更新数据网格中的参数值

在上述方法中，以 ReadFromUserXML 和 SaveToUserXML 最为核心，其实现代码如下：

```
void CParaManager::ReadFromUserXML(){ //从用户 XML 文件中读取参数
XMLElement *l_element = g_userXMLOp->GetElement(m_owner->m_preId + CString(".") +
m_owner->m_id);
    l_element = l_element->FirstChildElement();
    if (l_element){
        do{
            const char *l_section = l_element->Name();
            XMLElement *l_element1 = l_element->FirstChildElement();
            if (l_element1){
                do{
                    const char *l_name = l_element1->Name();
                    const char *l_value = l_element1->GetText();
                    SetPara(CString(l_name), CString(l_value), CString(l_section));
                }while(l_element1 = l_element1->NextSiblingElement());
            }
        }while(l_element = l_element->NextSiblingElement());
    }
}

void CParaManager::SaveToUserXML(){//保存数据到用户 XML 文件
    map<CString, map<CString, CString>*>::iterator l_it;
    for (l_it = m_paradict.begin(); l_it != m_paradict.end(); l_it++){
        map<CString, CString>::iterator l_it1;
        for (l_it1 = l_it->second->begin(); l_it1 != l_it->second->end(); l_it1++){
            g_userXMLOp->SetParaValue(m_owner->m_preId    +    CString(".")    +
m_owner->m_id + CString(".") + l_it->first + CString(".") + l_it1->first, l_it1->second);
        }
    }
    g_userXMLOp->SaveXML();
}
```

3.4.3 检测参数设置界面的设计

检测参数设置界面主要由对话框(DIALOG)、标签页控件(CTabControl)、网格控件(MFC Grid Control)/属性网格控件(CMFCPropertyGridCtrl)、按钮（BUTTON）等构成，其设计线框图如图 3.4.2 所示。

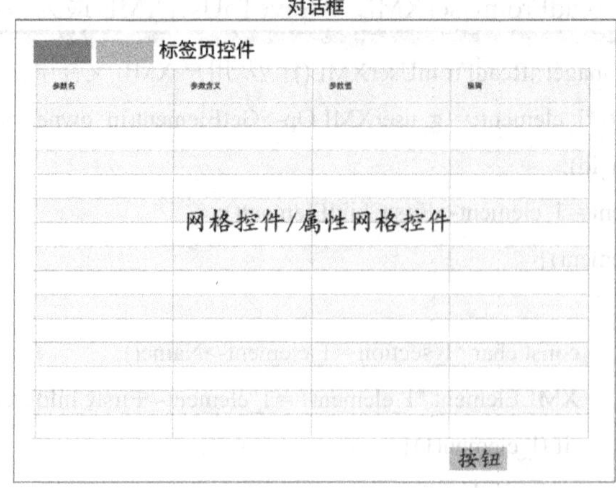

图 3.4.2 检测参数设置界面的设计线框图

由于标签页控件、网格控件和属性网格控件的使用相对复杂，因此在此特别说明。

1. 标签页控件

1) 控件概述

标签页控件(CTabControl)相当于一个页面容器，可以在一个窗口中添加不同的页面，每个页面对应一个标签，然后在页选择发生改变时得到通知。在 MFC 中使用 CTabCtrl 类来封装标签页控件的各种操作。

2) 核心函数

CTabCtrl 类提供了一系列核心函数来实现对选项卡控件的基本操作，包括获取和设置选项卡的属性、插入和删除选项卡、获取/设置选项卡的矩形区域、获取内容/样式设置等，CTabCtral 类包含的核心函数如表 3.4.4 所示。

表 3.4.4 CTabCtrl 类的核心函数

类 别	函数与说明
获取和设置选项卡的属性	GetItemCount：获取选项卡的数量； GetCurSel：获取当前选中的选项卡的索引； SetCurSel：设置当前选中的选项卡
插入和删除选项卡	InsertItem：在指定位置插入一个选项卡； DeleteItem：删除指定位置的选项卡
获取/设置选项卡的矩形区域	GetItemRect：获取指定选项卡的矩形区域； AdjustRect：调整指定矩形区域以适应选项卡的大小
获取内容/样式设置等	GetItemText：获取指定选项卡的文本； SetItemText：设置指定选项卡的文本； GetItemImage：获取指定选项卡的图像索引； SetItemImage：设置指定选项卡的图像索引； SetPadding：设置选项卡的内边距； ......

3) 核心代码

与 CTabCtrl 类相关的核心代码如下(初始化与页面切换)：

```
CTabCtrl m_tab; //标签页对象
/*功能：在对话框创建后，创建并添加两个子对话框，并设置默认选项卡为第一个选项卡。
*/
BOOL CVisionParaTabDlg::OnInitDialog(){
    m_tab.InsertItem(0,_T("基本参数"));     //在位置 0 插入一个名为“基本参数”的选项卡
    m_tab.InsertItem(1,_T("前景检测参数"));  //在位置 1 插入一个名为“前景检测参数”
的选项卡
    m_visionParaGlueDlg = new CVisionParaGlueDlg(m_vision, m_pParent);   //创建子对话框
    m_visionParaGreDlg = new CVisionParaGreDlg(m_vision, m_pParent);   //创建子对话框
    m_visionParaGlueDlg->Create(IDD_VISIONPARA_GLUE, GetDlgItem(IDC_TAB1));// 创
建子对话框并绑定
    m_visionParaGreDlg->Create(IDD_VISIONPARA_GRE, GetDlgItem(IDC_TAB1));
    CRect rs;   m_tab.GetClientRect(&rs); //获取 m_tab 控件的客户区矩形，并保存在变量 rs 中
    rs.top+=25; rs.bottom-=60; rs.left+=1; rs.right-=10;   //调整子对话框在父窗口中的位置
    m_tab.SetCurSel(0);   //设置默认的选项卡
    return TRUE;
}
void CVisionParaTabDlg::OnTcnSelchangeTab1(NMHDR *pNMHDR, LRESULT *pResult){//选
项卡切换
    int CurSel = m_tab.GetCurSel(); //获取当前选中的选项卡的索引
    switch(CurSel) {   //根据选中的索引切换页面
    case 0:
        m_visionParaGlueDlg->ShowWindow(true);
        m_visionParaGreDlg->ShowWindow(false);
        break;
    case 1:
        m_visionParaGlueDlg->ShowWindow(false);
        m_visionParaGreDlg->ShowWindow(true);
        break;
    default: ;
    }
    *pResult = 0;
}
```

2. 网格控件

1) 控件概述

多个参数的显示与修改操作通常选用电子表格/网格来实现，这样既直观又方便。在

MFC 中没有提供专门的数据网格控件，但可以借助 MFC Grid Control(简称 CGridCtrl)来实现。CGridCtrl 是开源控件，基本功能包括表格显示，单元格的编辑，单元格颜色设置，鼠标事件的响应，单元格内嵌入图片、复选框、按钮等。

2) 核心函数

CGridCtrl 类派生于 CWnd 类，该类包含的核心函数如表 3.4.5 所示。

表 3.4.5 CGridCtrl 类的核心函数

类别	函数与说明
创建函数	CGridCtrl(int nRows = 0, int nCols = 0, int nFixedRows = 0...); BOOL Create(const RECT& rect, CWnd* parent...);

行/列数获取函数	BOOL SetRowCount(int nRows); //设置表的行数
	BOOL SetColumnCount(int nCols); //设置表的列数
	...

尺寸函数	BOOL SetRowHeight(int row, int height); //设置表格单元的高度
	BOOL SetColumnWidth(int col, int height); //设置表格单元的宽度
	....

显示相关函数	void SetImageList(CImageList* pList); //设置列表图标
	void SetEditable(BOOL bEditable = TRUE); //设置表格的编辑状态
	…

颜色函数	void SetTextColor(COLORREF clr); //设置输入表格的文本颜色
	void SetTextBkColor(COLORREF clr); //设置可供输入文本的表格颜色
	…

表格信息函数	BOOL SetItem(const GV_ITEM* pItem); //向表格中输入信息
	BOOL SetItemText(int nRow, int nCol, LPCTSTR str); //向单元格输入文本
	…

编辑函数	virtual void OnEditCell(int nRow, int nCol, UINT nChar); //开始对表格进行编辑
	virtual void OnEndEditCell(int nRow, int nCol, CString str); //结束对表格编辑
	…

打印函数	void Print(); //打印表格
	…

3) 核心代码

与 CGridCtrl 类相关的核心代码如下(初始化部分)：

```
CGridCtrl m_Grid;
BOOL CVisionParaGlueDlg::OnInitDialog(){
m_Grid.GetDefaultCell(FALSE, FALSE)->SetBackClr(RGB(0xFF, 0xFF, 0xE0));//样式设置
m_vision->FillToDataGrid4Glue(&m_Grid);  //填充数据
m_Grid.EnableDragAndDrop(FALSE);  //禁止拖拽
}
```

3. 属性网格控件

1) 控件概述

CMFCPropertyGridCtrl 是 MFC 内置控件，用于显示和编辑属性，它使得在 MFC 应用程序中创建属性窗口变得简单和灵活。它可以将属性按照树形结构进行组织和显示，每个属性都有一个标签和一个值，用户可以通过编辑值来修改属性的内容。它支持多种属性类型(包括整数、浮点数、字符串、布尔值等)，可以根据需要选择适合的属性类型，也可以动态地修改属性列表，使其适应不同的需求。

2) 核心函数

CMFCPropertyGridCtrl 类派生于 CWnd 类，该类包含的核心函数如表 3.4.6 所示，可以通过调用它们来管理和操作属性列表，实现对属性的增删改查等操作。

表 3.4.6 CMFCPropertyGridCtrl 类的核心函数

类别	函数与说明
添加属性	AddProperty：用于添加一个新的属性到属性列表中，可以指定属性的标签、值、类型和其他属性相关的参数
删除属性	DeleteProperty：用于删除指定的属性，可以根据属性的标签或索引来删除属性
设置属性	SetProperty：用于修改属性的值，可以根据属性的标签或索引来定位属性，并设置新的值
获取属性	GetProperty：用于获取指定属性的值，可以根据属性的标签或索引来获取属性的值
展开/折叠属性	ExpandAll：用于展开所有的属性；CollapseAll:用于折叠所有的属性
其他	EnableHeader：用于启用或禁用属性的头部； EnableDescriptionArea：用于启用或禁用属性的描述区域； EnableToolBar：用于启用或禁用属性的工具栏； SetReadOnly：用于设置属性是否只读； ……

3) 核心代码

与 CMFCPropertyGridCtrl 类相关的核心代码如下(初始化部分)：

```
CMFCPropertyGridCtrl m_propertyGrid;
BOOL CVisionParaGreDlg::OnInitDialog(){
    ...//省略部分代码
    m_propertyGrid.GetHeaderCtrl().SetItem(0, new HDITEM(item));   //设置头部信息
    vector<CMFCPropertyGridProperty *> l_props;
    CMFCPropertyGridProperty *l_prop1 = NULL, *l_prop2;
    ...//配置参数获取
m_propertyGrid.AddProperty(l_prop1);   //将数据填充到属性框
    return TRUE;
}
```

3.5　单个检测项目的开发

本系统支持多个检测项目的开发，虽然每个项目的具体实现方法不同，但终端用户的软件操作方式大同小异，下面以项目“02.四方垫片内圆缺陷检测项目”(下文简称四方垫片)为例，阐述项目的运行和实现过程。

3.5.1　示例项目概述

1. 项目背景

四方垫片(见图 3.5.1)是一种常见的机械部件，其内圆的加工质量是后续组装应用的关键，而在生产过程中容易出现内圆边沿处不完整、含有突出部分等缺陷。传统的人工检测方法主观性强、效率低，工人易疲劳，导致产品质量管理成本较高，因此采用具有高准确度和高稳定性的机器视觉技术进行检测是大势所趋。关于垫片的视觉检测研究，文献[56]采用 Hough 变换对垫片边沿轮廓进行提取、拟合和内外径测量。

图 3.5.1　四方垫片实物

本系统的缺陷检测方法，能够对任意摆放的四方垫片检测其内圆是否存在边沿处不完整、含有突出部分等加工缺陷，算法的运行效率、准确性都可达到工业检测应用的要求。

2. 实现算法

本系统的实现算法由内圆边沿点的获取和检测这些边沿点是否为缺陷位置两部分构成，其算法流程如图 3.5.2 所示，其中，前部分包括步骤(1)～(6)，后一部分包括步骤(7)和步骤(8)。

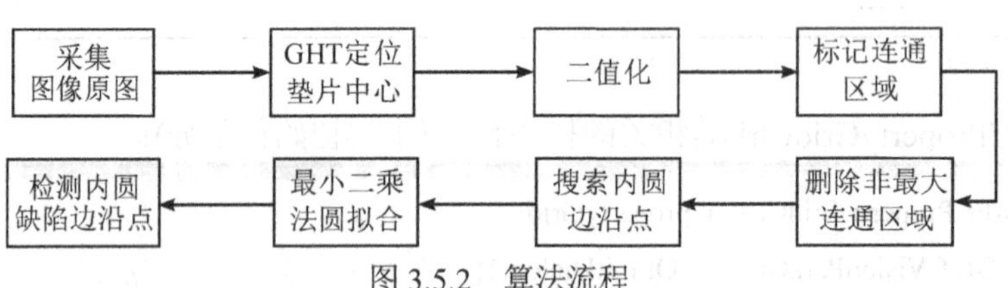

图 3.5.2　算法流程

(1) 采集图像：利用工业相机采集垫片图像(本实验采集的图像为 500 万像素：2448×2048)，如图 3.5.3 所示，采集图像的关键点为采用 LED 背光源，并将光源强度调至边界清晰可分。

(2) GHT 定位垫片中心：根据本书 4.5 节算法及文献[57]中的方法定位四方垫片的中心点 P_0。

(3) 二值化：根据设定阈值对原图进行反向二值化，本实验中阈值设为 230，即将灰度值小于 230 的像素位置为 255，否则置为 0，得到的二值化图如图 3.5.4 所示。

(4) 标记连通区域：根据本书 4.3 节算法及文献[58]中的方法对二值图进行连通域标记。

图 3.5.3　采集的垫片图像

图 3.5.4　二值化图

(5) 删除非最大连通区域：将二值图中除了最大面积的连通区域之外的所有像素位置零，目的是消除垫片内圆中的噪点对边沿点定位造成的干扰。

(6) 搜索内圆边沿点：在步骤(5)获得的二值图中，以步骤(2)的中心点 P_0 为圆心，将整个圆平均分为 N 段(本实验中 N 取 50)，从设定起始半径 R_1 开始(本实验中 R_1 取 50)到结束半径 R_2 为止(本实验中 R_2 取 480)的线段上搜索，找到的第一个值为 1 的点即为四方垫片的内圆边沿点。在图 3.5.5 和图 3.5.6 中，50 条线段里面的内接小圆为各线段的起始点，外接大圆为各线段搜索截止点，线段上黄色(浅色)小圆点为搜索到的内圆边沿点。

(7) 最小二乘法圆拟合：在各边沿点到搜索中心点 P_0 的距离集合 C_1 中获取中位数，将 C_1 中与中位数之差的绝对值小于指定阈值(本实验中取 20)的边沿点保存到集合 C_2，对集合 C_2 中的点进行最小二乘法圆拟合，得到拟合圆 C 的圆心 P 和半径 R。

(8) 检测内圆缺陷边沿点：计算各边沿点到步骤(7)中圆 C 的圆心 P 的距离 d，若 d 与圆 C 半径 R 之差的绝对值大于指定阈值(本实验中取 10)，则判定该边沿点为内圆缺陷位置。

3. 结果显示

在实验中，若检测通过，则在图片右上角显示“OK”，并将所有搜索线段标记为绿色；若检测不通过，则在图片右上角显示“NG”，并将缺陷位置所在的搜索线段标记为红色。图 3.5.5 所示为正常的四方垫片的检测结果，图 3.5.6 所示为内圆有缺陷的四方垫片的检测结果。由于测试时二者位置均为任意摆放，故从图 3.5.6 所示的结果可以看出，本系统采用的实现算法可以成功检测缺陷位置，并将问题边沿点所在的搜索线段标记为红色。

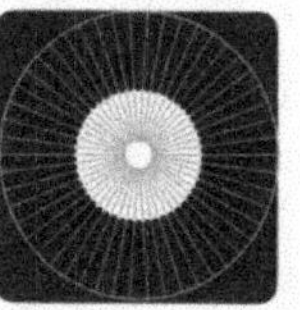

图 3.5.5　正常垫片的检测结果

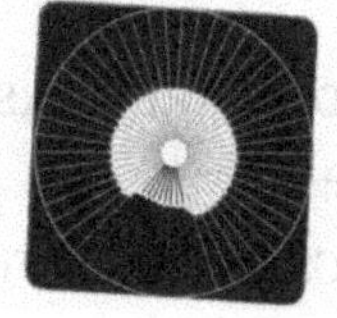

图 3.5.6　缺陷垫片的检测结果

3.5.2　项目的实现结构

下文以四方垫片项目为例阐述其在柔性视觉检测系统中的实现过程。整个项目的实现结构如图 3.5.7 所示。它包括软件启动与初始化、项目启动/切换、加载图片、测试等环节。

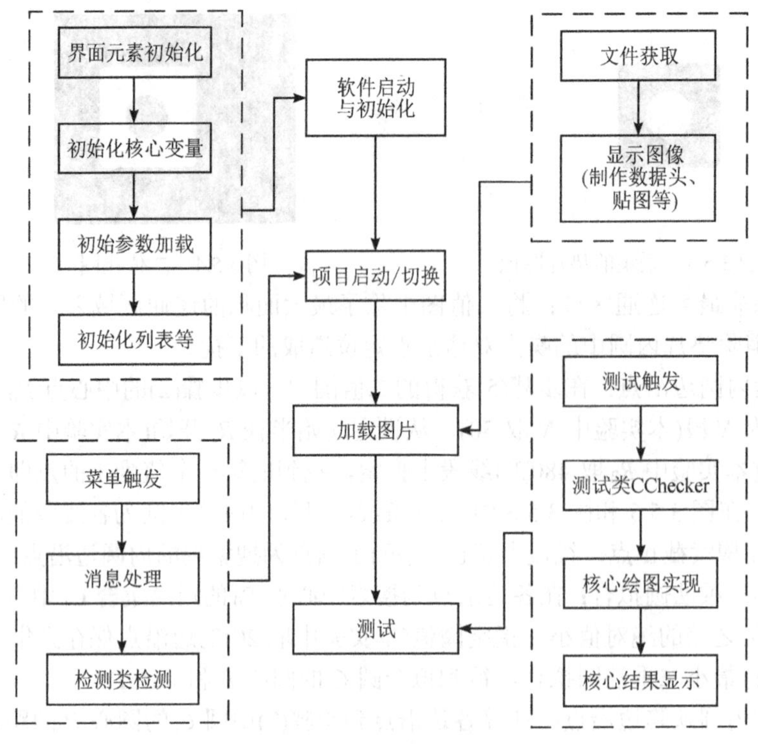

图 3.5.7 项目的实现结构

3.5.3 项目的初始化

在系统软件启动完成后，部分项目的初始化代码就已经执行，初始化流程包括界面元素初始化、初始化核心变量、初始参数加载、初始化列表等。

1. 初始化核心变量

核心变量主要是指 CUpCamera 成员变量，初始化核心变量的实现代码如下：

```
class CUpCamera : public CWorker
{
    DECLARE_CLASS(CUpCamera);
public:
    CString m_tempFile;          //模板文件位置
Mat *m_img;                      //相机图片指针
Mat m_image;                     //相机图片文件
    Mat *m_imgColor;             //m_img(彩色)
Mat *m_imgDrawing;               //绘图结果
    Mat *m_tempImg;              //模板文件
Mat *m_tempImgColor;             //模板文件(彩色)
    CChecker *m_checker;         //检测类
```

```
    CAMERANAME m_cameraIndex;        //相机序号　CAMERANAME 是枚举
    CString Act_GrabNonTriggerMode();  //触发模式
    map<CString, CString> m_paraMap;   //参数键值对
    VISIONTASK m_visionTask;          //任务序号，VISIONTASK 是枚举
};
```

2. 初始参数加载

系统会保存最后一次运行项目的信息，再次启动时会自动加载用户参数。用户参数默认保存在用户目录的 user.xml 文件中，四方垫片项目的用户基本参数说明如表 3.5.1 所示。

表 3.5.1　用户基本参数说明

内　容	含　义
<visionpara01>	配置节开始
<PARA_GRE_FILES>\gre_file\visionpara00_gre.xml</PARA_GRE_FILES>	前景检测参数配置文件存放位置
<PARA_GRE_TYPES>0</PARA_GRE_TYPES>	类型(前景检测参数可能有多个)
<PARA_GRE_DESCS>02.四方垫片内圆缺陷检测</PARA_GRE_DESCS>	项目描述
<PARA_PIXEL_EQUAL>0.0383</PARA_PIXEL_EQUAL>	像素当量
<PARA_COLOR_SRC>0</PARA_COLOR_SRC>	0—黑白；1—彩色
<PARA_CONTRAST>30</PARA_CONTRAST>	对比度
<PARA_MAX_OVERLAP>0.05</PARA_MAX_OVERLAP>	最大重叠系数
<PARA_MIN_CONTRAST>30</PARA_MIN_CONTRAST>	最小对比度
<PARA_MIN_SCORE>0.1</PARA_MIN_SCORE>	最低分数
<PARA_MODEL_FILE>\CircleInSquare\uptemp.bmp</PARA_MODEL_FILE>	模型文件存放位置
<PARA_NUM_LEVELS>5</PARA_NUM_LEVELS>	金字塔层数
<PARA_NUM_MATCHES>1</PARA_NUM_MATCHES>	匹配数量
<PARA_CENTER_X>500</PARA_CENTER_X>	搜索区域中心 *X* 坐标
<PARA_CENTER_Y>500</PARA_CENTER_Y>	搜索区域中心 *Y* 坐标
<PARA_INNER_RADIUS>50</PARA_INNER_RADIUS>	内圆半径
<PARA_OUT_RADIUS>480</PARA_OUT_RADIUS>	外圆半径
<PARA_NUM_LINES>50</PARA_NUM_LINES>	线条数量
<PARA_MIN_GLUE_WIDTH>7.40</PARA_MIN_GLUE_WIDTH>	目标最小宽度
<PARA_MAX_GLUE_WIDTH>7.75</PARA_MAX_GLUE_WIDTH>	目标最大宽度
</visionpara01>	配置节结束

初始参数的加载、读取与保存操作是通过一个自定义类 CXMLOperator 来实现的，其核心是 TinyXML2 的使用。TinyXML2 是一个开源、简单、小巧、高效的 C++ XML 解析器，它解析 XML 文档并从中构建可以读取、修改和保存的文档对象模型 DOM。在 TinyXML2 中，XML 数据被解析为可以浏览和操作的 C++对象，然后写入磁盘和其他输出流。程序中的参数和值使用 map 键值对存储。初始参数加载的实现代码如下：

```
struct ParaValue{ CString value; vector<CString> options; };
class CXMLOperator{
public:
    CXMLOperator(CString xmlFile);  //构造函数
    ~CXMLOperator();  //析构函数
    CString m_xmlFile;
    void SaveXML();//保存
    tinyxml2::XMLDocument m_xmlDoc;  //核心
    ParaValue ParseValueStr(CString valuestr);  //字符串处理
    XMLElement* GetElement(CString &paraName);  //获取元素
    CString GetParaValue(CString paraName);  //根据参数名获取值，例如 imageprops. size.width
    void GetParaValueAsInt(CString paraName, int &out);  //根据参数名获取数据并转为 int
    void GetParaValueAsDouble(CString paraName, double &out);  //根据参数名获取数据并
                                                               //转为 double
    void GetParaValueAsFloat(CString paraName, float &out);  //根据参数名获取数据并转为 float
    void SetParaValue(CString &paraName, CString &value);  //设置参数值
};
```

3. 初始化列表

初始化列表主要通过 CListCtrl 实现，列表初始化结果如图 3.5.8 所示。

段号	最小值	最大值	测量值	内半径	外半径

图 3.5.8　列表初始化结果

CListCtrl 的使用要点包括以下三点：

(1) 设置显示样式。CListCtrl 有四种基本样式(LVS_ICON、LVS_SMALLICON、LVS_LIST、LSV_REPORT)和三种扩展样式(LVS_EX_FULLROWSELECT、LVS_EX_GRIDLINES、LVS_EX_CHECKBOXES)。样式可通过控件属性来设置，本项目使用基本样式 LSV_REPORT 属性和扩展样式 LVS_EX_FULLROWSELECT、LVS_EX_ GRIDLINES，实现选中某行时使整行高亮和显示网格线，对应实现代码如下：

```
LONG lStyle;
    lStyle = GetWindowLong(m_listCtrl.m_hWnd, GWL_STYLE);  //获取当前窗口 style
```

```
        lStyle &= ~LVS_TYPEMASK;        //清除显示方式位
        lStyle |= LVS_REPORT;      //设置 style
        SetWindowLong(m_listCtrl.m_hWnd, GWL_STYLE, lStyle);   //设置 style
        DWORD dwStyle = m_listCtrl.GetExtendedStyle();   //获取扩展样式
        dwStyle |= LVS_EX_FULLROWSELECT;    //选中某行使整行高亮(只适用于 report 风格
的 listctrl )
        dwStyle |= LVS_EX_GRIDLINES;   //网格线(只适用于 report 风格的 listctrl)
        dwStyle |= LVS_EX_DOUBLEBUFFER;    //设置双缓冲
m_listCtrl.SetExtendedStyle(dwStyle);   //设置扩展风格
```

(2) 插入操作。插入操作包括插入列和插入行，在初始化阶段可进行插入列操作，在显示结果阶段可进行行插入。插入列操作通过 InsertColumn 函数实现，函数原型如下：

```
 int InsertColumn(     int nCol,      LPCTSTR lpszColumnHeading,      int nFormat,      int nWidth,
int nSubItem)
```

在插入列时，可指明列号、列名称、列名称显示样式，列宽等信息，其初始化配置代码如下：

```
m_listCtrl.InsertColumn(0, _T("段号"), LVCFMT_LEFT, 50, -1);      //列头：段号
        m_listCtrl.InsertColumn(1, _T("最小值"), LVCFMT_LEFT, 60, -1);   //列头：最小值
        m_listCtrl.InsertColumn(2, _T("最大值"), LVCFMT_LEFT, 60, -1);   //列头：最大值
        m_listCtrl.InsertColumn(3, _T("测量值"), LVCFMT_LEFT, 70, -1);   //列头：测量值
        m_listCtrl.InsertColumn(4, _T("内半径"), LVCFMT_LEFT, 70, -1);   //列头：内半径
        m_listCtrl.InsertColumn(5, _T("外半径"), LVCFMT_LEFT, 70, -1);   //列头：外半径
```

通过 InsertItem(int nItem, LPCTSTRlpszItem)函数可直接插入一行，nItem 指明行号，lpszItem 指明该行第 0 列的信息。

(3) 删除操作。删除操作可通过三个操作函数 DeleteAllItems、DeleteItem、DeleteColumn 来实现删除所有行、删除某一行和删除某一列。

3.5.4 项目的启动/切换

在运行系统后，单击“项目”菜单，从下拉菜单中单击示例项目名称，即可启动/切换示例项目，如图 3.5.9 所示。

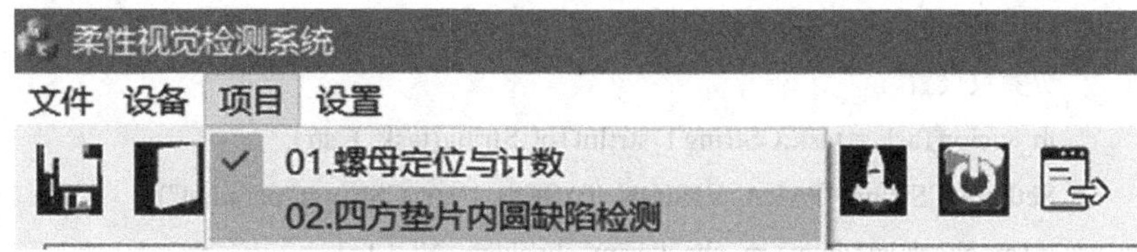

图 3.5.9　启动/切换项目

项目启动的实现过程如下：

1. 菜单触发

本示例项目在主界面对话框文件中设置了多个宏定义，通过在 BEGIN_MESSAGE_MAP()和 END_MESSAGE_MAP()之间添加各种消息响应函数，可为每个消息处理函数加入一个入口。每个菜单项都对应一个消息处理函数。当单击菜单项“02.四方垫片内圆缺陷检测”时，会触发消息，系统会跳转到对应的消息处理函数 OnProjectSquareGasket 执行。消息响应宏定义的代码如下：

```
BEGIN_MESSAGE_MAP(MachineVisionGDCPDlg, CDialogEx)
    ON_WM_SYSCOMMAND()
    ...//省略部分代码
    ON_COMMAND(ID_PROJECT_SQUARE_GASKET,
&MachineVisionGDCPDlg::OnProjectSquareGasket)
    ON_COMMAND(ID_PROJECT_NUT_COUNT,
&MachineVisionGDCPDlg::OnProjectNutCount)
...//省略部分代码
END_MESSAGE_MAP()
```

2. 消息处理

菜单对应的消息处理函数主要负责处理当前工作任务设置、参数保存、界面状态切换等，每个菜单的实现方式都类似，只是参数有所不同。“02.四方垫片内圆缺陷检测”菜单对应的消息处理函数 OnProjectSquareGasket 的实现代码如下：

```
void MachineVisionGDCPDlg::OnProjectSquareGasket()
{
    m_upCamera->SetVisionTask(VISIONTASK_SQUARE_GASKET);//当前工作任务设置
    m_upCamera->SaveToUserXML();//参数保存
    SwithProject(VISIONTASK_SQUARE_GASKET);//界面状态切换
}
```

3. 创建检测类对象

项目检测功能的实现主要依赖于相应的检测类及其实例化对象。每个项目都对应一个特定的检测类，例如，02 项目对应的检测类是 CCircleInSquareChecker。这些检测类和对象是实现项目核心功能的关键组成部分。创建检测类对象的实现代码如下：

```
void CUpCamera::SetVisionTask(VISIONTASK task){
     //参数设置
    m_visionTask = task;CString l_str;IntToCString(task, l_str);
    SetPara(CString("PARA_VISION_TASK"), l_str, CString("paradict"));
    if (m_checker){delete m_checker;m_checker = NULL;}
```

```
        switch(m_visionTask){
        ...//省略部分代码
        case VISIONTASK_SQUARE_GASKET:   //四方垫片内圆缺陷检测
                m_checker = new CCircleInSquareChecker();   //创建检测类对象
InitCircleInSquare();   //初始化(会加载检测模板)
                break;
        ...//省略部分代码，每个项目对应一个 case
        default:
                break;
        }
    ...//省略部分代码
}
```

3.5.5 加载图片

单击菜单中的文件→加载图片(见图 3.5.10)或者单击工具栏中的 ▮ 按钮(左起第二个)(见图 3.5.11)都可以加载图片。

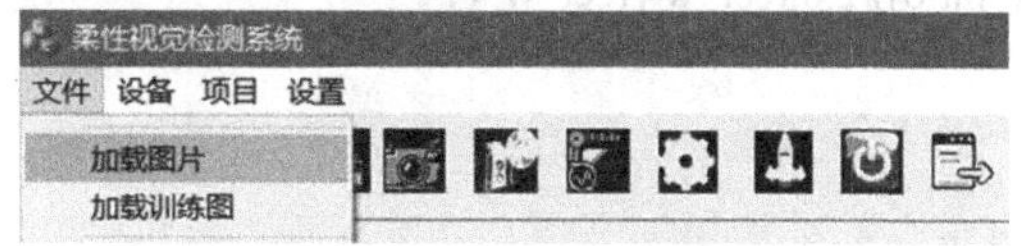

图 3.5.10　加载图片菜单

图 3.5.11　加载图片工具栏按钮

加载图片功能主要包括两部分：一是文件获取，即打开文件对话框，获取文件；二是显示图像，主要包括缩放和显示。

1. 文件获取

文件获取可使用 CFileDialog 对话框实现，其核心实现代码如下：

```
CFileDialog dlg(true,NULL,NULL,OFN_HIDEREADONLY | OFN_OVERWRITEPROMPT,
        (LPCTSTR)_TEXT("image (*.*)|*.*||"),NULL);
if (dlg.DoModal() == IDOK){ CString l_cstr = dlg.GetPathName(); LoadSrcImage(l_cstr);}
```

2. 显示图像

自定义显示函数 ShowImage 是显示图像的核心。显示函数 ShowImage 实现了在一个图像控件上显示 Mat 图像的功能，并进行了图像的截取和缩放处理，以适应控件的大小和显示需求。ShowImage 函数的实现思路如下：

(1) 获取图像控件的矩形框大小，根据图像大小和矩形框大小进行计算；

(2) 保证图像列数是 4 的整数倍，如不是，则将图像进行截取，否则直接使用原图像；

(3) 根据图像和矩形框的比例，调整矩形框的位置和大小，以保证图像能够完整显示；

(4) 根据当前的缩放状态对图像进行缩放处理，得到要显示的图像；

(5) 根据图像的通道数和深度，计算每个像素占用的字节数，并制作好用于绘制的

BITMAPINFO 与数据头 BITMAPINFOHEADER；

(6) 获取图片控件的 DC，设置绘图模式，使用 StretchDIBits 函数将图像绘制在 DC 上；

(7) 释放相关资源。

ShowImage 函数的核心实现代码如下：

```
/*功能：将 Mat 图像显示在图片控件上。
参数：img 为 Mat 格式数据，ID 是 Picture Control 控件的 ID 号*/
void MachineVisionGDCPDlg::ShowImage(Mat *img, UINT ID) {
    CRect rect;GetDlgItem(ID)->GetClientRect(&rect);   //获取图片控件矩形框
    Mat img_show;
    if (img->cols%4){img_show = (*img)(Rect(0, 0, img->cols / 4 * 4, img->rows)).clone();}
    else{ img_show = *img;}
    int bmp_w = img_show.cols, bmp_h = img_show.rows;
    int rect_w = rect.right, rect_h = rect.bottom;
    float bmp_ratio = (float)bmp_w / bmp_h, rect_ratio = (float)rect_w / rect_h;
if (bmp_ratio > rect_ratio) rect=CRect(0,(rect_h*(1-rect_ratio/bmp_ratio))/2,rect_w,rect_h-
(rect_h*(1-rect_ratio/bmp_ratio))/2);
else rect=CRect((rect_w*(1-bmp_ratio/rect_ratio))/2,0,rect_w-(rect_w*(1-
bmp_ratio/rect_ratio))/2,rect_h);
    m_imgRect = rect;

    Mat l_imgDrawingZoomed;
if (m_zoomRect.x != 0 || m_zoomRect.y != 0 || m_zoomRect.width != img->cols ||
m_zoomRect.height != img->rows){
        (*img)(m_zoomRect).copyTo(l_imgDrawingZoomed);
        cv::resize(l_imgDrawingZoomed, img_show, cv::Size(rect.Width(), rect.Height()));
    }
    //计算一个像素多少个字节
    int pixelBytes = 8 * img_show.channels() * (img_show.depth() + 1);
    //制作 bitmapinfo(数据头)
    BITMAPINFO bitInfo;
    BITMAPINFOHEADER* bmih = &(bitInfo.bmiHeader);
    memset(bmih, 0, sizeof(*bmih));
    bitInfo.bmiHeader.biBitCount = pixelBytes;
    bitInfo.bmiHeader.biWidth = img_show.cols;
    bitInfo.bmiHeader.biHeight = -img_show.rows;    //注意"-"号(正数时倒着绘制)
    bitInfo.bmiHeader.biPlanes = 1;
    bitInfo.bmiHeader.biSize = sizeof(BITMAPINFOHEADER);
    bitInfo.bmiHeader.biCompression = BI_RGB;
```

```
    bitInfo.bmiHeader.biClrImportant = 0;
    bitInfo.bmiHeader.biClrUsed = 0;
    bitInfo.bmiHeader.biSizeImage = 0;
    bitInfo.bmiHeader.biXPelsPerMeter = 0;
    bitInfo.bmiHeader.biYPelsPerMeter = 0;
    CDC *pDC = GetDlgItem(ID)->GetDC();     //获取图片控件 DC
    HDC hDCDst = pDC->GetSafeHdc();
    if (img_show.cols > rect.Width()){SetStretchBltMode(hDCDst,HALFTONE);}
    else{SetStretchBltMode(hDCDst,        COLORONCOLOR);}
    ::StretchDIBits(hDCDst,rect.TopLeft().x,    rect.TopLeft().y,    rect.Width(),    rect.Height(),0,
0,img_show.cols,img_show.rows,img_show.data,&bitInfo,DIB_RGB_COLORS,SRCCOPY);
    ReleaseDC(pDC);     //释放 DC
}
```

在上述代码中，涉及到了两个非常重要的数据结构，即 BITMAPINFO 和数据头 BITMAPINFOHEADER，以及一个重要的函数 StretchDIBits。下面对它们进行详细阐述。

3. BITMAPINFO 与数据头 BITMAPINFOHEADER

在做图像处理时，源文件一般要用无损的图像文件格式，BitMap 位图最为常用。BITMAPINFO 是 Windows 编程中用于定义位图图像的格式和特征的结构，它包含一个数据头 BITMAPINFOHEADER。为了准确描述位图的属性和格式，以便在处理和保存位图数据时能够正确地读取和操作位图数据，需要制作数据头 BITMAPINFOHEADER。通过数据头 BITMAPINFOHEADER，可以知道位图的尺寸大小、像素的位数、颜色平面数等信息，从而能够进行适当的位图处理操作，如图像压缩、图像编辑、图像显示等。数据头 BITMAPINFOHEADER 结构的定义如下：

```
typedef struct tagBITMAPINFOHEADER{
        DWORD    biSize;    //BITMAPINFOHEADER 结构的大小，通常为 40 字节
        LONG     biWidth;   //位图的宽度，以像素为单位
        LONG     biHeight;  //位图的高度，以像素为单位。位图自上而下为正
        WORD     biPlanes;  //位图的颜色平面数，通常为 1
        WORD     biBitCount;  //每个像素的位数即颜色深度。常见的值有 1、8、24 等
        DWORD    biCompression;  //压缩类型。常见值有 BI_RGB 和 BI_RLE8
        DWORD    biSizeImage;  //位图数据的大小，以字节为单位
        LONG     biXPelsPerMeter;  //位图水平方向上的像素数目
        LONG     biYPelsPerMeter;  //位图垂直方向上的像素数目
        DWORD    biClrUsed;  //位图实际使用的颜色表中的颜色数目，0 代表所有颜色
        DWORD    biClrImportant;  //显示过程中重要的颜色数目，0 代表都重要
} BITMAPINFOHEADER, FAR *LPBITMAPINFOHEADER, *PBITMAPINFOHEADER;
```

4. StretchDIBits 函数

StretchDIBits 函数是图形设备接口 GDI 提供的一个函数，用于在设备上绘制位图。它可以将一个位图从源矩形区域拉伸到目标矩形区域，并将拉伸后的位图绘制到设备上。StretchDIBits 函数的功能主要包括指定源位图和目标矩形、控制拉伸方式、控制位图的透明度、控制位图的颜色、控制位图的绘制方式等。对 StretchDIBits 函数的说明如下：

```
int StretchDIBits(
  [in] HDC hdc,//目标设备上下文的句柄
  [in] int xDest,//目标矩形左上角的 x 坐标
  [in] int yDest,//目标矩形左上角的 y 坐标
  [in] int DestWidth,//目标矩形的宽度
  [in] int DestHeight,//目标矩形的高度
  [in] int xSrc,//图像中源矩形的 x 坐标
  [in] int ySrc,//图像中源矩形的 y 坐标
  [in] int SrcWidth,//图像中源矩形的宽度
  [in] int SrcHeight,//图像中源矩形的高度
  [in] const VOID  *lpBits,//指向图像位的指针，图像位存储为字节数组
  [in] const BITMAPINFO *lpbmi,//指向包含 DIB 相关信息的 BITMAPINFO 结构的指针
  [in] UINT iUsage,//指定是否提供了 BITMAPINFO 结构的 bmiColors 成员
  [in] DWORD rop//光栅操作代码，指定如何组合源像素、目标设备上下文、当前画笔和目
                //标像素以形成新图像
);
```

3.5.6 项目测试

1. 测试触发

单击菜单中的文件→测试(见图 3.5.12)或者单击工具栏中的 按钮(左起第三个)(见图 3.5.13)都可以执行测试。

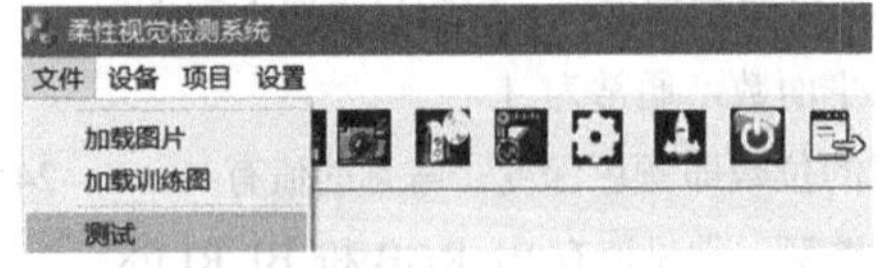

图 3.5.12 测试菜单

图 3.5.13 测试工具栏按钮

测试功能主要通过 CheckMain 函数实现，每个项目对应一个 case，例如，02 项目对应的是 case VISIONTASK_SQUARE_GASKET，核心函数是 CheckCircleInSquare。CheckMain 函数的代码如下：

```
int CUpCamera::CheckMain(bool changeStatusOnly){
    switch(m_visionTask){
    ...//省略部分 case
```

```
        case VISIONTASK_SQUARE_GASKET:
            return CheckCircleInSquare(changeStatusOnly);
            break;
        ...//省略部分 case
        default:
            break;
        }
        return CHECK_PASS;
}
```

CheckCircleInSquare 函数的核心功能包括参数读取和执行 check 检测两部分，其实现代码如下：

```
int CUpCamera::CheckCircleInSquare(bool changeStatusOnly)
{
        Point2f searchCenter(x,y);
        ... //参数读取，这里仅显示一个，其他参数方法类似，省略
        int innerSearchRadius = GetParaAsInt(CString("PARA_INNER_RADIUS"),GetVisionStr
(m_visionTask));
        ...//省略部分代码
        if (changeStatusOnly) return 0;
        int l_result = ((CCircleInSquareChecker *)m_checker)->Check(m_img);//执行检测
        return l_result;
}
```

每个项目对应一个检测类，每个类都有一个 check 方法来执行具体的功能检测，并有其他多个方法来实现结果显示等，02 项目的检测类 CCircleInSquareChecker 的结构及说明如图 3.5.14 所示。

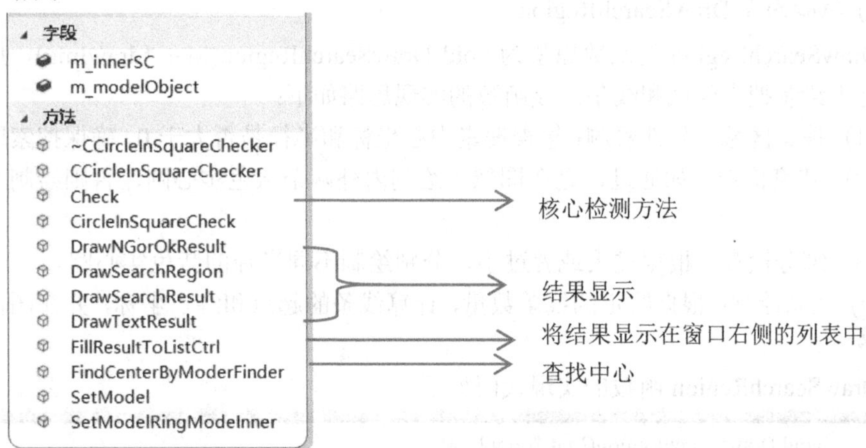

图 3.5.14 CheckCircleInSquare 类结构及说明

2 . CChecker 基类结构

所有的检测类都继承自 CChecker 基类，以下是 CChecker 基类的实现代码：

```
class CChecker
{
public:
    CChecker(void);     //构造函数
    ~CChecker(void);    //析构函数
    /*核心虚函数*/
    virtual void DrawSearchRegion(Mat *drawImg) = 0;
    virtual void DrawSearchResult(Mat *drawImg) = 0;
    virtual void DrawTextResult(Mat*drawImg)=0;
    virtual void DrawNGorOkResult(Mat *drawImg) = 0;
    virtual void FillResultToListCtrl(CListCtrl *listCtrl) = 0;
    virtual int Check(Mat *srcImg) = 0;
    float m_pixelEqual;   //像素当量
    int m_result;         //判断结果
    Mat *m_srcImg;        //原始图像
    std::map<CString, Mat*> m_interMediateImg;
    Mat *GetInterMediateImg(CString &name);
};
```

在上述 CChecker 基类实现代码中，涉及到了五个非常重要的核心函数，即 DrawSearchRegion(绘制搜索区域)、DrawSearchResult(绘制搜索结果)、DrawTextResult(绘制结果文字)、DrawNGorOkResult(绘制 NG 或者 OK 结果文字)和 FillResultToListCtrl(填充结果到列表)。

下面分别介绍这五个核心函数的函数原型、函数功能、函数实现逻辑及其实现代码。

1) 核心函数 DrawSearchRegion

DrawSearchRegion 的函数原型为 void DrawSearchRegion(Mat *drawImg)，用于在给定的图像上绘制搜索区域和线条。该函数的实现思路如下：

(1) 搜索区域有效性检测：检查搜索中心坐标和半径是否大于 0，确保搜索区域有效。

(2) 宽度检查：如通过，则在图像上绘制内外两个绿色实心圆，否则绘制两个红色实心圆。

(3) 细分检查：根据过大或者过小，分别绘制不同半径的紫色实心圆。

(4) 线条绘制：根据给定的线条数量，计算线条的起点和终点坐标，并在图像上绘制红色线条。

DrawSearchRegion 函数的实现代码如下：

```
void DrawSearchRegion(Mat *drawImg){
    //(1)搜索区域有效性检测：检查搜索中心坐标和半径是否大于 0，确保搜索区域有效
```

```
if (m_searchCenter.x > 0 && m_searchCenter.y > 0 && m_innerSearchRadius > 0 &&
m_outSearchRadius > 0){
//(2)宽度检查：检查是否通过指定的宽度检查条件。绘制内外两个实心圆，线宽为图像行数的 1/400，
//通过颜色为绿色，否则颜色为红色
if (CHECKPASS_WIDTH(m_result)){
circle(*drawImg, Point(m_searchCenter.x, m_searchCenter.y), m_innerSearchRadius, Scalar(0,255,0),
drawImg->rows/400);
circle(*drawImg, Point(m_searchCenter.x, m_searchCenter.y), m_outSearchRadius, Scalar(0,255,0),
drawImg->rows/400);
}
else{
circle(*drawImg, Point(m_searchCenter.x, m_searchCenter.y), m_innerSearchRadius, Scalar(0,0,255),
drawImg->rows/400);
circle(*drawImg, Point(m_searchCenter.x, m_searchCenter.y), m_outSearchRadius, Scalar(0,0,255),
drawImg->rows/400);
    }
    //(3)细分检查：绘制一个实心圆，颜色为紫色(255,0,255)，线宽为图像行数的 1/400
if (m_localTooInTh > 0)
circle(*drawImg, Point(m_searchCenter.x, m_searchCenter.y), m_innerSearchRadius    m_localTooInTh,
Scalar(255,0,255), drawImg->rows/400);
     if (m_localTooOutTh > 0)
circle(*drawImg, Point(m_searchCenter.x, m_searchCenter.y), m_outSearchRadius m_localTooOutTh,
Scalar(255,0,255), drawImg->rows/400);
    }
    /*(4)线条绘制：绘制 m_numLines 条线段*/
    for (int i = 0; i < m_numLines; i++){
        double theta= 2 * CV_PI * i / m_numLines;        //计算当前线条角度
        int x1 = m_innerSearchRadius * cos(theta) + m_searchCenter.x;   //计算线条起点的 x 坐标
        int y1 = m_innerSearchRadius * sin(theta) + m_searchCenter.y;   //计算线条起点的 y 坐标
        int x2 = m_outSearchRadius * cos(theta) + m_searchCenter.x;     //计算线条终点的 x 坐标
        int y2 = m_outSearchRadius * sin(theta) + m_searchCenter.y;     //计算线条终点的 y 坐标
       //绘制从(x1, y1)到(x2, y2)的线条，颜色为红色(0,0,255)，线宽为图像行数的 1/1000+1
        line(*drawImg, Point(x1, y1), Point(x2, y2), Scalar(0,0,255), 1 + drawImg->rows/1000);
    }
}
```

搜索区域绘制实现效果图(图中红色部分)如图 3.5.15 所示。

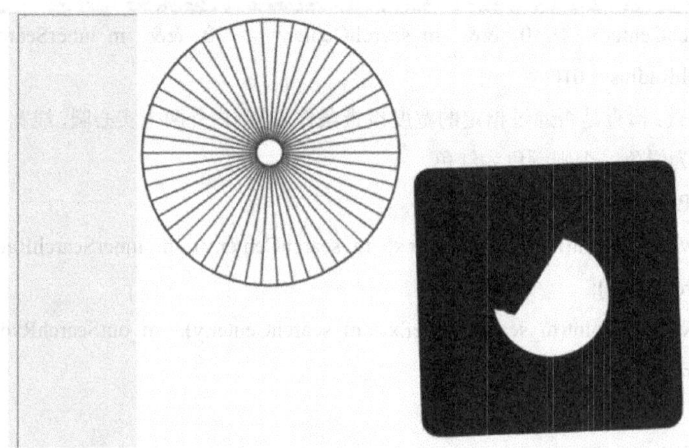

图 3.5.15　搜索区域绘制实现效果图

2) 核心函数 DrawSearchResult

DrawSearchResult 函数的原型为 void DrawSearchResult(Mat *drawImg)，用于在给定的图像上绘制搜索结果。

DrawSearchResult 函数的实现思路如下：

(1) 轮廓点数量检测：检查轮廓点数量是否满足，不满足则直接返回，不做任何绘制操作。

(2) 中心判断：如果内、外圆中心点不在原点，则绘制内、外两个紫色实心圆，同时绘制内、外两个小圆，分别是蓝色和黄色。

(3) 线条绘制：根据给定的线条数量，由角度和搜索中心的坐标计算起点和终点的坐标，并在图像上绘制线条，线条宽度通过计算得到，它取决于图像行数。如线条宽度符合宽度条件，则绘制绿色线条，否则绘制红色线条。

DrawSearchReswlt 函数的核心实现代码如下：

```
void DrawSearchResult(Mat *drawImg){
//(1)轮廓点数量检测：检查轮廓点数量是否满足，不满足则直接返回
    if(m_result & CHECK_NOENOUGH_PTS){return;}
//(2)中心判断：如果内、外圆中心点不在原点，则绘制内、外两个紫色实心圆，并绘制内、
//外蓝黄两个小圆
if (m_innerCircleCenter.x && m_innerCircleCenter.y && m_outCircleCenter.x &&
m_outCircleCenter.y ){
circle(*drawImg, m_innerCircleCenter, m_innerCircleRadius, Scalar(255,0,255),
1+drawImg->rows/1000);
circle(*drawImg, m_outCircleCenter, m_outCircleRadius, Scalar(255,0,255),
1+drawImg->rows/1000);
        circle(*drawImg, m_innerCircleCenter, 1, Scalar(255,255,0), -1);
        circle(*drawImg, m_outCircleCenter, 1, Scalar(0,255,255), -1);}
/*(3)线条绘制：绘制 numLines 条线段*/
```

```
for (int i = 0; i < m_numLines; i++){
    double theta= 2 * CV_PI * i / m_numLines;  //计算当前线条角度
    int x1=m_innerSearchRadius*cos(theta)+m_searchCenter.x; //计算线条起点的 x 坐标
    int y1=m_innerSearchRadius*sin(theta)+m_searchCenter.y;//计算线条起点的 y 坐标
    int x2=m_outSearchRadius*cos(theta)+m_searchCenter.x; //计算线条终点的 x 坐标
    int y2=m_outSearchRadius*sin(theta)+m_searchCenter.y; //计算线条终点的 y 坐标
    if(m_widthOk.size()>0&&m_widthOk[i])  //绘制线条，符合为绿色，否则为红色
     line(*drawImg,Point(x1,y1),Point(x2,y2),Scalar(0,255,0),1+drawImg->rows/1000);
    else
     line(*drawImg,Point(x1,y1),Point(x2,y2),Scalar(0,0,255),1+drawImg->rows/1000);
...//省略部分代码
}
}
```

搜索结果绘制实现效果图(图中绿色部分)如图 3.5.16 所示。

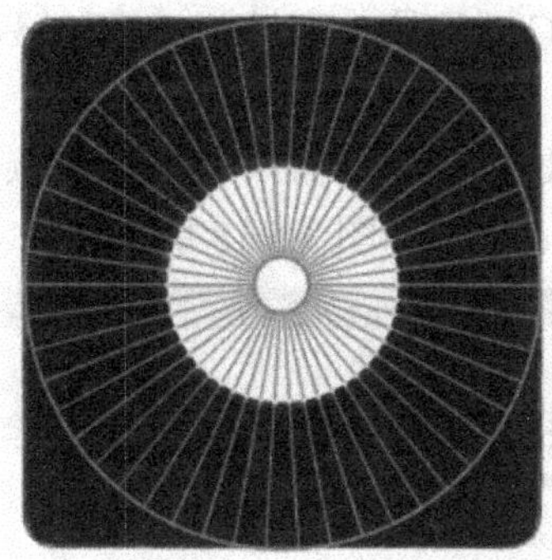

图 3.5.16　搜索结果绘制实现效果图

3) 核心函数 DrawTextResult

DrawTextResult 的函数原型为 void DrawTextResult(Mat *drawImg)，用于在给定的图像上绘制检测项目的结果文字，每个项目的检测内容不同，所以显示的文字也略有不同。

需要特别说明的是，OpenCV 自带的 cvInitFont 和 cvPutText 函数不支持向图像中写入中文，需要使用 FreeType 库来进行汉字显示。FreeType 库是一个开源、高质量且可移植的字体引擎，它提供统一的接口来访问多种字体格式文件，包括 TrueType、OpenType、Type1、CID、CFF、Windows FON/FNT、X11 PCF 等。FreeType 显示汉字的步骤如下：

(1) FreeType 下载：下载地址为 https://www.freetype.org/download.html，选择合适的版本，直接下载压缩包并解压。

(2) 项目配置：打开自己的项目解决方案(sln 文件)，单击项目→项目属性，添加包含目录；单击 VC++目录→包含目录，添加路径为(freetype 路径)\include，如图 3.5.17 所示。

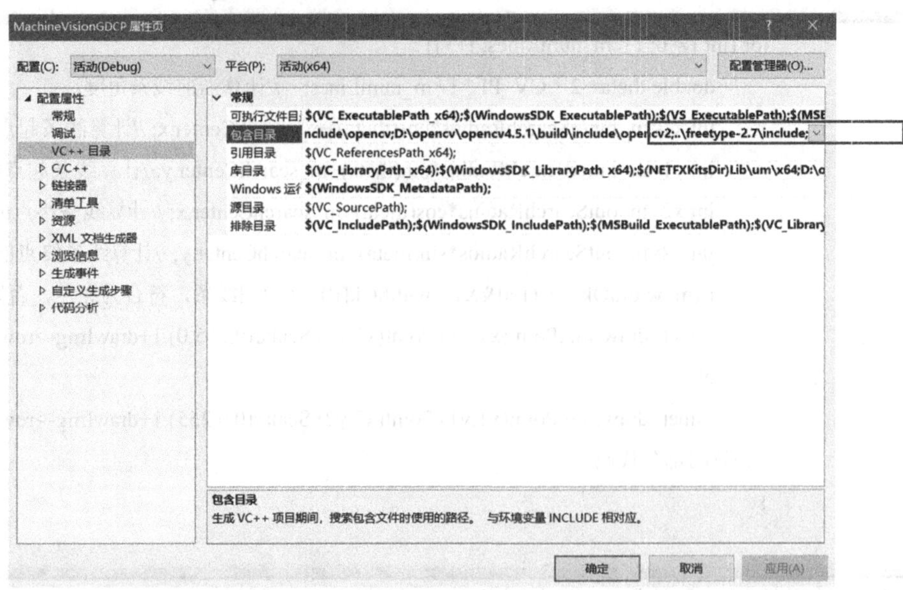

图 3.5.17　包含目录设置

(3) 添加库目录：单击 VC++目录→库目录，添加路径为(freetype 路径)\objs\Win32\Debug。

(4) 添加附加依赖项：单击链接器→输入→附加依赖项，添加路径为(freetype 路径)..\freetype-2.7\lib\x64\freetype27d.lib，如图 3.5.18 所示。

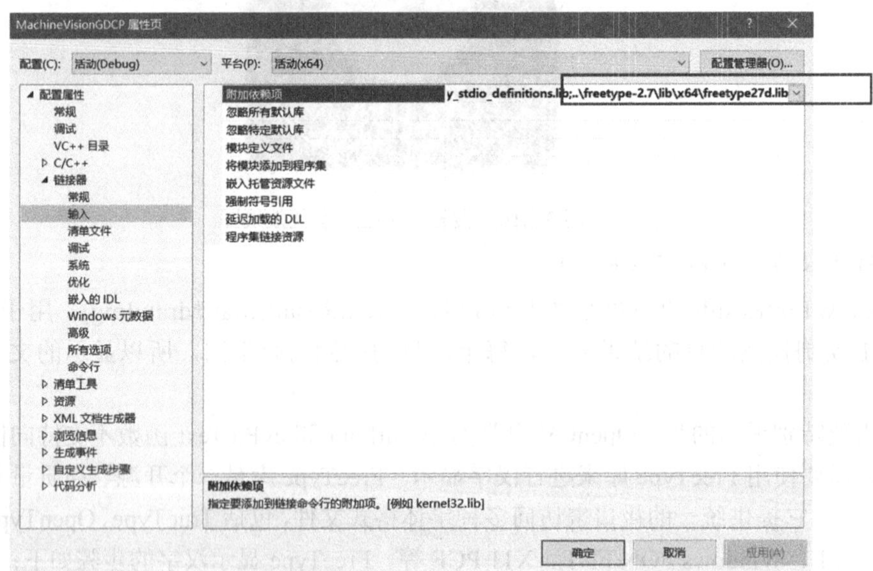

图 3.5.18　附加依赖项设置

(5) 单击“确定”按钮，保存配置。

(6) 由于 freetype 把动态库的头文件 freetype.h 封装在了宏 FT_FREETYPE_H 下，需要用如下代码调用：

```
#include <ft2build.h>
```

```
#include FT_FREETYPE_H
```

注意字体 ttf 文件的路径设置，如使用相对路径，则要把文件放到 cpp 所在目录下。

结果文字绘制实现效果图(图中绿色文字部分)如图 3.5.19 所示。

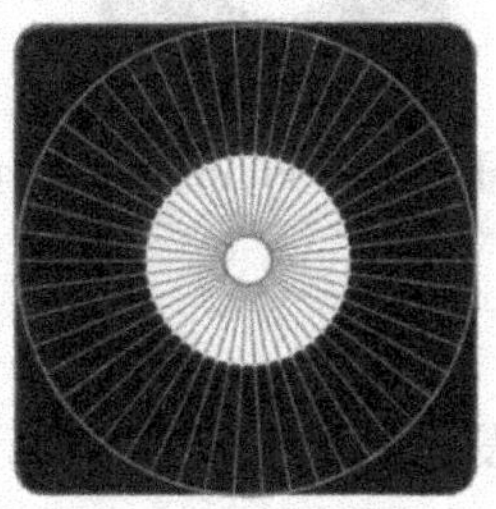

图 3.5.19　结果文字绘制实现效果图

4) 核心函数 DrawNGorOkResult

DrawNGorOkResult 的函数原型为 void DrawNGorOkResult(Mat *drawImg)，用于在给定的图像上绘制 NG 或者 OK 结果文字。该函数实现的核心是 putText 函数的实现，putText 函数的实现代码如下：

```
void cv::putText(InputOutputArray img,      //需要添加文本内容的图像
            const String & text,//具体要添加的文本内容，为字符串类型
            Point       org,       //要添加文本内容的左上角坐标位置
            int    fontFace,   //字体类型，例如：FONT_HERSHEY_SIMPLEX
            double fontScale,   //字体缩放尺度，实际上就是控制内容的大小，值越大文字越大
            Scalar color,   //字体颜色
            int    thickness = 1,   //字体粗细
            int    lineType = LINE_8,   //字体线条类型(4 邻域或 8 邻域，默认 8 邻域)
            bool  bottomLeftOrigin = false)   //图像坐标原点位置是否位于左下角，当这个值为
//true 时，图像坐标原点位置位于左下角，当这个值为 false 时，图像坐标原点位置位于左上角
```

5) 核心函数 FillResultToListCtrl

FillResultToListCtrl 的函数原型为 void FillResultToListCtrl(CListCtrl *listCtrl)，用于将测量结果以列表的形式显示在界面上。

FillResultToListCtrl 函数的实现思路如下：

(1) 关闭列表控件的重绘功能，并删除所有列表项。

(2) 循环遍历结果数组的每个元素。对于数组中的每个元素，将索引号、检测上下限、检测宽度等进行格式化，然后添加到列表控件中的对应列中。

(3) 重新开启列表控件的重绘功能，以便显示填充的结果。

FillResultToListCtrl 函数实现效果图(图中右侧部分，绿色为正常值，红色为异常值)如图 3.5.20 所示。

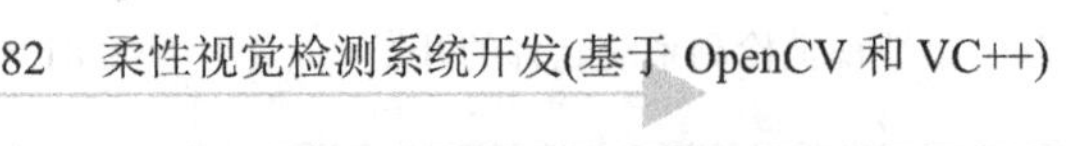

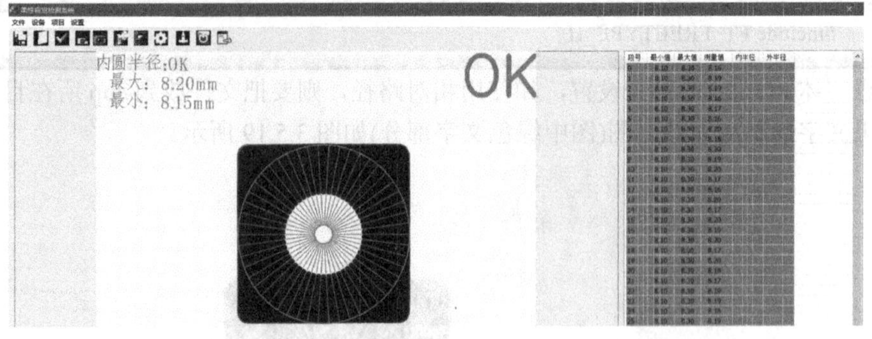

图 3.5.20　FillResultToListCtrl 函数实现效果图

3.5.7　保存列表数据

保存列表数据包括触发和实现过程两部分。

1. 触发

单击工具栏中的按钮(右起第一个)，可以将列表数据保存到文本文件，如图 3.5.21 所示。

图 3.5.21　列表数据保存工具栏按钮

2. 实现过程

保存列表数据的实现过程包括以下三步：

(1) 获取系统时间并对其进行格式化；

(2) 进行列表数据的检查，设定保存路径，并循环遍历列表以读取数据；

(3) 将数据保存到文件中。

保存列表数据的实现流程如图 3.5.22 所示。

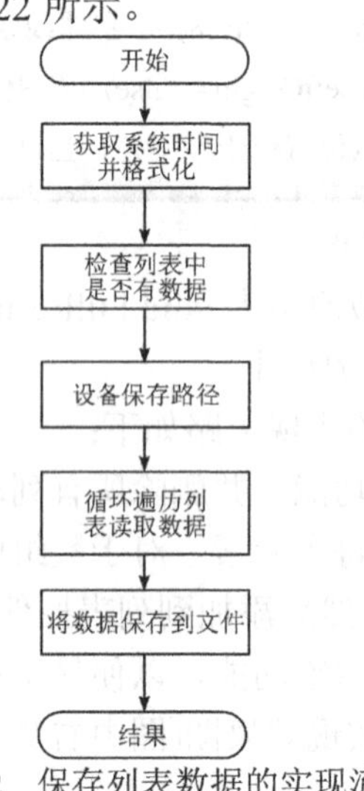

图 3.5.22　保存列表数据的实现流程

保存列表数据的核心实现代码如下：

```
/*将列表控件中的数据导出到一个以年月日命名的文本文件中*/
void MachineVisionGDCPDlg::OnOutputListData(){

 /*(1)获取系统当前时间并格式化，格式化为年月日字符串*/
     CTime m_time;m_time = CTime::GetCurrentTime();
     CString m_strDateTime; m_strDateTime = m_time.Format("%Y.%m.%d");

/*(2)检查列表控件中是否有数据,若无则直接退出*/
if (m_listCtrl.GetItemCount()<=0){AfxMessageBox(_T("列表中没有数据，无法导出")); return;}

/*(3)设置保存路径：设置保存文件对话框，弹出对话框并获取选择结果*/
     CFileDialog dlg(FALSE, _T("txt"), m_strDateTime, OFN_HIDEREADONLY
| OFN_OVERWRITEPROMPT, (LPCTSTR)_TEXT("txt 文件(*.txt)|*.txt|所有文件(*.*)|*.*||"), this);
     if (dlg.DoModal() != IDOK) return;
     CString strFilePath;strFilePath = dlg.GetPathName();//获得文件路径名
     DWORD dwRe = GetFileAttributes(strFilePath);  //获取文件的属性，若已经存在，则删除
     if (dwRe != (DWORD)-1){DeleteFile(strFilePath);} //删除文件

/*(4)循环遍历列表读取数据并保存*/
     FILE *fp;const char *l_ch = TransCStringToConstChar(strFilePath);
     fopen_s(&fp, l_ch, "w");//打开文件
     if (fp == NULL){   printf("save file error\n");return; }
     int nHeadNum = m_listCtrl.GetHeaderCtrl()->GetItemCount();  //得到列表所有列的标题内容
     LVCOLUMN lvcol;   //获取列
wchar_t str_out[256];
int nColNum;nColNum = 0;
     lvcol.mask = LVCF_TEXT;
     lvcol.pszText = str_out;
     lvcol.cchTextMax = 256;
    //循环遍历列表控件所有列，在每一列的标题字符串内容前加上制表符\t，并写入文件
     while (m_listCtrl.GetColumn(nColNum, &lvcol)){
          nColNum++;fwprintf_s(fp, L"%s\t", lvcol.pszText);
     }
     fwprintf_s(fp, L"\n", lvcol.pszText);
     //循环读取列表框数据(GetItemText 获取单元格内容)
     int nRow = m_listCtrl.GetItemCount();
     for (int i = 0; i < nRow; i++){
```

```
                for (int j = 0;j < nColNum;j++){
                  CString str_data = m_listCtrl.GetItemText(i, j);    //(5)将数据保存到文件
                      fwprintf_s(fp, L"%s\t", str_data);         //\t 为水平制表符
                }
                fwprintf_s(fp, L"\n");
            }
            fclose(fp);MessageBox(TEXT("文件已生成！"));

    }
```

运行结果如图 3.5.23 和图 3.5.24 所示。

段号	最小值	最大值	测量值	内半径	外半径
0	8.10	8.30	8.16		
1	8.10	8.30	8.19		
2	8.10	8.30	8.19		
3	8.10	8.30	8.16		
4	8.10	8.30	8.17		
5	8.10	8.30	8.16		
6	8.10	8.30	8.20		
7	8.10	8.30	8.18		
8	8.10	8.30	8.20		
9	8.10	8.30	8.19		
10	8.10	8.30	8.20		
11	8.10	8.30	8.17		
12	8.10	8.30	8.16		
13	8.10	8.30	8.20		
14	8.10	8.30	8.17		
15	8.10	8.30	8.20		
16	8.10	8.30	8.19		
17	8.10	8.30	8.20		
18	8.10	8.30	8.17		
19	8.10	8.30	8.20		
20	8.10	8.30	8.18		

图 3.5.23　界面列表显示数据

2023.08.06.txt - 记事本

文件(F)　编辑(E)　格式(O)　查看(V)　帮助(H)

段号	最小值	最大值	测量值	内半径	外半径
0	8.10	8.30	8.16		
1	8.10	8.30	8.19		
2	8.10	8.30	8.19		
3	8.10	8.30	8.16		
4	8.10	8.30	8.17		
5	8.10	8.30	8.16		
6	8.10	8.30	8.20		
7	8.10	8.30	8.18		
8	8.10	8.30	8.20		
9	8.10	8.30	8.19		
10	8.10	8.30	8.20		
11	8.10	8.30	8.17		
12	8.10	8.30	8.16		
13	8.10	8.30	8.20		
14	8.10	8.30	8.17		
15	8.10	8.30	8.20		
16	8.10	8.30	8.19		
17	8.10	8.30	8.20		
18	8.10	8.30	8.17		
19	8.10	8.30	8.20		
20	8.10	8.30	8.18		

图 3.5.24　保存到文件的列表数据

3.5.8　实时检测

工业相机实时检测是指利用图像处理算法对实时拍摄的场景进行分析和检测，主要应用于工业自动化领域，用于产品质量检测、生产线监控和物体识别等。通过实时检测，可以实现生产过程的实时监控和自动化控制，提高生产效率和产品质量。实时检测包括触发和实现过程两部分。

1. 触发

单击菜单→设备→实时检测或者工具栏中的 按钮(左起第七个)可以执行实时检测，如图 3.5.25 所示。

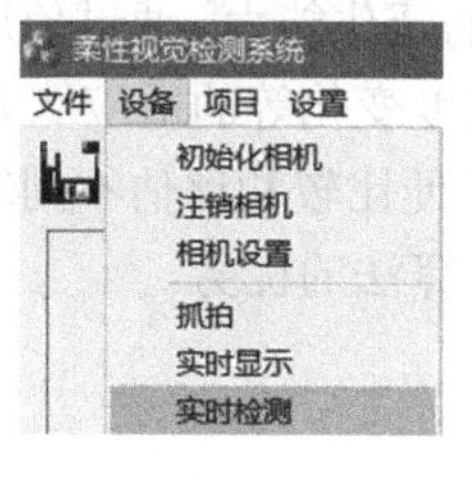

菜单

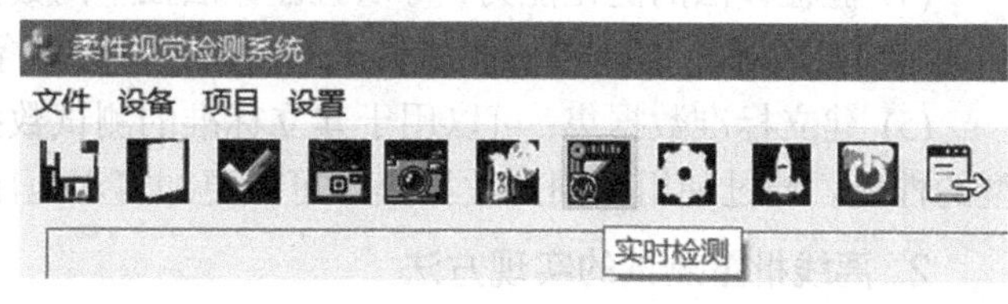

工具栏按钮

图 3.5.25　实时检测功能菜单与工具栏

2. 实现过程

在进行实时检测时，首先要定义两个时间变量 begin 和 end，并根据条件判断是否启用了实时检测。若实时检测已启用，则获取当前时间 end，并计算与上一次检测时间 begin 的时间差 tg。若时间差超过 100 ms，则将 begin 更新为 end，并向窗口句柄 m_hWnd 发送自定义消息 WM_INTIMETEST，执行操作。实时检测功能的核心实现代码如下：

```
time_t begin,end;
if (pThis->m_bIntimeTest){//开启实时检测
end=clock(); //使用 clock()函数获取当前的时间
double tg=double(end-begin)/CLOCKS_PER_SEC*1000;//计算两次检测之间的时间差
if (100<tg){//两次检测之间最少相差 100ms
    begin=end;
    ::SendMessage(pThis->m_hWnd,WM_INTIMETEST,0,0);
  }
}
```

3.5.9　离线批量测试

离线批量测试是一种高效、经济、全面的测试方法，适用于大规模数据和样本的测试和分析。

1. 功能介绍

离线批量测试是指一次性处理多个图像文件，它可以提高效率、稳定性和可靠性，帮助参数调优和性能评估，并验证算法的泛化能力，同时有助于建立标准数据集，促进算法改进。

离线批量测试的主要功能如下：

(1) 提高效率：一次性处理多个图像文件，避免了逐个处理的时间消耗，可以大幅提高处理效率。

(2) 提升稳定性和可靠性：可以对算法或模型进行大规模的测试和验证，有助于发现和解决潜在问题，提高算法或模型的稳定性和可靠性。

(3) 参数调优和性能评估：可以用于参数调优和性能评估。通过对大量图像进行测试，可以找到最佳的参数设置，以获得最佳的性能和准确度。

(4) 验证算法的泛化能力：可以验证算法在不同数据集上的泛化能力。通过使用多个不同的测试数据集，可以评估算法对于不同场景、光照条件、尺度变化等的适应能力。

(5) 建立标准数据集：可以用于建立标准的测试数据集，以便比较和评估不同算法或模型的性能。通过使用相同的数据集，可以更加客观地比较不同算法的优劣。

2. 离线批量测试的实现方法

离线批量测试的一般流程如图 3.5.26 所示。

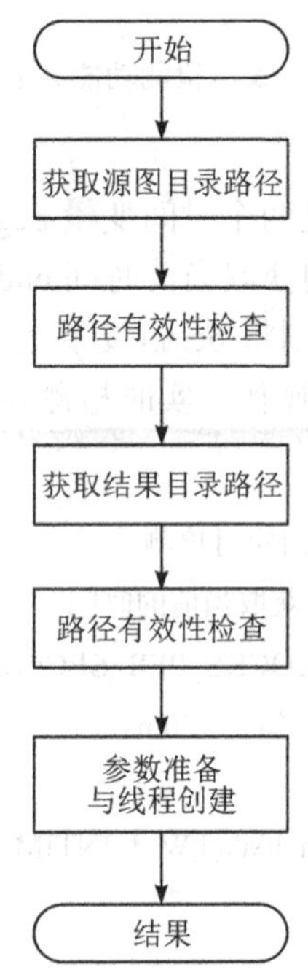

图 3.5.26 离线批量测试的一般流程

流程中各个环节的实现思路如下：

(1) 获取源图目录路径：通过对话框选择源图目录。

(2) 路径有效性检查：使用 PathIsDirectory()和 PathIsRoot()函数验证源图目录路径的有效性。

(3) 获取结果目录路径：通过对话框选择结果目录。

(4) 路径有效性检查：使用 PathIsDirectory()和 PathIsRoot()函数验证结果目录路径的有效性。

(5) 参数准备与线程创建：创建一个新线程，并将源路径、目标路径和对话框指针等作为参数传递给线程处理函数。线程处理函数循环处理源图目录中的图像文件，同时通过向主窗口发送消息来更新进度和输出日志信息。

离线批量测试的核心实现代码如下：

```
/*功能：离线批量测试。*/
void COffLinePatchTestDlg::OnBnClickedButtonStartTest(){
    CString strSourcePth;
```

```
    GetDlgItem(IDC_EDIT_SOURCE_DIR)->GetWindowText(strSourcePth);
    if (!(PathIsDirectory(strSourcePth) || PathIsRoot(strSourcePth))){
        AfxMessageBox(TEXT("源图目录无效，请重新选择"));
        GetDlgItem(IDC_EDIT_SOURCE_DIR)->SetWindowText(_T(""));
        return;}
    CString strDestPth;
    GetDlgItem(IDC_EDIT_TEST_RES_DIR)->GetWindowText(strDestPth);
    if (!(PathIsDirectory(strDestPth) || PathIsRoot(strDestPth))){
        AfxMessageBox(TEXT("结果保存目录无效，请重新选择"));
        GetDlgItem(IDC_EDIT_TEST_RES_DIR)->SetWindowText(_T(""));
        return;}
    m_pTestLog.SetWindowTextW(_T("测试结果："));
    COffLinePatchTestDlgDataPtr l_pData = new COffLinePatchTestDlgData();
    l_pData->offline_test_dlg = this;
    l_pData->strSourcePth = strSourcePth;
    l_pData->strDestPth = strDestPth;
    DWORD l_dwThreadId;
    HANDLE l_handle = CreateThread(
        NULL,//默认安全属性
        0,//默认堆栈大小
        ThreadProcOLPT,//线程处理函数
        l_pData,//参数
        0,//创建标识
        &l_dwThreadId);}
/*在线程中循环处理源图目录中的图像文件，读取并处理每个图像文件，并通过向主窗口发
送消息来更新进度和输出日志信息。*/
DWORD WINAPI ThreadProcOLPT(LPVOID lpParam){
    …//循环处理每张图片
}
```

第 4 章　底层通用算法库的设计

柔性视觉检测系统各功能模块的实现离不开算法库的支持，本章讲述了一个基于OpenCV 开发的通用底层算法库，即一个机器视觉检测应用常用图像处理算法的集合。通过合理地调用该算法库的函数和算法，可高效地实现针对多品类工件的视觉检测应用。本书所阐述的系统区别于市面上各种高度定制化的视觉检测系统及机器视觉软件(如VisionPro 等)，主要在于对检测项目算法的深度定制及易拓展性的支持。

本章首先介绍了 OpenCV 的基础知识，使读者对 OpenCV 在机器视觉检测应用中的基础功能和核心数据结构类型及相关功能函数有一个整体认识；其次，讲解了机器视觉检测应用中频繁使用的基础几何算法模块和连通域分析模块；再次，对机器视觉检测技术在工业生产应用中经常遇到的环状物检测提出了一种检测方案，并介绍了检测参数错误代码和对检测结果数据的管理方法；最后，介绍了基于广义霍夫变换的目标定位算法的原理及实现，虽然该算法实现难度较大，但可快速、精确、可靠地定位目标，这是很多机器视觉检测应用的基础性需求。由于在旋转、缩放、光照差异大、部分遮挡等变化的条件下检出结果的稳健性，目前工业应用中的目标定位算法大都基于广义霍夫变换来实现。

利用第 3 章开发的离线批量测试功能，在本算法库开发过程中对每一个研发的视觉算法都进行了大量图片的批量测试验证，保证了算法的可靠性和稳定性。基于所开发的通用底层算法库，本系统利用对象的最小外接矩形、直线检测、连通域分析、目标定位算法等特征和方法，实现了对检测工件摆放位置和型号的自动识别，显著降低了多品类目标视觉检测系统操作的难度，提高了检测的效率。

4.1　OpenCV 基础

OpenCV(Open Source Computer Vision Library)是一个免费、开源、跨平台的图像处理和计算机视觉库，提供了丰富的图像处理和计算机视觉算法，主要由若干个 C 语言函数和 C++类构成，支持 C/C++/Python/C#等多种语言进行开发，可在 Windows、Linux、macOS、Android和 iOS 等系统上运行，被广泛应用于图像以及视频的读取、显示、处理等操作。由于 OpenCV自带包括图像格式转换、各类滤波、色彩分析、几何变换、数学变换、形态学计算分析、边缘提取等机器视觉常用的基础算法，因此国内外相关研究人员进行了大量基于 OpenCV的机器视觉检测应用的研究和开发工作。

4.1.1　常用数据结构

OpenCV 中最重要的数据结构是 Mat，它用于表示图像的像素矩阵。除此之外，还有 Point、Rect、Size 等数据结构用于表示图像中的点、矩形框和尺寸等。OpenCV 常用的数据结构如表 4.1.1 所示。

表 4.1.1　OpenCV 常用的数据结构

序号	类型	描　述
1	Mat	cv::Mat：最常用的数据结构，用于表示图像的像素矩阵，它是一个多维数组，可以存储多通道的像素值，并提供了许多用于图像处理和计算的函数
2	Point、Point2f	cv::Point 和 cv::Point2f：表示二维坐标点的数据结构。cv::Point 是整数类型的坐标点，cv::Point2f 是浮点数类型的坐标点
3	Rect、Rect2f、RotatedRect	cv::Rect、cv::Rect2f、cv::RotatedRect：表示矩形区域的数据结构。cv::Rect 用于表示整数类型的矩形区域，cv::Rect2f 用于表示浮点数类型的矩形区域，cv::RotatedRect 用于表示平面上的旋转矩形
4	Size、Size2f	cv::Size 和 cv::Size2f：表示尺寸大小的数据结构。cv::Size 用于表示整数类型的尺寸，cv::Size2f 用于表示浮点数类型的尺寸
5	Vec、Scalar	cv::Vec 和 cv::Scalar：表示向量和颜色的数据结构。cv::Vec 用于表示多通道的向量，cv::Scalar 用于表示颜色值

常用数据结构的使用示例如下：

```
int main() {
    //加载图像：使用 cv::imread 函数加载一幅图像，并将其存储在 cv::Mat 数据结构中
    cv::Mat image = cv::imread("image.jpg");
    //获取图像的尺寸
    int width = image.cols;
    int height = image.rows;
    //访问彩色图像的像素值：使用<cv::Vec3b>(y, x)来访问图像的像素值，并获取各个通道
    //的像素值
    cv::Vec3b pixel = image.at<cv::Vec3b>(y, x);
    uchar blue = pixel[0];
    uchar green = pixel[1];
    uchar red = pixel[2];
    //创建点：使用 cv::Point 来创建一个点
    cv::Point point(x, y);
    //创建尺寸：使用 cv::Size 来创建一个尺寸
    cv::Size size(width, height);
    //创建向量：使用 cv::Vec3f 来创建一个向量
    cv::Vec3f vector(x, y, z);
```

```
        //创建颜色：使用 cv::Scalar 来创建一个颜色
        cv::Scalar color(blue, green, red);
        ...//对图像进行处理和操作
        return 0;
    }
```

这些数据结构可以方便地用来存储和操作图像的像素矩阵、某个点、尺寸、向量和颜色等信息。

4.1.2 机器视觉常用的 OpenCV 函数

OpenCV 中提供了一系列的图像操作函数，这些函数提供了各种图像处理和计算机视觉任务所需的基本功能，包括图像读取、显示、保存、颜色空间转换、图像处理、图像匹配、几何变换、边缘检测、轮廓提取、形态学操作等，这些函数能够方便地对图像进行处理和操作，帮助视觉检测系统提取出图像中的有用信息。机器视觉常用 OpenCV 函数及功能如表 4.1.2 所示。

表 4.1.2 机器视觉常用的 OpenCV 函数及功能

序号	类别	函数/属性名	功 能
1	图片加载、显示和保存	cv::imread	读取图像文件，常用于加载图像数据以便后续处理和分析
		cv::imshow	显示图像，用于在窗口中显示图像，便于可视化和调试
		cv::imwrite	将图像数据保存为图像文件，常用于结果输出和图像存储
2	窗口的创建及销毁	cv::namedWindow	创建一个命名窗口，用于创建一个具有指定名称的窗口，并显示图像或其他可视化结果
		cv::destroyWindow	销毁指定名称的窗口，用于关闭并销毁指定名称的窗口
3	图片常用属性的获取	cv::Mat::rows	获取矩阵的行数
		cv::Mat::cols	获取矩阵的列数
		cv::Mat::channels	获取矩阵的通道数
		cv::Mat::size	获取矩阵的尺寸
4	色彩空间转换	cv::cvtColor	颜色空间转换，用于将图像在不同颜色空间之间进行转换，如彩色图灰度化、BGR 与 RGB 之间的转换等
5	ROI 提取	cv::Mat::operator()	用于访问和操作矩阵中的元素
		cv::Rect	定义一个矩形区域，常用于图像裁剪、提取感兴趣区域 ROI 等操作
6	颜色通道的分合	cv::split	将多通道图像分离为单通道图像
		cv::merge	将多个单通道图像合并为多通道图像

续表一

序号	类别	函数/属性名	功　能
7	图片数学运算：加、减、乘、除	cv::add	对两个图像进行逐像素相加
		cv::addWeighted	对两个图像进行加权相加
		cv::subtract	对两个图像进行逐像素相减
		cv::multiply	对两个图像进行逐像素相乘
		cv::divide	对两个图像进行逐像素相除
8	阈值分割	cv::threshold	对图像进行阈值分割
		cv::adaptiveThreshold	适应阈值分割
		cv::floodFill	漫水填充，将与种子点相连的区域换成特定的颜色
9	图形绘制	cv::line	绘制直线
		cv::circle	绘制圆
		cv::rectangle	绘制矩形
		cv::putText	绘制文字
10	计算执行时间	cv::getTickCount	返回一个时钟周期的计数
		cv::getTickFrequency	返回时钟周期的频率
11	形态学处理函数	cv::erode	腐蚀操作
		cv::dilate	膨胀操作
		cv::morphologyEx	形态学操作
		cv::getStructuringElement	返回指定形状和尺寸的结构元素
12	图像直方图	cv::calcHist	计算图像的直方图
		cv::equalizeHist	对图像进行直方图均衡化
13	常见滤波器(均值、中值、高斯、双边、方块)	cv::blur	均值滤波：一种简单的平滑滤波算法，它将图像中每个像素的值替换为其周围像素的平均值，可以有效去除图像噪声，但会导致图像细节模糊
		cv::medianBlur	中值滤波：一种非线性滤波算法，它将图像中每个像素的值替换为其周围像素值的中值，可以有效去除图像中的椒盐噪声和脉冲噪声，同时保留图像细节
		cv::GaussianBlur	高斯滤波：一种线性滤波算法，它使用高斯函数对图像进行平滑处理，可以有效去除图像中的高频噪声，同时保留图像的边缘和细节。高斯滤波的平滑效果一般会比均值滤波好，但计算成本较高
		cv::bilateralFilter	双边滤波：一种非线性滤波算法，结合了空间域滤波和灰度值相似性滤波，可以保留图像的边缘和细节，同时去除图像噪声。它在平滑图像的同时能够保持图像的清晰度，但计算成本较高
		cv::boxFilter	方框滤波：与 cv::blur 类似，区别是 cv::boxFilter 可以在非归一化模式下运行，且输出图像的位深可以控制为与输入图像不同

续表二

序号	类别	函数/属性名	功　能
14	均值&方差	cv::mean	计算图像的均值
		cv::meanStdDev	计算图像的均值和标准差
15	图像轮廓	cv::findContours	查找图像中的轮廓：在二值图像中查找轮廓。它可以找到图像中的所有轮廓，并将它们存储在一个向量中。该函数可以用于图像分割、形状检测、目标识别等应用场合
		cv::drawContours	绘制轮廓：一般配合 cv::findContours 使用，可以将找到的轮廓绘制在原始图像上，以便进行可视化或后续处理
		cv::approxPolyDP	用于对轮廓进行多边形逼近，可以将复杂的轮廓近似为更简单的多边形，以减少轮廓的点数。该函数常用于形状识别、边缘检测等应用
		cv::boundingRect	用于计算轮廓的边界矩形，可以得到轮廓的最小外接矩形，用于定位和测量对象。该函数常用于目标检测、图像分析等领域
		cv::minAreaRect	用于计算轮廓的最小外接矩形。与 boundingRect 函数不同，它的最小外接矩形可以是旋转的，即输出 RotatedRect，适用于旋转物体的定位和测量。该函数常用于目标检测、图像分析等领域
		cv::pointPolygonTest	用于测试一个点是否在多边形中
		cv::arcLength	计算轮廓的周长，用于形状分析、曲线拟合等应用
16	边缘检测	cv::Canny	一种基于多阶段处理的边缘检测算法，可以检测图像中所有类型的边缘。首先对图像进行高斯滤波以平滑图像，然后计算图像的梯度和方向，接着进行非极大值抑制以细化边缘，最后通过双阈值处理来提取强边缘。该函数适用于检测图像中各种类型的边缘，并且能够抑制噪声和连接断裂的边缘
		cv::Sobel	一种基于梯度的边缘检测算法，可以检测图像中的水平和垂直边缘。它通过对图像应用一组卷积核来计算图像中每个像素的梯度值，然后根据梯度值的大小来确定像素是否属于边缘。该函数适用于检测直线和角点等边缘

续表三

序号	类别	函数/属性名	功　能
16	边缘检测	cv::Scharr	Sobel 算子的改进版本，用于更精确地计算图像的梯度。相较 Sobel，它的卷积核更小，计算效率更高，同时也能够提供更准确的边缘检测结果。该函数适用于对图像进行细节边缘检测
		cv::Laplacian	一种基于二阶导数的边缘检测算法，可以检测图像中的边缘和纹理信息。它通过对图像应用一个二阶导数卷积核来计算图像中每个像素的拉普拉斯值，然后根据值的符号来确定像素是否属于边缘。该函数适用于检测图像中的纹理边缘和边缘锐化
17	图像金字塔	cv::pyrUp	图像金字塔上采样，用于将图像上采样，生成较大尺寸的图像金字塔层级。上采样是通过插值和滤波操作来实现的，可以将图像的尺寸增加一倍。该函数常用于图像处理、图像重建等领域
		cv::pyrDown	图像金字塔下采样，用于将图像降采样，生成较小尺寸的图像金字塔层级。降采样是通过滤波和下采样操作来实现的，可以将图像的尺寸减半。该函数常用于图像处理、特征提取等领域
		cv::buildPyramid	构建图像金字塔，可以通过指定金字塔的层数和降采样比例，生成多层不同尺寸的图像金字塔。该函数常用于图像处理、图像分析等领域
		cv::pyrMeanShiftFiltering	对图像进行均值漂移滤波，可以实现图像的平滑和边缘保留。该函数常用于图像分割、目标跟踪等应用
18	霍夫变换	cv::HoughLines	霍夫直线检测
		cv::HoughCircles	霍夫圆检测
		cv::HoughLinesP	利用概率霍夫变换来检测直线，运行效率更高
19	缩放，平移，旋转，仿射变换&透射变换	cv::resize	调整图像大小
		cv::warpAffine	仿射变换
		cv::getAffineTransform	获取仿射变换矩阵
		cv::getPerspectiveTransform	获取透视变换矩阵
		cv::warpPerspective	透视变换
20	逻辑运算：与、或、非、异或	cv::bitwise_and	对两个图像进行逐像素的与操作
		cv::bitwise_or	对两个图像进行逐像素的或操作
		cv::bitwise_not	对图像进行逐像素的非操作
		cv::bitwise_xor	对两个图像进行逐像素的异或操作
21	直线遍历	cv::LineIterator	遍历线段上每一个像素点

4.1.3　应用案例

下面通过一个塑料瓶盖齿牙计数与检测的案例，说明 OpenCV 常用函数的使用场景。本案例可实现基于机器视觉的塑料瓶盖齿牙计数与检测，能够对位置和角度任意摆放的塑料瓶盖齿牙进行快速计数、定位齿牙中心点位置，且在缺牙时能标出缺牙位置。算法包括瓶盖齿牙的中心点定位和相邻齿牙之间是否有缺牙检测两部分。

(1) 瓶盖齿牙中心点定位的算法流程：图像采集与显示→用高阈值反向二值化→保留最大连通域→用低阈值反向二值化→去掉噪点→以图像重心为种子，漫水填充瓶盖中心部分→计算连通域，各连通域的中心为瓶盖齿牙中心点→以已得到的瓶盖齿牙中心为种子漫水填充，然后腐蚀→以重心为种子，漫水填充瓶盖中心部分→计算连通域，将各连通域的中心加入瓶盖齿牙中心点集合，得到完整的齿牙数。瓶盖齿数计数案例的图像处理流程如图 4.1.1 所示。

(a) 原图

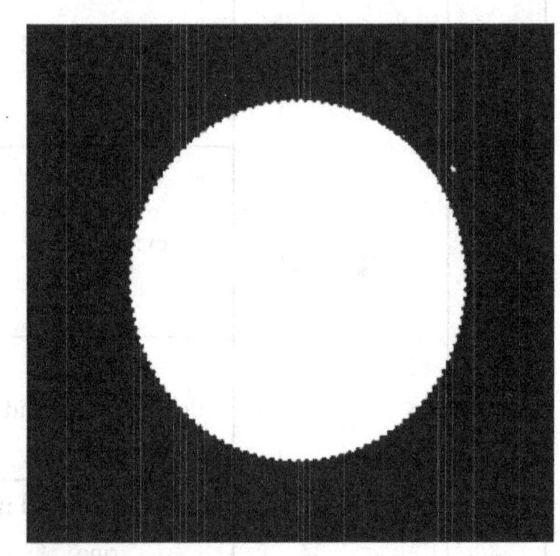

(b) 用高阈值反向二值化

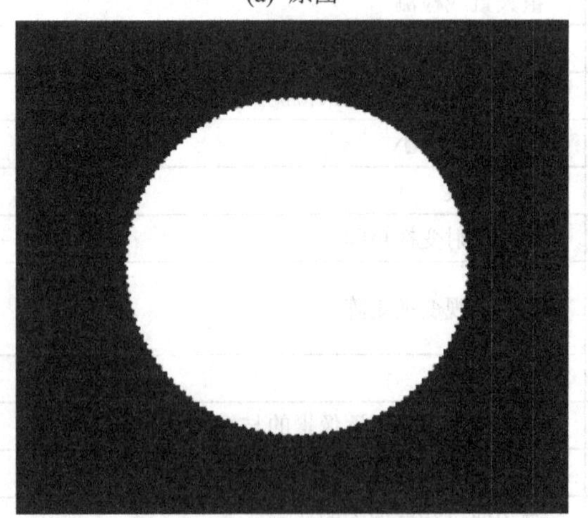

(c) 保留最大连通域

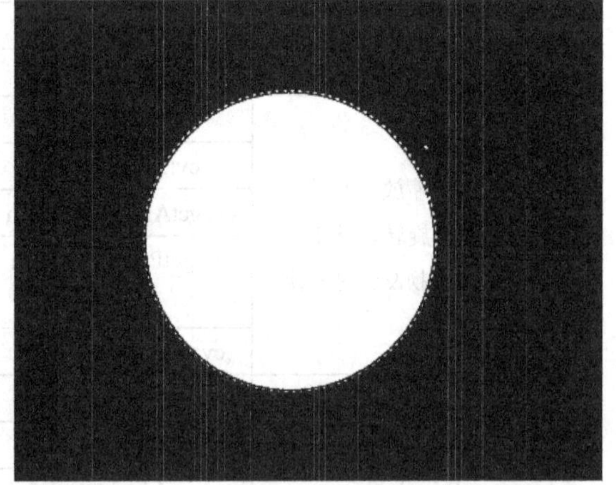

(d) 用低阈值反向二值化

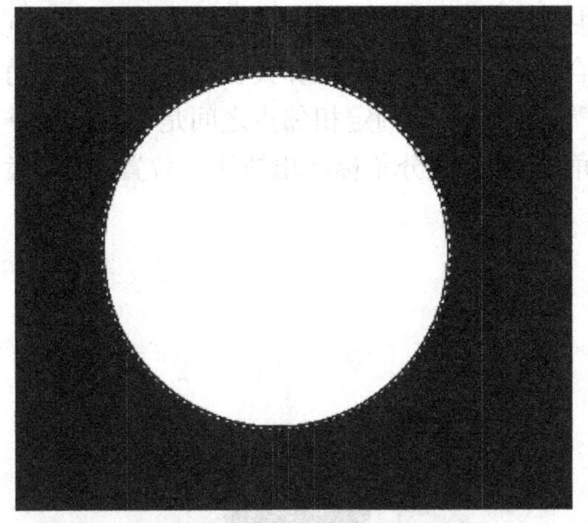

(e) 图(c)、图(d)相与去掉噪点

(f) 以重心为种子，漫水填充瓶盖中心部分

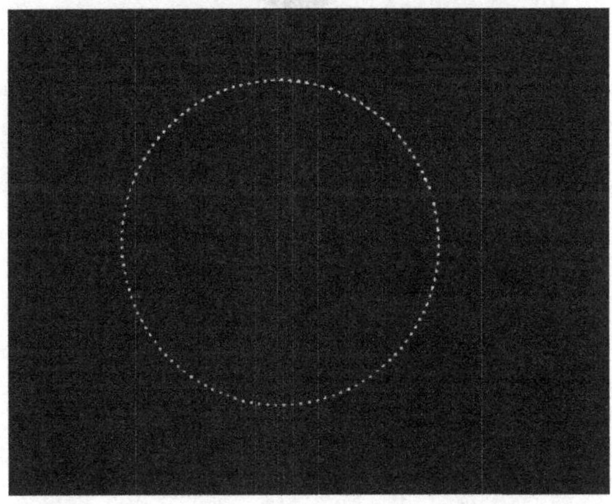

(g) 计算连通域，各连通域的中心为瓶盖齿牙中心点

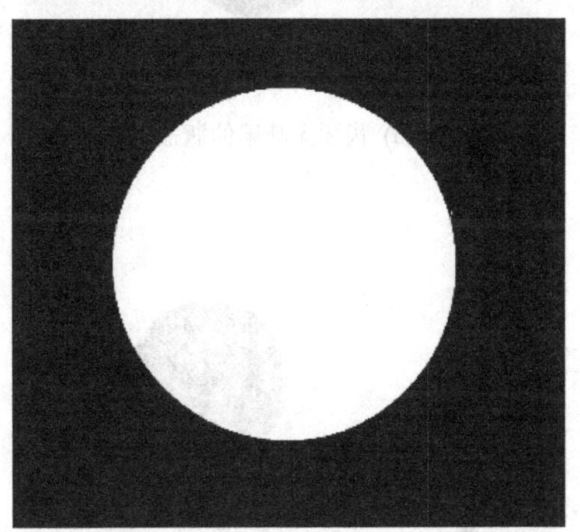

(h) 用已得到的瓶盖齿牙中心为种子，漫水填充，然后腐蚀

(i) 以重心为种子，漫水填充瓶盖中心部分

(j) 计算连通域，得到完整的齿牙数

图 4.1.1　瓶盖齿数计数案例的图像处理流程

(2) 相邻齿牙之间是否有缺牙的检测算法流程：计算瓶盖整体重心到各齿牙中心点的向量与 X 轴的夹角，保存到集合中，并对集合元素升序排序→计算集合中相邻元素夹角之间的绝对差值，并将该差值调整到 0°～180°，根据差值判定相邻点之间是否有缺牙→计算缺牙数目 M→以两个牙与瓶盖中心连线夹角的 M+1 等分角标注出缺牙的位置。瓶盖齿数计算案例的检测结果如图 4.1.2 所示。

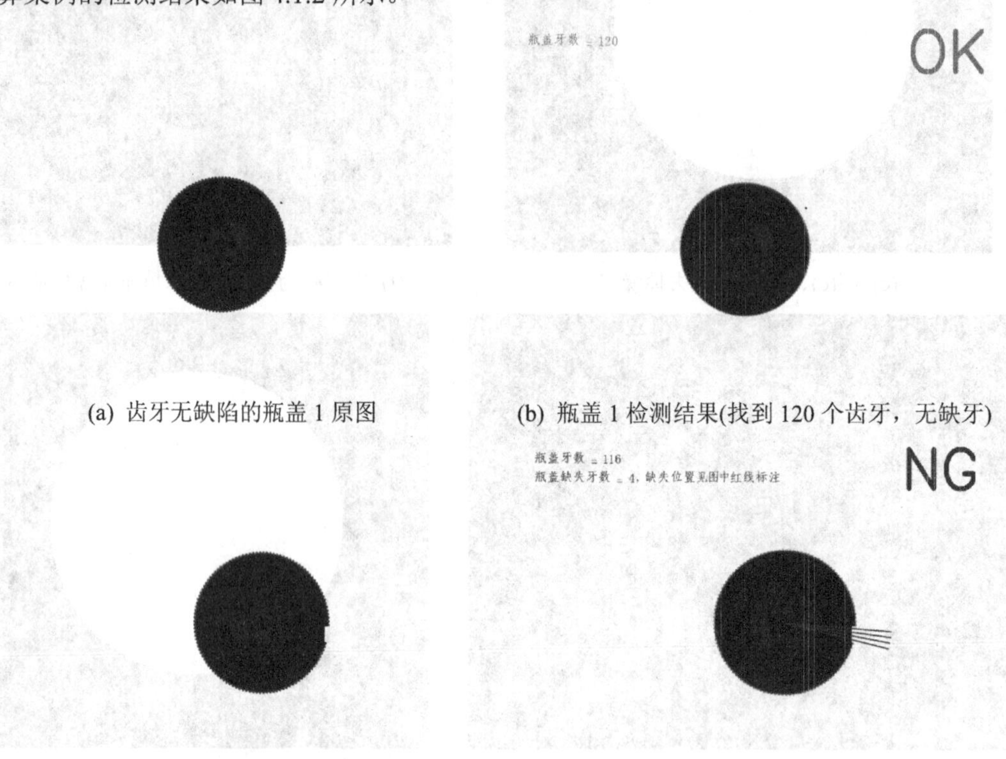

(a) 齿牙无缺陷的瓶盖 1 原图

(b) 瓶盖 1 检测结果(找到 120 个齿牙，无缺牙)

(c) 齿牙有缺陷的瓶盖 2 原图

(d) 瓶盖 2 的检测结果(找到 116 个齿牙，检测出 4 个缺牙，红色(深色)线段上为缺牙位置)

图 4.1.2　瓶盖齿数计数案例的检测结果

本案例中使用到的核心函数如表 4.1.3 所示。

表 4.1.3　本案例中使用到的核心函数

序号	核心处理步骤	核心函数
1	图像采集与显示	cv::imread、cv::imshow 等
2	二值化	cv::threshold
3	连通域分析	CalGravityCenter、filterContinousArea(见 4.3 节)等
4	去噪(滤波+形态学)	cv::GaussianBlur、cv::erode、cv::getStructuringElement 等
5	漫水填充	cv::floodFill
6	夹角计算与处理	cv::fastAtan2、cv::Round 等
7	结果绘制	cv::line、cv::circle 等

4.2 基础几何算法

在柔性视觉检测系统中，经常需要进行一些基础的几何计算，如点线关系、线线关系等，因此需将这些基础几何算法集中由算法库中的一个专门模块来实现，本节主要介绍一些常用的基础几何算法。

4.2.1 点线关系算法

点线关系算法用于判断或计算一个点和一条直线之间的关系及未知参数等，常见的算法有判断点是否在线上、点到线的距离等，其核心函数如表 4.2.1 所示。

表 4.2.1 点线关系算法的核心函数

序号	函数名	描 述
1	getPoint2LineDis	//计算给定点到直线的距离 float getPoint2LineDis(cv::Vec4i line, cv::Point2f pt);
2	getPointsOnLineSeg	//返回二值图中在线段上的点, mode=0:获取所有点；mode=1:只获取靠近 EndPoint 的一个点；mode=2:只获取靠近 StartPoint 和 EndPoint 的两个点 void getPointsOnLineSeg(cv::Mat &imgBinary, std::vector<cv::Point2f> &pointsOnLine, cv::Point2f StartPoint, cv::Point2f EndPoint, int mode = 0);
3	getFootOfPerpendicular	//求直线外一点到直线的垂足(参数：直线外一点、直线开始点、直线结束点) cv::Point2f getFootOfPerpendicular(const cv::Point2f &pt, const cv::Point2f &begin, const cv::Point2f &end);
4	getParaLine_FromPointAndLine	//返回过指定点 P_0 且与已知线 L_1 平行的线 L_2 cv::Vec4i getParaLine_FromPointAndLine(cv::Vec4i Line1, cv::Point2f P0);
5	getParaLine_FromPointAndLine	//返回过指定点 P_0 且与已知直线 L_1 平行的直线 L_2 void getParaLine_FromPointAndLine(cv::Point2f L1Start, cv::Point2f L1End, cv::Point2f P0, cv::Point2f &L2Start, cv::Point2f &L2End);
6	getPointOnLineSeg_DistFrom1End	//在线段 pt_1-pt_2 上，获取离端点 pt_1 指定距离(distance)的点，pt[0]为线段外的点， pt[1]为线段内的点 void getPointOnLineSeg_DistFrom1End(cv::Point2f pt[2], cv::Point2f &pt1, cv::Point2f &pt2, float distance);
7	get2Points_DistFrom1Point_onPerpendOrientation	//在线段 pt_1-pt_2 垂直方向上，获取离指定点(point)指定距离(distance)的两个点 pt[0]和 pt[1] void get2Points_DistFrom1Point_onPerpendOrientation(cv::Point2f pt[2], cv::Point2f point, cv::Point2f &pt1, cv::Point2f &pt2, float distance)

续表

序号	函数名	描　述
8	getLineAndRectIntersectPoints	//返回直线与矩形的交点，pt 为返回的两个交点 void getLineAndRectIntersectPoints(cv::Vec4i Line, cv::Point2f pt[2], cv::Rect rect);

9	checkPointBtw2ParaLine	//检测点 pt 在两条平行线的位置，返回值：0—内部；1—靠 L_1 的一边；2—
		//靠 L_2 的一边；3—在 L_1 上；4—在 L_2 上
		int checkPointBtw2ParaLine(cv::Point2f pt, cv::Point2f startPt1, cv::Point2f endPt1, cv::Point2f startPt2, cv::Point2f endPt2);

下面分别介绍点线关系算法中各核心函数的具体实现代码。

(1) getPoint2LineDis 函数用于计算给定点到直线的距离，如图 4.2.1 所示。

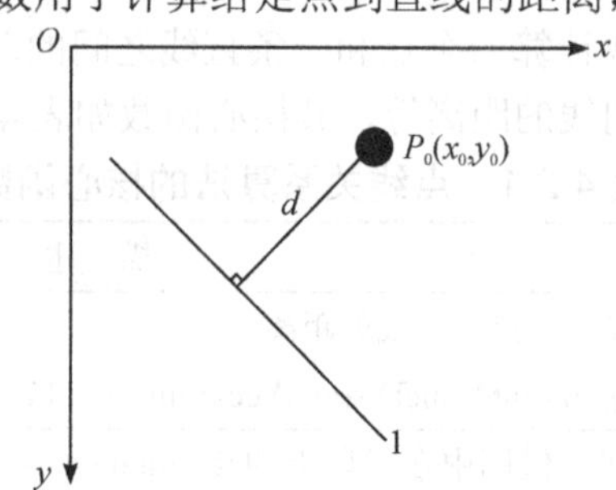

图 4.2.1　点到直线的距离

点 $P_0(x_0,y_0)$到直线 l：$Ax+By+C=0$ 的距离记为 d，则给定点到直线的距离的计算公式为

$$d=x=\frac{|Ax_0+By_0+C|}{\sqrt{A^2+B^2}}$$

getPoint2LineDis 函数的实现代码如下：

```
//用于计算给定点到直线的距离，输入参数：Vec4i 类型直线 line、Point2f 类型的点 pt
float getPoint2LineDis(cv::Vec4i line, cv::Point2f pt)
{
    float A = line[1] - line[3];   //参数 A 计算
    float B = line[2] - line[0];   //参数 B 计算
    float C = line[0] * line[3] - line[2] * line[1];   //参数 C 计算
    return abs(A*pt.x + B*pt.y + C) / sqrt(A*A + B*B);   //根据计算公式计算距离
}
```

(2) getPointsOnLineSeg 函数用于获取二值图中给定线段上的前景点(灰度值为 255)，共支持三种模式。模式 0 是获取所有点，模式 1 是只获取靠近终点的一个点，模式 2 是获取分别靠近起点和终点的两个点。

getPointsOnLineSeg 函数的实现代码如下：

```
//获取给定线段上的前景点。输入参数：二值图 imgBinary、存储点向量 pointsOnLine、线段
//始末 StartPoint 和 EndPoint，模式 mode。返回值：符合条件的点存储在 pointsOnLine 中
```

```
void getPointsOnLineSeg(cv::Mat &imgBinary, std::vector<cv::Point2f> &pointsOnLine,
cv::Point2f StartPoint, cv::Point2f EndPoint, int mode){
    pointsOnLine.clear();  //清空 pointsOnLine 向量
    if (0 == mode){  //模式 0: 遍历整个线段,并将所有值为前景点的位置加入 pointsOnLine
        cv::LineIterator l_it(imgBinary, StartPoint, EndPoint);  //使用迭代器遍历线段
        for (int l_index = 0; l_index < l_it.count; l_index++, l_it++){
            if (**l_it == 255){
                pointsOnLine.push_back(l_it.pos());  //在尾部加入数据
            }
        }
    }
else if (1 == mode || 2 == mode){//模式 1 和 2: 部分遍历, 只取第一个值为 255 的像素点
        cv::LineIterator l_it(imgBinary, EndPoint, StartPoint);  //部分遍历
        for (int l_index = 0; l_index < l_it.count; l_index++, l_it++){
            if (**l_it == 255){
                pointsOnLine.push_back(l_it.pos());  //在尾部加入数据
                break;
            }
        }
    }
    if (2 == mode){//模式 2：再次遍历整个线段，并取第二个值为 255 的像素点
        cv::LineIterator l_it(imgBinary, StartPoint, EndPoint);
        for (int l_index = 0; l_index < l_it.count; l_index++, l_it++){
            if (**l_it == 255){
                pointsOnLine.push_back(l_it.pos());  //在尾部加入数据
                break;
            }
        }
    }
}
```

(3) getFootOfPerpendicular 函数用于求点 p_t 到直线的垂足 P_1，如图 4.2.2 所示。

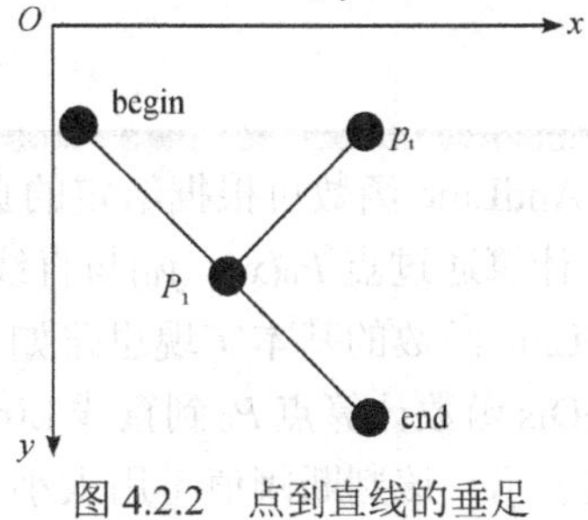

图 4.2.2　点到直线的垂足

令图 4.2.2 中的 p_t、begin(起点)、end(终点)三个点的坐标分别为(x_0, y_0)、(x_1, y_1)、(x_2, y_2)，则垂足 P_1 的计算公式为

$$P_1.x = x_1 + u * \mathrm{d}x$$
$$P_1.y = y_1 + u * \mathrm{d}y$$

其中，

$$\mathrm{d}x = (x_1 - x_2)$$
$$\mathrm{d}y = (x_1 - y_2)$$
$$u = \frac{(x_1 - x_0)(x_2 - x_1) + (y_1 - y_0)(y_2 - y_1)}{(x_2 - x_1)^2 + (y_2 - y_1)^2}$$

getFootOfPerpendicular 函数的基本实现思路如下：

① 创建一个 cv::Point2f 类型的变量 retVal，用于存储计算得到的垂足坐标。

② 计算线段水平和垂直方向的差值 dx 和 dy。如果差值非常小(小于 0.00000001)，则表示线段起点和终点重合，此时直接将起点坐标作为垂足坐标并返回。

③ 计算点 p_t 到线段 begin−end 的投影位置参数 u。

④ 根据参数 u 计算垂足的坐标并返回。

getFootOfPerpendicular 函数的实现代码如下：

```
//求点到直线的垂足。输入参数：点 pt、线段起点 begin、线段终点 end
cv::Point2f getFootOfPerpendicular(const cv::Point2f &pt,const cv::Point2f &begin,const
cv::Point2f &end) {
    cv::Point2f retVal;    //创建一个 cv::Point2f 类型的变量 retVal 用于存储计算得到的垂足
坐标
    double dx = begin.x - end.x;  //计算线段水平方向的差值 dx
    double dy = begin.y - end.y;  //计算线段垂直方向的差值 dy
    //差值非常小，则线段几乎垂直，直接将起点坐标作为垂足坐标并返回
    if (abs(dx) < 0.00000001 && abs(dy) < 0.00000001){retVal = begin;return retVal;}
    //计算点 pt 到线段 begin-end 的投影位置参数 u
double u = (pt.x - begin.x)*(begin.x - end.x) +(pt.y - begin.y)*(begin.y - end.y);
    u = u / ((dx*dx) + (dy*dy));
    //根据参数 u 计算垂足的坐标并返回
    retVal.x = begin.x + u*dx;
    retVal.y = begin.y + u*dy;
    return retVal;
}
```

(4) getParaLine_FromPointAndLine 函数可根据给定的直线和点计算与直线平行且经过该点的直线。如图 4.2.3 所示，计算通过点 $P_0(x_0, y_0)$与直线 Line1 平行的直线 Line2。

getParaLine_FromPointAndLine 函数的基本实现思路如下：

① 通过调用 getPoint2LineDis 函数计算点 P_0 到直线 Line1 的距离，如果距离小于 0.1(由于点 P_0 和直线 Line1 都由整型表示，该判断阈值不用太小)，则表示点 P_0 在 Line1 上，直

接返回 Line1。

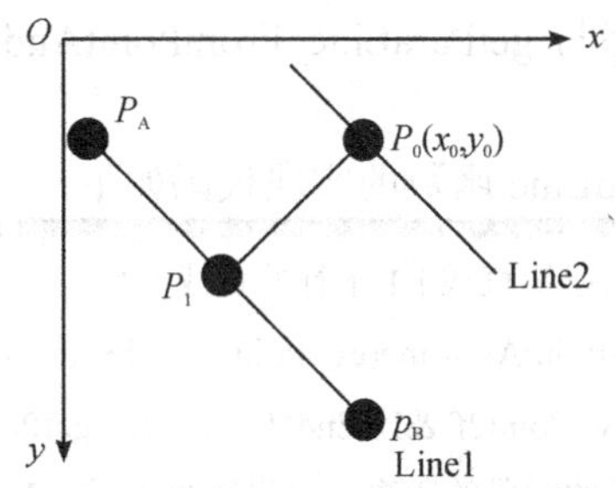

图 4.2.3　求过特定点且与已知直线平行的直线

② 创建一个新的 cv::Vec4i 类型的变量 Line2，用于存储计算得到的平行线。

③ 将 Line1 的起点和终点分别存储到 cv::Point2f 类型的变量 P_A 和 P_B 中。

④ 调用 getFootOfPerpendicular 函数，计算点 P_0 到 Line1 的垂足，将垂足的坐标存储到 cv::Point2f 类型的变量 P_1 中。

⑤ 将点 P_0 的坐标存储到 Line2 的起点坐标。

⑥ 根据垂足的位置，计算平行直线的终点坐标。如果垂足 P_1 与起点 P_A 的距离小于 2，则说明垂足 P_1 靠近起点 P_A，此时可通过垂足 P_1 和终点 P_B 的坐标关系计算平行直线的终点坐标；否则，通过垂足 P_1 和起点 P_A 的坐标关系计算平行直线的终点坐标。

⑦ 返回计算得到的平行直线 Line2。

getParaLine_FromPointAndLine 函数的实现代码如下：

```
//返回过指定点 P0 且与已知线段 Line1 平行的直线 Line2。输入参数：线段 Line1、点 P0
//返回值：Line2
cv::Vec4i getParaLine_FromPointAndLine(cv::Vec4i Line1, cv::Point2f P0){
    //调用 getPoint2LineDis 函数计算点 P0 到直线 Line1 的距离
    if (getPoint2LineDis(Line1, P0) < 0.1){return Line1;}   //P0 在直线 Line1 上，直接返回
    cv::Vec4i Line2; //存储求解结果
    cv::Point2f PA = Point2f(Line1[0], Line1[1]);   //获取起点
    cv::Point2f PB = Point2f(Line1[2], Line1[3]);   //获取终点
    cv::Point2f P1    = getFootOfPerpendicular(P0, PA, PB);   //计算垂足
    Line2[0] = P0.x, Line2[1] = P0.y;
    if (CalDis(P1, PA)<2){   //计算垂足与起点的距离，根据距离计算 Line2 终点坐标
        Line2[2] = PB.x + P0.x - P1.x;
        Line2[3] = PB.y + P0.y - P1.y;
    }else{
        Line2[2] = PA.x + P0.x - P1.x;
        Line2[3] = PA.y + P0.y - P1.y;
    }
    return Line2;//返回 Line2
}
```

(5) getParaLine_FromPointAndLine 函数的作用是返回过指定点 P_0 且与已知直线 L_1 平行的直线 L_2，其基本实现思路与 getParaLine_FromPointAndLine 相同，仅输入参数和输出结果中表达直线的方式不同。

getParaLine_FromPointAndLine 函数的实现代码如下：

```
//返回过指定点 P0 且与已知直线 L1 平行的直线 L2
void getParaLine_FromPointAndLine(cv::Point2f L1Start, cv::Point2f L1End, cv::Point2f P0,
cv::Point2f &L2Start, cv::Point2f &L2End){ //使用 getPoint2LineDis 函数计算点 P0 到由
//L1Start 和 L1End 构成的线段的距离。如果距离小于 0.1，则表示点 P0 在线上，将 L1Start
//和 L1End 赋值给线 L2Start 和 L2End 并返回
if (getPoint2LineDis(cv::Vec4i(L1Start.x, L1Start.y, L1End.x, L1End.y), P0) < 0.1){
        L2Start = L1Start;    L2End = L1End; return;}
    cv::Point2f P1 = getFootOfPerpendicular(P0, L1Start, L1End);  //获取 P0 到线段的垂足
    L2Start = P0;//将点 P0 赋值给 L2Start
//使用函数 CalDis 计算点 P1 到 L1Start 的距离，根据距离计算 L2End
    if (CalDis(P1, L1Start) < 2){ L2End = L1End + P0 - P1;}
else { L2End = L1Start + P0 - P1; }
}
```

(6) getPointOnLineSeg_DistFrom1End 函数可根据给定的线段和距离，计算线段上距离起点一定距离的两个点。

该函数的基本实现思路如下：

① 创建一个 cv::Point2f 类型的变量 vec，用于存储计算得到的向量。

② 计算线段的长度 d_1。

③ 根据线段的起点和终点坐标，计算向量的水平和垂直分量。通过将距离乘以向量的分量与线段长度的比值，得到向量的分量。

④ 根据起点的坐标和向量分量计算两个点的坐标，并将结果存储到 pt 数组中。

getPointOnLineSeg_DistFrom1End 函数的实现代码如下：

```
//在线段 pt1-pt2 上，获取离端点 pt1 指定距离 distance 的点，pt[0]为线段外的点，pt[1]为线
//段内的点
void getPointOnLineSeg_DistFrom1End(cv::Point2f pt[2], cv::Point2f &pt1, cv::Point2f &pt2, float
distance){
    cv::Point2f vec;    //创建一个 cv::Point2f 类型的变量 vec，用于存储计算得到的向量
    float d1 = CalDis(pt1, pt2);  //计算点 pt1 和点 pt2 之间的距离，将结果赋值给变量 d1
    vec.x = distance * (pt1.x - pt2.x) / d1;   //计算向量 vec 的 x 分量
    vec.y = distance * (pt1.y - pt2.y) / d1;   //计算向量 vec 的 y 分量
    //根据向量 vec 的 x 和 y 分量，计算得到点 pt1 到点 pt2 距离为 distance 的两个点的坐
    //标。将计算得到的两个点的坐标赋值给数组 pt 的第一个和第二个元素
    pt[0].x = pt1.x + vec.x;
```

```
    pt[0].y = pt1.y + vec.y;
    pt[1].x = pt1.x - vec.x;
    pt[1].y = pt1.y - vec.y;
}
```

(7) get2Points_DistFrom1Point_onPerpendOrientation 函数可在与给定两点线段的垂直方向上，获取离指定点指定距离的两个点。

该函数的基本实现思路如下：

① 计算线段的水平和垂直方向的差值 dx 和 dy。

② 计算线段的长度 dist。

③ 将差值除以长度，得到单位向量。

④ 根据给定的点、单位向量和距离，计算两个点的坐标。其中，一个点的坐标是在给定点的基础上，沿着垂直方向移动一定距离，另一个点的坐标是在给定点的基础上，沿着水平方向移动一定距离。

⑤ 将计算得到的点的坐标存储到 pt 数组中。

get2Points_DistFrom1Point_onPerpendOrientation 函数的实现代码如下：

```
//在线段 pt1-pt2 垂直方向上，获取离指定点 point 指定距离 distance 的两个点 pt[0]和 pt[1]
void get2Points_DistFrom1Point_onPerpendOrientation(cv::Point2f pt[2], cv::Point2f point,
cv::Point2f &pt1, cv::Point2f &pt2, float distance){
    float dx = pt1.x - pt2.x;  //计算线段水平方向的差值 dx
    float dy = pt1.y - pt2.y;  //计算线段垂直方向的差值 dy
    float dist = sqrt(dx*dx + dy*dy);  //计算线段的长度 dist
    dx /= dist;  //单位向量 dx
    dy /= dist;  //单位向量 dy
    //根据单位向量计算目标点
    pt[0].x = point.x + distance*dy;
    pt[0].y = point.y - distance*dx;
    pt[1].x = point.x - distance*dy;
    pt[1].y = point.y + distance*dx;
}
```

(8) getLineAndRectIntersectPoints 函数可用来计算线段与矩形的交点，如图 4.2.4 所示。

该函数的基本实现思路如下：

① 将交点的坐标初始化为(-1，-1)。

② 创建一个 cv::Vec4i 类型的数组 line1，用于存储矩形的四条边。

③ 遍历矩形的四条边，并使用 getCrossPoint 函数(求两直线交点，定义见 4.2.4 节)计算直线与矩形边的交点。如果交点在矩形内部，则将交点存储到 pt 数组中。

④ 对交点进行排序，使得 pt[0]与线段起点更近。

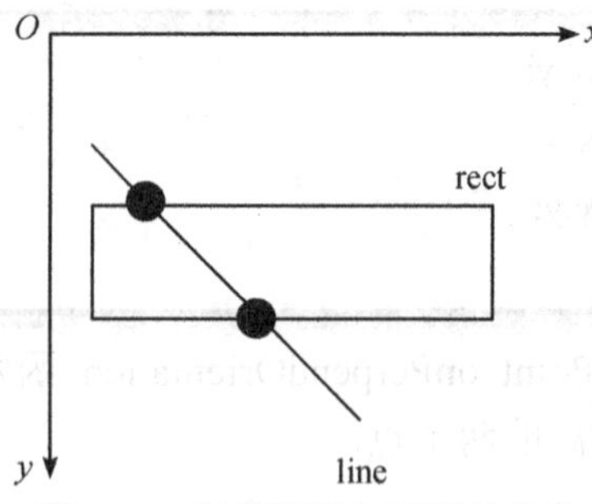

图 4.2.4 计算线段与矩形的交点

getLineAndRectIntersectPoints 函数的实现代码如下：

```
//函数功能：求线段与矩形的交点。输入参数：线段 Line，矩形 rect
void getLineAndRectIntersectPoints(cv::Vec4i Line, cv::Point2f pt[2], cv::Rect rect){
//将交点的坐标初始化为(-1, -1)
    pt[0].x = pt[0].y = pt[1].x = pt[1].y = -1;
    //创建一个 cv::Vec4i 类型的数组 line1, 用于存储矩形的四条边
    cv::Vec4i line1[4];
    line1[0] = cv::Vec4i(rect.x, rect.y, rect.x, rect.y + rect.height - 1);
    line1[1] = cv::Vec4i(rect.x, rect.y, rect.x + rect.width - 1, rect.y);
    line1[2]=cv::Vec4i(rect.x,rect.y+rect.height-1,rect.x+rect.width-1,rect.y+rect.height-1);
    line1[3]=cv::Vec4i(rect.x+rect.width-1,rect.y,rect.x+rect.width-1,rect.y+rect.height-1);

    int num = 0;
    //遍历矩形的四条边
    for (int i = 0; i<4; i++){    //获取直线与矩形边的交点
        cv::Point2f p = getCrossPoint(Line, line1[i]);
        if (rect.contains(p)){    //如果交点在矩形内部，则将交点存储到 pt 数组中
            pt[num++] = p;
        }
    }
//对交点进行排序，使得 pt[0]与直线起点更近，CalDis 函数用于计算两点之间的距离
    if(CalDis(pt[0],cv::Point2f(Line[0],Line[1]))+CalDis(pt[1],cv::Point2f(Line[2],Line[3]))>Cal
Dis(pt[1],cv::Point2f(Line[0],Line[1]))+CalDis(pt[0],cv::Point2f(Line[2],Line[3]))){
        cv::Point2f tmp = pt[0]; pt[0] = pt[1]; pt[1] = tmp;
    }
}
```

(9) checkPointBtw2ParaLine 函数用于判断一个点是否位于两条平行线段之间，如图 4.2.5 所示。

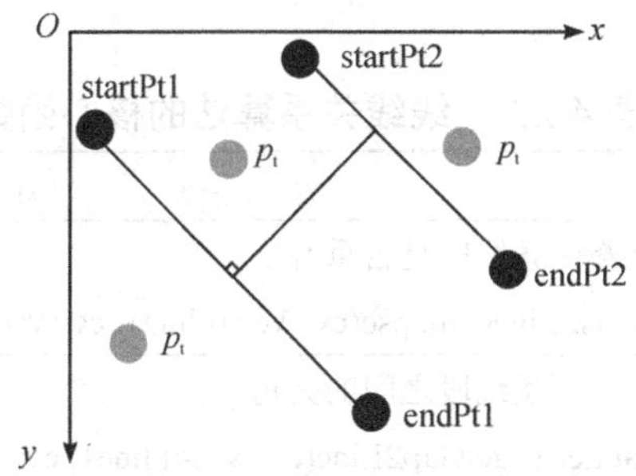

图 4.2.5　判断一个点是否位于两条平行线段之间

checkPointBtw2ParaLine 函数的实现思路如下：

① 创建两个点 p_1 和 p_2，分别表示 p_t 到两条线段的垂足。

② 判断 p_t 到 p_1 的距离是否小于 0.01，如果是，则代表点在线段 1 上，返回 3。

③ 判断 p_t 到 p_2 的距离是否小于 0.01，如果是，则代表点在线段 2 上，返回 4。

④ 判断 p_t 是否在 p_1 和 p_2 之间，通过计算向量的点积来判断。如果在中间，则返回 0。

⑤ 如果 p_t 到 p_1 的距离小于 p_t 到 p_2 的距离，则返回 1；否则，返回 2。如果没有满足条件的情况，则返回 0。

checkPointBtw2ParaLine 函数的实现代码如下：

```
//函数功能：判断一个点是否位于两条平行线段之间
int checkPointBtw2ParaLine(cv::Point2f pt, cv::Point2f startPt1, cv::Point2f endPt1, cv::Point2f
startPt2, cv::Point2f endPt2){
    Point2f p1, p2;  //创建两个点 p1 和 p2，分别表示 pt 到两条线段的垂足
    p1 = getFootOfPerpendicular(pt, startPt1, endPt1);   //计算 pt 到线段 1 的垂足
    p2 = getFootOfPerpendicular(pt, startPt2, endPt2);   //计算 pt 到线段 2 的垂足
    if (CalDis(pt, p1)< 0.01) {return 3;}  //判断 pt 到 p1 的距离是否小于 0.01
    if (CalDis(pt, p2) < 0.01){ return 4; }  //判断 pt 到 p2 的距离是否小于 0.01
//判断 pt 是否在 p1 和 p2 之间
    if ((pt.x - p1.x)*(pt.x - p2.x) + (pt.y - p1.y)*(pt.y - p2.y) < 0){ return 0; }
    else if (CalDis(pt, p1) < CalDis(pt, p2)) { return 1;}
    else{  return 2;}
    return 0;
}
```

4.2.2　线线关系算法

线线关系算法用于判断两条直线之间的关系，常见的算法有判断两条直线是否相交、求两条直线的交点、判断两条线段是否重叠、计算直线与直线的夹角、合并距离相近角度相近的线段、移除较短的线段等。线线关系算法的核心函数如表 4.2.2 所示。

表 4.2.2 线线关系算法的核心函数

序号	函数名	描 述
1	is2LineCollapse	//判断两条线段是否重叠 bool is2LineCollapse(cv::Vec4i line1, cv::Vec4i line2);
2	getAngelGap2Line	//计算两条线段之间的夹角 float getAngelGap2Line(cv::Vec4i line1, cv::Vec4i line2);
3	mergeNearAngleLines	//合并角度相近且距离较近的线段 void mergeNearAngleLines(std::vector<cv::Vec4i> &lines, float angleTh, float disTh, float endPointGapsDis = -1);
4	removeShortLines	//移除长度较短的线段 std::vector<cv::Vec4i> removeShortLines(std::vector<cv::Vec4i> lines, int num);

5	removeShortLines_andTooNearLines	//移除距离过近的短线段并返回一个新的线段向量
		std::vector<cv::Vec4i>
		removeShortLines_andTooNearLines(std::vector<cv::Vec4i> lines, int num, float min_dis);

6	getCrossPoint	//求两条直线的交点 cv::Point2f getCrossPoint(cv::Vec4i LineA, cv::Vec4i LineB);
7	get2ParaLineDistance	//求两条平行线的距离 bool get2ParaLineDistance(cv::Vec4i LineA, cv::Vec4i LineB, float &dis, float para_angle = 5);
8	is2LineSegIntersect	//判断两条线段是否相交 bool is2LineSegIntersect(const cv::Vec4i &LineA, const cv::Vec4i &LineB);
9	getMidLineOf2ParaLines	//返回两条平行线的中心线 cv::Vec4i getMidLineOf2ParaLines(cv::Vec4i LineA, cv::Vec4i LineB);
10	getLineSegLength	//计算并返回线段的长度 float getLineSegLength(cv::Vec4i Line);

11	align2Lines	//使两个线段 LineA 和 LineB 两端对齐，如果没对齐，则修改 LineA 使 LineA
		//和 LineB 两端对齐
		void align2Lines(cv::Vec4i &LineA, const cv::Vec4i &LineB);

12	get2paraLine	//获取与直线 Line 平行且与 Line 距离 dis 的两条直线 void get2paraLine(const cv::Vec4i &Line, cv::Vec4i parLines[2], float dis);

下面分别介绍线线关系算法中各核心函数的具体实现代码。

(1) is2LineCollapse 函数用于判断两条线段是否重叠。该函数的实现思路如下：

① 创建四个向量 ***a***、***b***、***c***、***d***，分别表示两条线段的方向。

② 判断向量 ***a*** 和 ***b*** 的点积是否小于 0，如果是，则表示线段 1 的起点和线段 2 的终点

在一侧，即线段 1 和线段 2 部分重叠，返回 true。

③ 创建两个向量 ***c***、***d***，同样表示两条线段的方向。

④ 判断向量 ***c*** 和 ***d*** 的点积是否小于 0，如果是，则表示线段 1 的终点和线段 2 的起点在一侧，即线段 1 和线段 2 部分重叠，返回 true。

⑤ 创建两个向量 ***e***、***f***，表示两条线段的方向。

⑥ 判断向量 ***e*** 和 ***f*** 的点积是否小于 0，如果是，则表示线段 2 的起点和线段 1 的终点在一侧，即线段 2 和线段 1 部分重叠，返回 true。

⑦ 创建两个向量 ***g***、***h***，同样表示两条线段的方向。

⑧ 判断向量 ***g*** 和 ***h*** 的点积是否小于 0，如果是，则表示线段 2 的终点和线段 1 的起点在一侧，即线段 2 和线段 1 部分重叠，返回 true。

⑨ 如果以上条件都不满足，则表示两条线段不重叠，返回 false。

is2LineCollapse 函数的实现代码如下：

```
//判断两条线段是否重叠
bool is2LineCollapse(cv::Vec4i line1, cv::Vec4i line2){
    //创建四个向量 a、b、c、d，用来表示两条线段的方向
    float a[2] = { line1[0] - line2[0],line1[1] - line2[1] };
    float b[2] = { line1[0] - line2[2],line1[1] - line2[3] };
    //判断向量 a 和 b 的点积是否小于 0
    if (a[0] * b[0] + a[1] * b[1] < 0){return true;}
    //创建两个向量 c、d，用来表示两条线段的方向
    float c[2] = { line1[2] - line2[0],line1[3] - line2[1] };
    float d[2] = { line1[2] - line2[2],line1[3] - line2[3] };
    //判断向量 c 和 d 的点积是否小于 0
    if (c[0] * d[0] + c[1] * d[1] < 0){   return true;}
    //创建两个向量 e、f，用来表示两条线段的方向
    float e[2] = { line2[0] - line1[0],line2[1] - line1[1] };
    float f[2] = { line2[0] - line1[2],line2[1] - line1[3] };
    //判断向量 e 和 f 的点积是否小于 0
    if (e[0] * f[0] + e[1] * f[1] < 0){ return true; }
    //创建两个向量 g、h，用来表示两条线段的方向
    float g[2] = { line2[2] - line1[0],line2[3] - line1[1] };
    float h[2] = { line2[2] - line1[2],line2[3] - line1[3] };
    //判断向量 g 和 h 的点积是否小于 0
    if (g[0] * h[0] + g[1] * h[1] < 0) { return true; }
    return false; //如果以上条件都不满足，则返回 false，表示两条线段不重叠
}
```

(2) getAngelGap2Line 函数用于计算两条线段之间的夹角。该函数的实现代码如下：

```
//函数功能：计算两条线段之间的夹角
float getAngelGap2Line(cv::Vec4i line1, cv::Vec4i line2){
    //使用 atan2 函数计算直线 line1 的斜率，并将结果转换为角度
    float angle1 = atan2((double)line1[3] - line1[1], line1[2] - line1[0]) * 180 / PI;
    //使用 atan2 函数计算直线 line2 的斜率，并将结果转换为角度
    float angle2 = atan2((double)line2[3] - line2[1], line2[2] - line2[0]) * 180 / PI;
    float gap = abs(angle2 - angle1);//计算直线角度差的绝对值
    float angle_gap = gap - floor(gap / 180) * 180;//确保角度差为 0°～180°
        if (angle_gap > 90) angle_gap = 180 - angle_gap;//若角度差大于 90°，则调整角度
    return angle_gap;//返回夹角
}
```

(3) mergeNearAngleLines 函数用于合并角度相近且距离较近的线段。该函数的实现思路如下：

① 使用逆序循环遍历线段集合 lines，从最后一个线段开始。

② 计算当前线段 line1 的一般式方程的参数 A、B 和 C。

③ 使用逆序循环遍历线段集合中位于当前线段 line1 之前的线段 line2。

④ 如果参数 endPointsGapDis 大于 0，表示需要考虑线段端点之间的距离限制。

⑤ 计算当前线段 line1 的端点与线段 line2 的端点之间的距离。

⑥ 计算当前线段 line2 到线段 line1 两个端点的距离。如果两个端点的距离都大于 endPointsGapDis，则进入下一次循环。

⑦ 如果两条线段不重合，且四个端点之间最小距离大于 endPointsGapDis，则进入下一次循环。

⑧ 计算当前线段 line2 到线段 line1 的距离 dis。如果距离大于 disTh，则继续下一次循环。

⑨ 计算当前线段 line1 和线段 line2 之间的角度差。如果角度差小于 angleTh，表示两条线段的角度接近，可以进行合并操作。根据不同的合并情况，计算出合并后的线段，并更新线段集合 lines。

mergeNearAngleLines 函数的实现代码如下：

```
//函数功能：合并角度相近且距离较近的线段
void mergeNearAngleLines(std::vector<cv::Vec4i> &lines, float angleTh, float disTh, float
endPointsGapDis){
    for (int i = lines.size() - 1; i > 0; i--){//使用逆序循环遍历线段集合 lines
        cv::Vec4i line1 = lines[i];
        //计算当前线段 line1 的一般式方程的参数 A、B 和 C
        float A = line1[1] - line1[3];
        float B = line1[2] - line1[0];
        float C = line1[0] * line1[3] - line1[2] * line1[1];
        //使用逆序循环遍历线段集合中位于当前线段 line1 之前的线段 line2
```

```
for (int j = i - 1; j >= 0; j--){
        cv::Vec4i line2 = lines[j];
        if (endPointsGapDis > 0){   //表示需要考虑线段端点之间的距离限制
                float endPtsDis[4];
                //计算当前线段 line1 的端点与线段 line2 的端点之间的距离
                endPtsDis[0] = CalDis(Point(line1[0], line1[1]), Point(line2[0], line2[1]));
                endPtsDis[1] = CalDis(Point(line1[0], line1[1]), Point(line2[2], line2[3]));
                endPtsDis[2] = CalDis(Point(line1[2], line1[3]), Point(line2[0], line2[1]));
                endPtsDis[3] = CalDis(Point(line1[2], line1[3]), Point(line2[2], line2[3]));
                        //计算当前线段 line2 到线段 line1 两个端点的距离
                        float dis1 = getPoint2LineDis(line2, Point(line1[0], line1[1]));
                float dis2 = getPoint2LineDis(line2, Point(line1[2], line1[3]));
                if (dis1 > endPointsGapDis && dis2 > endPointsGapDis){ continue;}
                if (!is2LineCollapse(line1,line2)&&min_element(endPtsDis, endPtsDis + 4)
                  > endPointsGapDis){ continue; }
        }
        //计算当前线段 line2 到线段 line1 的距离
float dis = abs(A*line2[0] + B*line2[1] + C) / sqrt(A*A + B*B);
        if (dis > disTh)    {continue;}
        //计算当前线段 line1 和线段 line2 之间的角度差
float angle_gap = getAngelGap2Line(line1, line2);
        if (angle_gap < angleTh){   //距离近，可以合并
            Point pt[6][2] ={
                Point(line1[0],line1[1]), Point(line1[2],line1[3]),Point(line2[0],line2[1]),
                Point(line2[2],line2[3]), Point(line1[0],line1[1]), Point(line2[0],line2[1]),
              Point(line1[0],line1[1]), Point(line2[2],line2[3]),Point(line1[2],line1[3]),
              Point(line2[0],line2[1]), Point(line1[2],line1[3]), Point(line2[2],line2[3]),};
                int max = -1, num = -1;
                for (int ii = 0; ii < 6; ii++){
                        float len = CalDis(pt[ii][0], pt[ii][1]);
                        if (max < len){ num = ii;max = len; }
                }
                cv::Vec4i line = cv::Vec4i(pt[num][0].x, pt[num][0].y, pt[num][1].x,
                        pt[num][1].y);
                std::vector<cv::Vec4i>::iterator it = lines.begin() + i;
                (*it) = line;
                it = lines.begin() + j;
                lines.erase(it);
```

```
                    break;
                }
            }
        }
    }
```

(4) removeShortLines 函数用于移除长度较短的线段。该函数的基本实现思路如下：

① 如果线段 lines 的数量小于 num，则直接返回 lines，不进行任何处理。

② 否则，创建一个新的线段向量 **remainLines**，用于存储满足条件的线段。初始化长度阈值 remainLen 为-1。创建两个浮点数向量 **len** 和 **len2**，用于存储线段的长度。

③ 使用迭代器遍历 lines 中的每个线段，并计算其长度，将长度存储在 **len** 向量中。

④ 将 **len** 向量中的元素复制到 **len2** 向量中，并对 **len** 排序，实现按长度从小到大排列。

⑤ 将第 num -1 个长度(即第 num 个线段的长度)赋值给 remainLen。

⑥ 定义一个非常小的浮点数 verySmall，用于处理浮点数比较时的精度问题。

⑦ 从后往前遍历 lines 中的每个线段，如果线段的长度大于 remainLen + verySmall，则将该线段添加到 remainLines 中。

⑧ 再次从后往前遍历 lines 中的每个线段，如果线段数量已经达到 num，则跳出循环。

⑨ 如果线段的长度大于 remainLen−verySmall 且小于等于 remainLen + verySmall，则将该线段添加到 remainLines 中。

⑩ 返回新的线段向量 **remainLines**。

removeShortLines 函数的实现代码如下：

```
/*函数功能：移除短线段(将线段按照长度从小到大排序，移除短线段，保留指定数量的长线段。)
输入参数：线段向量 lines、要保存的线段数量 num
返回值：线段向量 remainLines，包含长度大于等于 remainLen 的前 num 个线段。*/
std::vector<cv::Vec4i> removeShortLines(std::vector<cv::Vec4i> lines, int num){
//如果线段 lines 的数量小于 num，则直接返回 lines，不进行任何处理
if (lines.size() < num){ return lines; }
    //创建一个新的线段向量 remainLines，用于存储满足条件的线段
std::vector<cv::Vec4i> remainLines;
    float remainLen = -1;  //长度阈值
    std::vector<float>   len, len2;  //创建两个浮点数向量 len 和 len2，用于存储线段的长度
//使用迭代器遍历 lines 中的每个线段，并计算其长度，将长度存储在 len 向量中
    for (std::vector<cv::Vec4i>::iterator it = lines.begin(); it < lines.end(); it++){
        cv::Vec4i line1 = (*it);
        len.push_back(CalDis(Point(line1[0], line1[1]), Point(line1[2], line1[3])));
    }
len2.assign(len.begin(), len.end());  //将 len 向量中的元素复制到 len2 向量中
```

```
        std::sort(len.begin(), len.end(), cmp);  //排序
        remainLen = len[num - 1];
        const float verySmall = 0.001;   //处理浮点数比较时的精度问题
        for (int i = lines.size() - 1; i >= 0; i--){  //先存大于 remainLen 的情况
            if (len2[i] > remainLen + verySmall){
                std::vector<cv::Vec4i>::iterator it = lines.begin() + i;
                remainLines.push_back(*it);}   //添加线段到 remainLines 末尾
        }
    //再存等于 remainLen 的情况，直到个数够 num 个为止
        for (int i = lines.size() - 1; i >= 0; i--){
            if (remainLines.size() == num){ break; }
            if (len2[i] > remainLen - verySmall && len2[i] <= remainLen + verySmall){
                std::vector<cv::Vec4i>::iterator it = lines.begin() + i;
                remainLines.push_back(*it); }   //添加线段到 remainLines 末尾
        }
        return remainLines;
    }
```

(5) removeShortLines_andTooNearLines 函数用于移除距离过近的短线段，并返回一个新线段向量。新线段向量中包含长度大于等于指定长度且距离大于 min_dis 的前 num 个线段。该函数的实现思路与 removeShortLines 类似，只是在 removeShortLines 基础上添加了距离判断，遍历已有元素，长度符合但与已有元素距离过近的元素会被过滤掉。removeShortLines_andTooNearLines 函数的实现代码如下：

```
/*函数功能：移除距离过近的短线段并返回一个新的线段向量
输入参数：线段向量 lines、线段数量 num、最小距离 min_dis
返回值：一个新的线段向量 remainLines，包含长度大于等于 remainLen 且距离大于 min_dis
的前 num 个线段。*/
std::vector<cv::Vec4i> removeShortLines_andTooNearLines(std::vector<cv::Vec4i> lines, int num,
float min_dis){
    //如果 lines 的数量小于 num，则直接返回 lines，不进行任何处理
    if (lines.size() < num) return lines;
    //创建一个新的线段向量 remainLines，用于存储满足条件的线段
    std::vector<cv::Vec4i> remainLines;
    float remainLen = -1;   //长度阈值
    std::vector<float>   len, len2;   //创建两个浮点数向量 len 和 len2，用于存储线段的长度
    //使用迭代器遍历 lines 中的每个线段，并计算其长度，将长度存储在 len 向量中
    for (std::vector<cv::Vec4i>::iterator it = lines.begin(); it < lines.end(); it++){
        cv::Vec4i line1 = (*it);
```

```
        len.push_back(CalDis(Point(line1[0], line1[1]), Point(line1[2], line1[3]))); //存储线段
    }
    const float verySmall = 0.001;   //处理浮点数比较时的精度问题
    while (num > 0){   //使用循环，直到找到 num 个满足条件的线段
        int maxPosition = max_element(len.begin(), len.end()) - len.begin();   //取最大值位置
        //如果最大值小于 verySmall，则跳出循环，表示没有满足条件的线段
if (len[maxPosition] < verySmall) { break;}
//将最大值对应线段添加到 remainLines，并将位置置 0，表示该线段已被选中
        remainLines.push_back(lines[maxPosition]); len[maxPosition] = 0;
        //遍历 len 向量中的每个元素
        for (int i = 0; i < len.size(); i++){
            float dis = 0;
            if (len[i] > verySmall && get2ParaLineDistance(lines[maxPosition], lines[i], dis)
&& dis < min_dis) {len[i] = 0;}   //计算当前线段与已选中线段的距离，如果当前线段的长度
//大于 verySmall 且距离小于 min_dis，则将当前线段的长度置为 0，表示该线段被过滤掉
        }
        num--;
    }
    return remainLines;   //返回筛选结果
}
```

(6) getCrossPoint 函数用于求两条直线的交点。该函数的基本实现思路如下：

① 计算线段 LineA 的参数 a_1、b_1、c_1，其中 a_1 为 LineA 的 y_2-y_1，b_1 为 LineA 的 x_1-x_2，c_1 为 LineA 的 $x_1*y_2-x_2*y_1$。

② 计算线段 LineB 的参数 a_2、b_2、c_2，其中 a_2 为 LineB 的 y_2-y_1，b_2 为 LineB 的 x_1-x_2，c_2 为 LineB 的 $x_1*y_2-x_2*y_1$。

③ 计算 det，若 det 等于 0，表示两条线段平行或重合，无交点，返回点(-1,-1)。

④ 创建变量 crossPoint，用于存储交点的坐标。根据克莱姆法则计算交点的 x 坐标和 y 坐标，最后返回 crossPoint。

getCrossPoint 函数的实现代码如下：

```
//函数功能：求两个线段的交点。输入线段 LineA 和 LineB，返回交点
cv::Point2f getCrossPoint(cv::Vec4i LineA, cv::Vec4i LineB){
    //计算线段 LineA 的一般式方程的参数 a1、b1、c1
    float a1 = LineA[3] - LineA[1];
    float b1 = LineA[0] - LineA[2];
    float c1 = LineA[0] * LineA[3] - LineA[2] * LineA[1];
    //计算线段 LineB 的一般式方程的参数 a2、b2、c2
    float a2 = LineB[3] - LineB[1];
```

```
    float b2 = LineB[0] - LineB[2];
    float c2 = LineB[0] * LineB[3] - LineB[2] * LineB[1];
    float det = a1*b2 - a2*b1;
    if (det == 0) return cv::Point2f(-1, -1);
    cv::Point2f crossPoint;
    crossPoint.x = (c1*b2 - c2*b1) / det;
    crossPoint.y = (a1*c2 - a2*c1) / det;
    return crossPoint;   //返回交点的坐标 crossPoint
}
```

(7) get2ParaLineDistance 函数用于求两条平行线的距离。该函数的基本实现思路如下：

① 计算线段 LineA 的参数 A_1、B_1、C_1，其中 A_1 为 LineA 的 y_1-y_2，B_1 为 LineA 的 x_2-x_1，C_1 为 LineA 的 $x_1*y_2-x_2*y_1$。

② 计算线段 LineB 的参数 A_2、B_2、C_2，其中 A_2 为 LineB 的 y_1-y_2，B_2 为 LineB 的 x_2-x_1，C_2 为 LineB 的 $x_1*y_2-x_2*y_1$。

③ 使用 getAngelGap2Line 函数计算两条线段的夹角，若夹角大于 para_angle，则返回 false，表示两条直线不平行。

④ 计算线段 LineA 的中点坐标 midA，其中 x 坐标为(LineA[0] + LineA[2]) / 2，y 坐标为(LineA[1] + LineA[3]) / 2。

⑤ 计算线段 LineB 到线段 LineA 的距离，公式为：abs(A_2*midA.x + B_2*midA.y + C_2) / sqrt(A_2*A_2 + B_2*B_2)。

⑥ 将距离值赋给引用参数 dis，返回 true，表示距离计算成功。

get2ParaLineDistance 函数的实现代码如下：

```
/*函数功能：求两条平行线的距离*/
/*输入：两条 cv::Vec4i 类型线段*/
/*返回：若平行(夹角小于 para_angle)，则返回 true，dis 为两条直线间距离；否则，返回 false*/
bool get2ParaLineDistance(cv::Vec4i LineA, cv::Vec4i LineB, float &dis, float para_angle){
    dis = 0;
    float A1 = LineA[1] - LineA[3];   //计算线段 LineA 的参数 A1、B1、C1
    float B1 = LineA[2] - LineA[0];
    float C1 = LineA[0] * LineA[3] - LineA[2] * LineA[1];
    float A2 = LineB[1] - LineB[3];   //计算线段 LineB 的参数 A2、B2、C2
    float B2 = LineB[2] - LineB[0];
    float C2 = LineB[0] * LineB[3] - LineB[2] * LineB[1];
    //计算两条线段的夹角,若夹角大于 para_angle，则返回 false
    if (getAngelGap2Line(LineA, LineB) > para_angle){ return false; }
    else{
        Point2f midA((LineA[0] + LineA[2]) / 2, (LineA[1] + LineA[3]) / 2);
```

```
            dis = abs(A2*midA.x + B2*midA.y + C2) / sqrt(A2*A2 + B2*B2);
            return true;
        }
    }
```

(8) is2LineSegIntersect 函数用于判断两条线段是否相交。

该函数的实现思路如下：

① 判断两线段在 *X*/*Y* 坐标是否存在没有交集的情况，若有，则返回 false。

② 通过两个向量叉乘结果的符号是否相同，判断线段 2 的两个端点是否在线段 1 的同一侧，如在同一侧，则返回 false。

③ 通过两个向量叉乘结果的符号是否相同，判断线段 1 的两个端点是否在线段 2 的同一侧，如在同一侧，则返回 false。

④ 否则，两个线段相交，返回 true。

is2LineSegIntersect 函数的实现代码如下：

```
//函数功能：判断两条线段是否相交
bool is2LineSegIntersect(const cv::Vec4i &LineA, const cv::Vec4i &LineB){
    if (max(LineA[0], LineA[2]) < min(LineB[0], LineB[2])){ return false; } //X 轴坐标无交集
    if (max(LineA[1], LineA[3]) < min(LineB[1], LineB[3])){ return false; } //Y 轴坐标无交集
    if (max(LineB[0], LineB[2]) < min(LineA[0], LineA[2])){ return false; } //X 轴坐标无交集
    if (max(LineB[1], LineB[3]) < min(LineA[1], LineA[3])){ return false; } //Y 轴坐标无交集
if(cross_mult(cv::Point2f(LineB[0],      LineB[1]),      cv::Point2f(LineA[2],      LineA[3]),
cv::Point2f(LineA[0],          LineA[1]))*cross_mult(cv::Point2f(LineA[2],          LineA[3]),
cv::Point2f(LineB[2], LineB[3]), cv::Point2f(LineA[0], LineA[1])) < 0) return false;//通过两个向
//量叉乘结果的符号是否相同，判断线段 2 的两个端点是否在线段 1 的同一侧
if    (cross_mult(cv::Point2f(LineA[0],      LineA[1]),      cv::Point2f(LineB[2],      LineB[3]),
cv::Point2f(LineB[0],          LineB[1]))*cross_mult(cv::Point2f(LineB[2],          LineB[3]),
cv::Point2f(LineA[2], LineA[3]), cv::Point2f(LineB[0], LineB[1])) < 0) return false;//通过两个向
//量叉乘结果的符号是否相同，判断线段 1 的两个端点是否在线段 2 的同一侧
return true;
}

//向量叉积 ac×bc
double cross_mult(cv::Point2f a, cv::Point2f b, cv::Point2f c){
    return (a.x - c.x)*(b.y - c.y) - (b.x - c.x)*(a.y - c.y);
}
```

(9) getMidLineOf2ParaLines 函数用于返回两条平行线的中心线。该函数的实现思路如下：

① 创建变量 lin1 和 lin2，分别表示由 LineA 和 LineB 的起点和终点构成的线段。

② 使用 is2LineSegIntersect 函数判断两个线段是否相交。

③ 如果线段相交，则返回两个线段的中点坐标，即(LineA[0] + LineB[2], LineA[1] + LineB[3], LineB[0] + LineA[2], LineB[1] + LineA[3]) / 2。

④ 如果线段不相交，则返回两个线段的起点和终点坐标的平均值，即(LineA[0] + LineB[0], LineA[1] + LineB[1], LineB[2] + LineA[2], LineB[3] + LineA[3]) / 2。

getMidLineOf2ParaLines 函数的实现代码如下：

```
//函数功能：返回两条平行线的中心线
cv::Vec4i getMidLineOf2ParaLines(cv::Vec4i LineA, cv::Vec4i LineB){
    cv::Vec4i lin1(LineA[0], LineA[1], LineB[0], LineB[1]);
    cv::Vec4i lin2(LineA[2], LineA[3], LineB[2], LineB[3]);
    if (is2LineSegIntersect(lin1, lin2)){   //判断两个线段是否相交
        return cv::Vec4i(LineA[0] + LineB[2], LineA[1] + LineB[3], LineB[0] + LineA[2],
LineB[1] + LineA[3]) / 2;
    }else{
        return cv::Vec4i(LineA[0] + LineB[0], LineA[1] + LineB[1], LineB[2] + LineA[2],
LineB[3] + LineA[3]) / 2; }
}
```

(10) getLineSegLength 函数用于计算并返回线段的长度。

该函数的实现思路。由输入线段创建两个 cv::Point2f 类型的变量 A 和 B，分别表示线段 Line 的起点和终点，使用 CalDis 函数计算起点和终点的距离。CalDis 函数使用公式 $d = (x_2-x_1)^2 + (y_2-y_1)^2$ 计算任意两点(x_1，y_1)、(x_2，y_2)之间的距离 d。

getLineSegLength 函数的实现代码如下：

```
//函数功能：计算并返回线段的长度
float getLineSegLength(cv::Vec4i Line){
    Point2f A(Line[0], Line[1]);Point2f B(Line[2], Line[3]);
    return CalDis(A, B);   //调用函数计算距离
}
//函数功能：计算两个点之间的距离
float CalDis(Point2f &pt1, Point2f &pt2){
    return sqrt(pow((pt1.x - pt2.x), 2) + pow((pt1.y - pt2.y), 2));    //使用公式计算距离
}
```

(11) align2Lines 函数用于使两个线段 LineA 与 LineB 两端对齐。该函数的实现思路如下：

① 创建四个变量 a_1、a_2、b_1 和 b_2，分别表示线段 LineA 和 LineB 的起点和终点。

② 使用 CalDis 函数计算两个线段的不同组合的距离和。

③ 如果 CalDis(a_1，b_2) + CalDis(a_2，b_1)小于 CalDis(a_1，b_1) + CalDis(a_2，b_2)，则交换 LineA 的起点和终点的坐标。交换完成后，LineA 的起点和终点坐标已经对齐。

align2Lines 函数的实现代码如下：

```
//函数功能：使两个线段对齐，如果没对齐，则修改 LineA 使 LineA 和 LineB 两端对齐
void align2Lines(cv::Vec4i &LineA, const cv::Vec4i &LineB){
    cv::Point2f a1(LineA[0], LineA[1]), a2(LineA[2], LineA[3]);
    cv::Point2f b1(LineB[0], LineB[1]), b2(LineB[2], LineB[3]);
    if (CalDis(a1, b2) + CalDis(a2, b1) < CalDis(a1, b1) + CalDis(a2, b2)){
        float tmp = LineA[0]; LineA[0] = LineA[2]; LineA[2] = tmp;
        tmp = LineA[1]; LineA[1] = LineA[3]; LineA[3] = tmp;
    }
}
```

(12) get2paraLine 函数用于获取与直线 Line 平行且与 Line 距离 dis 的两条直线。该函数的实现思路如下：

① 创建变量 vec，用于表示平行线的方向向量。

② 创建两个变量 pt_1 和 pt_2，分别表示线段 Line 的起点和终点。

③ 计算线段的长度 d_1，即起点和终点之间的距离。

④ 计算平行线的方向向量的 x 和 y 分量。

⑤ 根据平行线的方向向量和起点坐标，计算平行线的两个点的坐标。

⑥ 函数执行完毕，返回平行线的两个线段 parLines。

get2paraLine 函数的实现代码如下：

```
//获取与直线 Line 平行且与 Line 距离 dis 的两条直线
void get2paraLine(const cv::Vec4i &Line, cv::Vec4i parLines[2], float dis){
    cv::Point2f vec;
    cv::Point2f pt1(Line[0], Line[1]), pt2(Line[2], Line[3]);
    float d1 = CalDis(pt1, pt2);   //计算线段的长度 d1
    vec.y = -1 * dis * (pt1.x - pt2.x) / d1;
    vec.x = dis * (pt1.y - pt2.y) / d1;
    //计算平行线的方向向量的 x 和 y 分量
    parLines[0][0] = pt1.x + vec.x;
    parLines[0][1] = pt1.y + vec.y;
    parLines[1][0] = pt1.x - vec.x;
    parLines[1][1] = pt1.y - vec.y;
    //根据平行线的方向向量和终点坐标，计算平行线的两个点的坐标
    parLines[0][2] = pt2.x + vec.x;
    parLines[0][3] = pt2.y + vec.y;
    parLines[1][2] = pt2.x - vec.x;
    parLines[1][3] = pt2.y - vec.y;
}
```

4.2.3　其他几何关系算法

在柔性视觉检测系统中，除了点线关系算法和线线关系算法，还有其他几何关系的算法，常见的算法有判断一个点是否在一个多边形内部、判断一个点是否在一个圆内部等，其核心函数如表 4.2.3 所示。

表 4.2.3　其他几何关系算法的核心函数

序号	函数名	描　述
1	RotateAndScaleImage	//旋转和缩放图像 void RotateAndScaleImage(cv::Mat &img, cv::Mat &img_rotate, double degree, double scale, int flags, CvScalar color);
2	RotateImage	//旋转图像 void RotateImage(cv::Mat& img, cv::Mat &img_rotate, int degree, double scale = 1.0);
3	RotatePt	//计算将原始点 pt_1 绕着固定点 pt_0 旋转指定角度后的位置坐标 void RotatePt(cv::Point2f &pt1, cv::Point2f &pt0, float angle, cv::Point2f &pt);
4	GetRotatedImageSize	//计算旋转后图像的大小 void GetRotatedImageSize(int rows, int cols, double degree, int &rowsRotated, int &colsRotated);
5	JustifyAngle	//将角度纠正到 0～360° void JustifyAngle_1(float &angle);
6	CalGravityCenter	//计算二值图像中指定像素值的重心坐标 cv::Point2f CalGravityCenter(cv::Mat &label, uchar value);
7	removePointsInConvexPolygon	//将凸多边形内的像素点设置为指定的像素值 void removePointsInConvexPolygon(cv::Mat &img, std::vector<cv::Point> contour, uchar value = 0);

下面分别介绍上述七种其他几何关系算法的核心函数的具体实现代码。

(1) RotateAndScaleImage 函数用于旋转和缩放图像。该函数的实现思路如下：

① 定义旋转中心为图像中心，即图像宽度的一半和图像高度的一半。

② 创建一个长度为 6 的浮点数组 m，用于存储旋转的仿射变换矩阵。

③ 创建一个 2 × 3 的 CV_32F 类型的矩阵 ***M***，用于存储仿射变换矩阵。

④ 调用 OpenCV 的函数 cv2DRotationMatrix 计算二维旋转的仿射变换矩阵，参数包括旋转中心、旋转角度、缩放比例和输出的仿射变换矩阵。

⑤ 创建一个与原图像 img 尺寸相同的图像 img_rotate。

⑥ 调用 OpenCV 的函数 cvWarpAffine 进行图像变换。

RotateAndScaleImage 函数的实现代码如下：

```
//逆时针旋转图像 degree 角度(原尺寸)
void RotateAndScaleImage(Mat &img, Mat &img_rotate, double degree, double scale, int flags,
CvScalar color){
    //设置旋转中心为图像中心，即图像宽度的一半和图像高度的一半
    CvPoint2D32f center;//定义中心
    center.x = 0.5F * (img.cols - 1);
    center.y = 0.5F * (img.rows - 1);
    //计算二维旋转的仿射变换矩阵
    float m[6];
    CvMat M = cvMat(2, 3, CV_32F, m);
//调用函数 cv2DRotationMatrix 计算二维旋转的仿射变换矩阵
    cv2DRotationMatrix(center, degree, scale, &M);    //变换图像，并用黑色填充其余值
    img_rotate.create(img.size(), img.type());  //创建一个与原图像 img 尺寸相同的图像
   //调用 OpenCV 的函数 cvWarpAffine 进行图像变换。参数包括输入图像、输出图像、仿
   //射变换矩阵、插值方法和填充颜色。这里使用的是 IplImage 类型的图像，需要通过
   //&cvIplImage 进行类型转换
    cvWarpAffine(&cvIplImage(img), &cvIplImage(img_rotate), &M, flags, color);
}
```

(2) RotateImage 函数用于实现图像旋转。该函数的实现思路如下：

① 将角度转换为弧度，乘以 CV_PI(π)除以 180。

② 定义变量 a 和 b，分别为 sin(angle)和 cos(angle)，即旋转角度的正弦和余弦值。

③ 获取原图像的宽度和高度。

④ 计算旋转后图像的宽度和高度。

⑤ 创建一个 2 × 3 的 CV_32F 类型的矩阵 map_matrix，用于存储仿射变换矩阵。

⑥ 定义旋转中心为图像中心，即宽度的一半和高度的一半。

⑦ 调用 OpenCV 的函数 cv2DRotationMatrix 计算二维旋转的仿射变换矩阵。

⑧ 更新仿射变换矩阵的平移部分，使旋转后的图像能够居中显示。

⑨ 创建一个宽度为 width_rotate、高度为 height_rotate 的图像，类型与原图像相同。

⑩ 调用 OpenCV 的函数 cvWarpAffine 进行图像变换。

RotateImage 函数的实现代码如下：

```
//函数功能：旋转图像，内容不变
void RotateImage(Mat& img, Mat &img_rotate, int degree, double scale){
    double angle = degree   * CV_PI / 180.;  //将角度转换为弧度
    double a = sin(angle), b = cos(angle);  //计算旋转角度的正弦和余弦值
    int width = img.cols; int height = img.rows; //获取原图像的宽度和高度
    int width_rotate = int(height * fabs(a) + width * fabs(b));  //计算旋转后图像的宽度
    int height_rotate = int(width * fabs(a) + height * fabs(b)); //计算旋转后图像的高度
```

```
        float map[6];
        CvMat map_matrix = cvMat(2, 3, CV_32F, map);   //定义仿射变换矩阵
        CvPoint2D32f center = cvPoint2D32f(width / 2, height / 2);   //计算旋转中心
        //计算二维旋转的仿射变换矩阵,参数包括旋转中心、旋转角度、缩放比例和输出的仿射
        //变换矩阵
        cv2DRotationMatrix(center, degree, scale, &map_matrix);
        map[2] += (width_rotate - width) / 2;   //更新仿射变换矩阵的平移部分
        map[5] += (height_rotate - height) / 2;
        img_rotate.create(cvSize(width_rotate, height_rotate), img.type());   //创建旋转后的图像
        //调用 OpenCV 的函数 cvWarpAffine 进行图像变换，参数包括输入图像、输出图像、仿
        //射变换矩阵、插值方法和边界填充颜色。这里使用的是 IplImage 类型的图像，需要通
        //过&cvIplImage 进行类型转换
    cvWarpAffine(&cvIplImage(img), &cvIplImage(img_rotate), &map_matrix,
    CV_INTER_LINEAR | CV_WARP_FILL_OUTLIERS, cvScalarAll(0));
    }
```

(3) RotatePt 函数用于计算将原始点 pt_1 绕着固定点 pt_0 旋转指定角度后的位置坐标。RotatePt 函数的实现代码如下：

```
    //函数功能：将原始点 pt1 绕着 pt0 旋转 angle 角度,计算旋转后的点 pt 的 x、y 坐标
    void RotatePt(Point2f &pt1, Point2f &pt0, float angle, Point2f &pt){
        float l_angle = CV_PI * angle / 180;//将角度转换为弧度，乘以 CV_PI(π)除以 180
        //使用旋转矩阵公式，将原始点 pt1 绕着 pt0 旋转 angle 角度,计算旋转后的点 pt 坐标
        pt.x = (pt1.x - pt0.x) * cos(l_angle) - (pt1.y - pt0.y) * sin(l_angle) + pt0.x;
        pt.y = (pt1.x - pt0.x) * sin(l_angle) + (pt1.y - pt0.y) * cos(l_angle) + pt0.y;
    }
```

(4) GetRotatedImageSize 函数用于计算旋转后图像的大小。GetRotatedImageSize 函数的实现代码如下：

```
    //函数功能：计算旋转后图像的大小
    void GetRotatedImageSize(int halfRows, int halfCols, double degree, int &halfRowsRotated, int
    &halfColsRotated){
        Point2f l_pt1(halfRows, halfCols);   //定义点 l_pt1
        Point2f l_pt2(halfRows, -halfCols);   //定义点 l_pt2
        Point2f l_pt1Rotated, l_pt2Rotated;   //定义两个点用于存储旋转后的点
        RotatePt(l_pt1, Point2f(0, 0), degree, l_pt1Rotated);   //将 l_pt1 绕着原点旋转 degree 角度
        RotatePt(l_pt2, Point2f(0, 0), degree, l_pt2Rotated);   //将 l_pt2 绕着原点旋转 degree 角度
        //计算旋转后图像的半行数和半列数。取 l_pt1Rotated.x 和 l_pt2Rotated.x 的绝对值的最
        //大值作为半行数，取 l_pt1Rotated.y 和 l_pt2Rotated.y 的绝对值的最大值作为半列数
```

```
    halfRowsRotated = max(abs(l_pt1Rotated.x), abs(l_pt2Rotated.x));
        halfColsRotated = max(abs(l_pt1Rotated.y), abs(l_pt2Rotated.y));
    }
```

(5) JustifyAngle 函数用于角度调整,将角度纠正为 0～360°。JustifyAngle 函数的实现代码如下：

```
/*函数功能：角度调整,将角度纠正为 0～360°。如果角度小于 0 且大于等于-360°，则加上 360°；如果角度小于-360°，则加上 720°；如果角度大于等于 360°且小于 720°，则减去 360°；如果角度大于等于 720°，则减去 720°。*/
void JustifyAngle_1(float &angle){
    if (angle < 0.0 && angle >= -360.0)    angle += 360.0;
    else if (angle < -360.0) angle += 720.0;
    else if (angle >= 360.0 && angle < 720.0) angle -= 360.0;
    else if (angle >= 720.0) angle -= 720.0;
}
```

(6) CalGravityCenter 函数用于计算二值图像中指定像素值的重心坐标。

该函数的实现思路如下：

① 创建变量 l_result，用于存储计算得到的重心坐标，初始化为(0.0F, 0.0F)。

② 创建一个整型变量 num，用于记录指定像素值的像素数量，初始化为 0。

③ 使用双重循环遍历二值图像的每个像素。

④ 判断当前像素的值是否等于指定的前景像素值。如果相等，将 num 加 1，同时更新重心坐标的 x 和 y 分量，分别加上当前像素的列坐标 j 和行坐标 i。

⑤ 如果 num 大于 0，表示存在指定像素值的像素，将重心坐标的 x 分量除以 num，得到平均列坐标。将重心坐标的 y 分量除以 num，得到平均行坐标。返回计算得到的重心坐标 l_result。

CalGravityCenter 函数的实现代码如下：

```
//函数功能：函数接受一个二值图像 label 和一个像素值 value，并返回一个 Point2f 类型的重心
Point2f CalGravityCenter(Mat &label, uchar value){
    Point2f l_result(0.0F, 0.0F);   //创建变量 l_result，用于存储计算得到的重心坐标
    int num = 0;   //创建变量 num，用于记录指定像素值的像素数量
    for (int i = 0; i < label.rows; i++){   //使用双重循环遍历二值图像的每个像素
        for (int j = 0; j < label.cols; j++){
            if (value == label.at<uchar>(i, j)){ //判断当前像素的值是否等于指定的像素值
                num++;    //如果相等，将 num 加 1
l_result.x += j;l_result.y += i;   //同时更新重心坐标的 x 和 y 分量
            }
        }
```

```
    }
    if (num > 0){ l_result.x /= num; l_result.y /= num;}    //计算得到的重心坐标
    return l_result;
}
```

(7) removePointsInConvexPolygon 函数用于将凸多边形内的像素点设置为指定的像素值，其实现思路是将凸多边形内的区域进行填充。removePointsInConvexPolygon 函数的实现代码如下：

```
//函数功能：将凸多边形内的像素点设置为指定的像素值
void removePointsInConvexPolygon(cv::Mat &img, vector<cv::Point> contour, uchar value){
    vector<vector<Point>> contours;   //创建一个存储轮廓的二维点向量 contours
    contours.push_back(contour);   //将传入的凸多边形轮廓 contour 添加到 contours 中，以
//便进行绘制
    drawContours(img, contours, 0, value, -1);   //调用 OpenCV 的 drawContours 函数，将指定
//的像素值 value 绘制在 img 上。使用 contours 中的第一个轮廓(索引为 0)，绘制填充轮廓
}
```

4.3　连通域分析算法

数字图像的最小构成单位是像素，一幅图像即一个由像素构成的矩阵，二值图像指矩阵的每个像素只有两种可能的取值(通常为 0 和 255)，连通域是指图像中具有相同像素值且相互之间有至少一条通路连接的像素集合，连通域分析是指获取图像中的连通域分布情况，并分析各连通区域的属性，如面积、重心、周长、最小外接矩形等几何特征。连通域分析获取的属性或特征描述了检测目标的数量、位置、形状、方向和大小等信息，在机器视觉检测中广泛应用于瑕疵检测、目标计数、字符分割提取、感兴趣目标区域提取等方面。

4.3.1　算法功能与原理

一个像素的邻近像素组成该像素的邻域，常用的像素邻域类型为 4 邻域和 8 邻域(后者使用更加广泛)，如图 4.3.1 所示。坐标为(a, b)的像素 p 的上、下、左、右共 4 个近邻像素组成 p 的 4 邻域，记为 $N_4(p)$，这些邻近像素的坐标分别是$(a+1, b)$，$(a-1, b)$，$(a, b+1)$，$(a, b-1)$。像素 p 的 4 个 4 邻域像素加上 4 个对角(左上、右上、左下、右下)的近邻像素即组成像素 p 的 8 邻域，记为 $N_8(p)$，其中，4 个对角邻近像素的坐标分别是$(a+1, b+1)$，$(a+1, b-1)$，$(a-1, b+1)$，$(a-1, b-1)$。

如果两个像素 p 和 q 在各自的某种邻域中(如 4 邻域或 8 邻域等)，则称像素 p 和像素 q 满足邻接关系。如果两个像素 p 和 q 是邻接的且灰度值相等，则称 p 和 q 满足连接关系。

根据像素间的连接关系，如果像素 p 能够通过一条通路达到像素 q，则像素 p 和 q 是连通的。相互连通的所有像素的集合构成一个连通域。

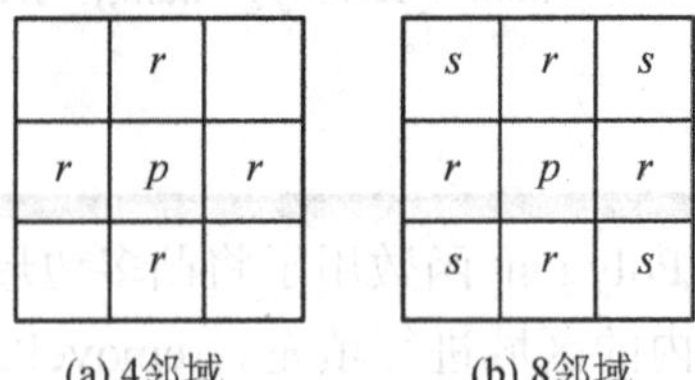

图 4.3.1　像素的邻域

基于以上像素之间的连通关系，遍历图像以获取各个连通域，其间完成以下操作：

(1) 如果找到像素值为前景(默认为 255)的像素点，则将当前像素 p 所在位置(x, y)加入队列 Q，并将该像素 p 置为背景点(默认为 0)。

(2) 若队列 Q 非空，则将队列 Q 的首个元素 t 出队，并将 t 加入连通域 a 中。

(3) 将 t 所有邻域中的前景像素(默认为 255)的位置加入队列 Q 中，并将它们置为背景点，返回步骤(2)。

(4) 将连通域 a 加入返回连通域集合 areas 中，返回(1)，并继续进行图像遍历操作。

4.3.2　算法实现关键

连通域分析算法实现的关键是两个核心函数，即连通域提取函数 getContinousArea 和 8 邻域处理函数 set_un_label。下面分别介绍这两个函数的实现代码。

(1) 连通域提取函数 getContinousArea：通过遍历一次图像，实现由指定前、背景色的二值图 bwImg 中提取连通域集合 areas。本书采用先进先出的队列结构(广度优先搜索方法)，也可以采用先进后出的堆栈结构(深度优先搜索方法)实现。

连通域提取函数 getContinousArea 的实现代码如下：

```
//连通域提取函数，bwImg—输入二值图，areas—连通域输出结果集合，value—前景，value2—
//背景
void getContinousArea(const Mat &bwImg, vector<vector<Point>> &areas, uchar value, uchar
value2){
assert(bwImg.type() == CV_8UC1);     //输入图像必须为单通道
Mat label = bwImg.clone();     //避免修改输入图像
areas.clear();     //清空结果
queue<Point> queue_points;     //点队列 Q

for (int i = 0; i < label.rows; i++) {     //遍历图像
    for (int j = 0; j < label.cols; j++) {
        if (value == label.at<uchar>(i, j)) {     //如果为前景点
            vector<Point> area; //单个连通域 a
            queue_points.push(Point(j, i));     //将第一个点加入队列 Q
```

```
                label.at<uchar>(i, j) = value2;   //将 P 所在位置点置为背景
                while (queue_points.size() > 0) {   //执行广度优先搜索获得连通域 a
                    Point p = queue_points.front();   //取出队列 Q 第一个点 P
                    area.push_back(p);   //将该点 P 存入连通域 a
                    queue_points.pop();   //删除队列 Q 第一个点 P
                    //把点 P 的 8 邻域中的前景点加入队列 Q，并置为背景
                    set_un_label(p.y, p.x, label, queue_points, value, value2);
                }
                areas.push_back(area);   //把连通域 a 存入结果集合 areas 中
            }
        }
    }
}
```

(2) 8 邻域处理函数 set_un_label：在当前的二值图中寻找 8 领域为前景的像素，将该像素所在位置加入队列 Q，并将该像素置为背景点。本函数只需稍作修改(删除后 4 个 if 语句)即可得到 4 邻域的处理函数。

8 邻域处理函数 set_un_label 的实现代码如下：

```
//8 邻域处理函数，把点 P(i,j)的 8 邻域中的前景点(灰度值为 value)加入队列 queue_points，
//并将 uk_lable 对应位置置为背景(value2)
void set_un_label(int i, int j, Mat& uk_lable, queue<Point>& queue_points, uchar value, uchar
value2){
  if (i - 1 >= 0 && uk_lable.at<uchar>(i - 1, j) == value) {   //若 P(i,j)上方点 P 为前景点
    queue_points.push(Point(j, i - 1));   //将点 P 加入队列 queue_points
    uk_lable.at<uchar>(i - 1, j) = value2;   //将 P 所在位置点置为背景
  }
  if (j - 1 >= 0 && uk_lable.at<uchar>(i, j - 1) == value) {//左方点
    queue_points.push(Point(j - 1, i));
    uk_lable.at<uchar>(i, j - 1) = value2;
  }
  if (i + 1 <= uk_lable.rows - 1 && uk_lable.at<uchar>(i + 1, j) == value) {   //下方点
    queue_points.push(Point(j, i + 1));
    uk_lable.at<uchar>(i + 1, j) = value2;
  }
  if (j + 1 <= uk_lable.cols - 1 && uk_lable.at<uchar>(i, j + 1) == value) {   //右方点
    queue_points.push(Point(j + 1, i));
    uk_lable.at<uchar>(i, j + 1) = value2;
  }
```

```
        if (i - 1 >= 0 && j - 1 >= 0 && uk_lable.at<uchar>(i - 1, j - 1) == value) {   //左上方点
          queue_points.push(Point(j - 1, i - 1));
          uk_lable.at<uchar>(i - 1, j - 1) = value2;
        }
    if (i + 1 <= uk_lable.rows - 1 && j + 1 <= uk_lable.cols - 1 && uk_lable.at<uchar>(i +     1, j + 1)
    == value) {   //右下方点
            queue_points.push(Point(j + 1, i + 1));
            uk_lable.at<uchar>(i + 1, j + 1) = value2;
        }
    if (i + 1 <= uk_lable.rows - 1 && j - 1 >= 0 && uk_lable.at<uchar>(i + 1, j - 1) == value) { //左下
    方点
            queue_points.push(Point(j - 1, i + 1));
            uk_lable.at<uchar>(i + 1, j - 1) = value2;
        }
    if (i - 1 >= 0 && j + 1 <= uk_lable.cols - 1 && uk_lable.at<uchar>(i - 1, j + 1) == value) { //右上
    方点
            queue_points.push(Point(j + 1, i - 1));
            uk_lable.at<uchar>(i - 1, j + 1) = value2;
        }
    }
```

4.3.3 拓展功能函数

基于连通域提取函数，可实现过滤指定面积(filterContinousArea1 函数)或按面积大小指定排名(filterContinousArea 函数)的连通域，也可以获取面积不小于指定值的连通域及各连通域的重心(findContinousArea_getCenters 函数)，下面介绍以上各功能函数的具体实现代码。

(1) filterContinousArea1 函数：修改原二值图，仅保留面积在指定区间的连通域。

该函数的实现思路如下：

① 遍历所获取连通域并获得各连通域的大小；

② 遍历面积不在指定范围内的连通域，将其所有像素置为背景。

该函数虽然实现上比较简单但很常用，主要用于排除小的噪声及其他面积与目标相差较大的对象干扰。

filterContinousArea1 函数的实现代码如下：

```
//连通域过滤，保留面积大于等于 minPix 且小于等于 maxPix 的连通域，输入输出都是 bwImg
void filterContinousArea1(cv::Mat &bwImg, int minPix, int maxPix, uchar value, uchar value2){
  //(1)获取连通区域
  vector<vector<Point>> l_areas;
  getContinousArea(bwImg, l_areas, value, value2);
```

```
    //(2)获取各连通域大小
    int l_areas_size = l_areas.size();
    vector<int> l_sizes;
    l_sizes.resize(l_areas_size);
    for (int i = 0; i < l_areas_size; i++)
      l_sizes[i] = l_areas[i].size();  //获取各连通域大小

    //(3)删除面积在设定阈值之外的连通域
    for (int j = 0; j < l_areas_size; j++)
      if (l_areas[j].size() < minPix || l_areas[j].size() > maxPix) //面积在设定阈值之外
        for (int k = 0; k < l_areas[j].size(); k++)
          bwImg.at<unsigned char>(l_areas[j][k].y, l_areas[j][k].x) = value2; //置为背景
}
```

(2) filterContinousArea 函数：修改原二值图，仅保留面积排名较大的 topNum 个连通域。

该函数的实现思路如下：

① 调用 getContinousArea 函数获取所有的连通域，并将各连通域存放到数组 l_areas 中；

② 将数组 l_areas 的各元素的大小信息存入数组 l_sizes 中，并对数组 l_sizes 里的所有元素由小到大排序；

③ 根据数组 l_sizes 的大小排序关系从数组 l_areas 中删除面积较小的连通域。其中一个很容易忽略的问题是，当 l_areas 中面积排名为 topNum 的连通域存在多个时，由于限定只保留 topNum 个连通域，因此需要删除面积相同、排名都为 topNum 的连通域中的一部分。具体方法是，对由小到大排序后的数组 l_sizes 从 topNum-1 个开始反向遍历计数，直到面积与 topNum 大的连通域面积不同为止，该计数结果 sameDel 即为需要删除的面积排名为第 topNum 大的连通域数目。

filterContinousArea 函数的实现代码如下：

```
//连通域过滤，保留最大的 topNum 个连通域，输入输出都是 bwImg
void filterContinousArea(Mat &bwImg, int topNum, uchar value, uchar value2){
    //(1)获取连通区域
    vector<vector<Point>> l_areas;
    getContinousArea(bwImg, l_areas, value, value2);

    //(2)获取连通域大小的排序信息
    int l_areas_size = l_areas.size();
    vector<int> l_sizes;    //存储各连通域大小的数组 l_sizes
```

```
    l_sizes.resize(l_areas_size);
    for (int i = 0; i < l_areas_size; i++)
      l_sizes[i] = l_areas[i].size();   //获取各连通域的大小
    std::sort(l_sizes.begin(), l_sizes.end());    //将数组 l_sizes 从小到大排序

    //(3)处理第 topNum 大的连通域可能存在多个的情况(出现的概率很低)
    int l_sizes_size = l_sizes.size();
    int sameDel = 0;    //需要删除的第 topNum 大的连通域数目
    for (int i = 0; i < l_sizes_size - topNum; i++) {
        if (l_sizes[i] == l_sizes[l_sizes_size - topNum]) sameDel++;
    }

    //(4)根据排序信息，删除面积排名在 topNum 之外的连通域以及 sameDel 个面积排名为第
//topNum 大的连通域
    for (int j = 0; j < l_areas_size; j++)
      if (l_areas[j].size() < l_sizes[l_sizes_size - topNum] || (l_areas[j].size() ==
l_sizes[l_sizes_size - topNum] && sameDel-- > 0)) //由于连通域无序，需通过与排好序的数组
                                                    //l_sizes 比对后处理
        for (int k = 0; k < l_areas[j].size(); k++)
          bwImg.at<unsigned char>(l_areas[j][k].y, l_areas[j][k].x) = value2; //置为背景
}
```

(3) findContinousArea_getCenters 函数：获取连通域及各连通域的重心，仅保留面积不小于指定值 minPix 的连通域。在获取连通域的基础上，先遍历所获取的连通域，获得各连通域的大小并排序，再遍历已排序的尺寸数组，过滤掉面积小于 minPix 的连通域，遍历每个连通域，当其大小与尺寸数组的当前值相同时，计算该连通域的重心并把连通域及其重心保存，由于尺寸数组是排过序的，因此最终加入连通域集合和重心集合的结果是有序的。

findContinousArea_getCenters 函数的实现代码如下：

```
//获取大于 minPix 像素的连通域 areas、中心点 centers，bwImg、value、value2 含义同上
void findContinousArea_getCenters(const cv::Mat &bwImg, std::vector<std::vector<cv::Point>>
&areas, std::vector<cv::Point2f> &centers, int minPix, uchar value, uchar value2){
    //(1)获取连通区域
    areas.clear();
    centers.clear();
    vector<vector<Point>> l_areas;
    getContinousArea(bwImg, l_areas, value, value2);

    //(2)获取连通域大小的排序信息
```

```
int l_areas_size = l_areas.size();
vector<int> l_sizes;      //存储各连通域大小的数组 S
l_sizes.resize(l_areas_size);
for (int i = 0; i < l_areas_size; i++)
  l_sizes[i] = l_areas[i].size();      //获取各连通域大小
std::sort(l_sizes.begin(), l_sizes.end());   //数组 S 从小到大排序

//(3)根据数组 S 排序，获取大于 minPix 像素的连通域及中心点
int l_sizes_size = l_sizes.size();
for (int i = l_sizes_size - 1; i >= 0; i--) {    //反向遍历数组 S
  int l_size = l_sizes[i];     //取数组 S 第 i 个元素
  if (l_size < minPix) break;     //如果当前连通域大小已经低于阈值则停止
  cv::Point2f center; //存储下一个中心点
  for (int j = 0; j < l_areas_size; j++) {    //遍历连通域(无序)
    if (l_size == l_areas[j].size()) {    //如果大小匹配
      for (int k = 0; k < l_size; k++) {     //计算该连通域中心点
        center.x += l_areas[j][k].x;
        center.y += l_areas[j][k].y;
      }
      center.x /= l_size;
      center.y /= l_size;
      centers.push_back(center);
      areas.push_back(l_areas[j]);       //保存该连通域到结果
      l_areas[j].clear();       //清空该连通域(可能出现多个连通域大小相同的情况)
      break;
    }
  }
}
}
```

4.4　单环检测算法

在工业生产中经常需要对环状物进行检测，如环形密封件检测、轴承套圈端面缺陷检测、圆环型零件内外径检测、活塞环装配质量检测、陶瓷圆环件缺口检测等。目前很多关于使用机器视觉技术来检测环状物的文献都采用先把圆环利用极坐标展开为矩形后再检查

的方法，该类方法在将圆环展开为矩形的过程中需要通过插值补充点，所得到的矩形各像素的灰度值并非完全为真实值，因此会对检测结果的可靠性造成影响。

4.4.1　算法功能与原理

单环检测算法的实现思路是将整个圆环平均分割并检测内、外轮廓点，再根据内、外轮廓点拟合圆环的内、外两个圆，最后计算拟合圆和圆环各检测点的相关参数并与设定阈值比较。算法的输入参数包括搜索中心、搜索外半径、搜索内半径、搜索卡尺的数目和检测模式等，输出参数包括内外轮廓的点集合、圆环各段检测出的宽度及是否合格的集合、内外两个圆的半径及中心点等。单环检测算法可拓展为双环或多环检测，功能上还可以拓展到更多参数的检测，如圆环整体与中心的偏离程度等。单环检测算法的实现思路如下：

(1) 图像预处理，包括二值化和噪点清除等。

(2) 获取内、外轮廓点，先通过搜索卡尺的设定数目将圆环平均分割，再由搜索内、外半径得到若干检测线段，最后根据检测模式由线搜索得到每个检测线段的内、外轮廓点。

(3) 由内、外轮廓点分别采用最小二乘法拟合，得到圆环的内、外两个圆。

(4) 检查内、外拟合圆圆心之间的距离及圆环各检测点的宽度是否在预设阈值范围内。

本单环检测算法实现的关键是第(2)步，涉及多种检测模式的不同处理，内、外轮廓点定位的准确度决定了整个算法的准确性。

4.4.2　算法实现关键

下面通过程序代码来介绍本单环检测算法的实现过程。

(1) 核心变量的定义。单环检测算法的相关变量主要分为检测参数变量和检测结果变量两类，另外还有描述轮廓线段的结构体类型变量。程序中各变量命名的含义为：inner 指内轮廓，out 指外轮廓，Pts 指点集合，glue 指圆环前景(原意是胶水，工业生产中经常需要对工件表面圆环状的涂胶进行检测)，width 指圆环各检测点的检测宽度，searchCenter 指圆环检测设定的圆心，也可通过模板匹配或二次计算获取后设定。

单环检测算法中对核心变量进行定义的实现代码如下：

```
//(1)检测得到的结果
vector<Point2f> m_innerPts;        //内轮廓的点
vector<Point2f> m_outPts;          //外轮廓的点
vector<float> m_glueWidths;        //圆环各段检测出的宽度
vector<bool> m_widthOk;            //各检测圆环的宽度是否合格
float m_innerSearchRadius;         //内圆半径
float m_outSearchRadius;           //外圆半径
float m_minGlueWidth;              //圆环最大宽度测量值
float m_maxGlueWidth;              //圆环最小宽度测量值
Point2f m_outCircleCenter;         //外轮廓拟合圆的圆心
Point2f m_innerCircleCenter;       //内轮廓拟合圆的圆心
```

```
vector<float> m_innerPtsToCenter;        //内轮廓的点到其中心的距离
vector<float> m_outPtsToCenter;          //外轮廓的点到其中心的距离
float m_diffOfCenter;                    //两拟合圆圆心之间距离(以像素为单位)

//(2)检测参数
Point2f m_searchCenter;                  //搜索中心
float m_outCircleRadius;                 //搜索外半径(需大于外圆半径)
float m_innerCircleRadius;               //搜索内半径(需小于内圆半径)
int m_findPtsMode;                       //检测模式，用于选择定位内外轮廓点的方法，0:
                                         //假设圆环总是连续，而外部有杂质；1：假设圆
                                         //环有杂质而外部总是连续；2：搜索中心须由前
                                         //景重心估计，其他与 1 同
int m_numLines;                          //搜索卡尺数目
int m_difThreshold;                      //各内轮廓点到圆心距离与其中值差异阈值
float m_upLimitGlueWidth;                //圆环最大宽度设定阈值
float m_lowLimitGlueWidth;               //圆环最小宽度设定阈值
float m_maxDisOfCircleCenters;           //两拟合圆圆心之间距离阈值

//(3)轮廓线段结构及变量
typedef struct LineSeg{                  //线段
    cv::Point startPt;
    cv::Point endPt;
}LineSeg;
typedef struct GlueSec{                  //用于圆环轮廓点定位结构
    LineSeg lineseg;                     //起始位置和结束位置
    int startIndex;                      //起始位置在搜索区域内的索引值
    int endIndex;                        //结束位置在搜索区域内的索引值
    int num;                             //轮廓点计数
}GlueSec;
```

(2) 检测参数错误代码和检测项目的宏定义，用于检测结果的保存与确认。由于每类检测参数的错误代码仅需 1 位二进制表示，因此用一个整型结果变量即可表示一个机器字长(32 或 64)数量的错误类型。在检测过程中，将结果变量与需要的检测类型位做“或”运算即可保存对应的检测项结果；检测完成后，只需让结果变量与需要的检测类型位做“与”运算，便可得出每个检测类型结果是否通过。

检测参数错误代码和检测项目的宏定义的实现代码如下：

```
//(1)检测参数错误代码
#define CHECK_PASS                  0x00000000          //检测顺利返回
```

```
#define CHECK_FAIL                 0x00000001        //检测没有通过
#define CHECK_NOENOUGH_PTS     0x00000010        //找出的轮廓点数量不够
#define CHECK_WRONG_DIF         0x00000020     //内外轮廓的中心距离超标
#define CHECK_BURR              0x00000040   //轮廓点与其中心距离超出，有毛刺
#define CHECK_WRONG_GLUEWIDTH        0x00000080     //圆环的宽度不合要求
//(2)检测项目的宏定义
#define  CHECKPASS_GLUEWIDTH(x)       ((x  &  CHECKITEM_GLUEWIDTH)  ==
CHECK_PASS)
#define  CHECKPASS_CIRCLE_IN_SQUARE(x)    ((x  &  (CHECK_NOENOUGH_PTS  |
CHECK_BURR | CHECK_WRONG_GLUEWIDTH)) == CHECK_PASS)
```

(3) 单环检测算法可实现由输入图像得到检测结果。单环检测算法的实现思路如下：

① 将图像二值化，并检查搜索区间是否越界(落在图像外则返回错误)；

② 通过搜索圆心、内外搜索半径、检测线段数目及选择的搜索模式获取内、外轮廓点，并由内、外轮廓点拟合内、外两个轮廓圆，再获取轮廓点到拟合圆心距离的中值，检查各边缘点到中心距离与中值的差距是否合规；

③ 检查内、外拟合圆的圆心之间距离及圆环各检测点的宽度是否在预设阈值范围内。

由输入图像得到检测结果的实现代码如下：

```
//(1)将输入图像二值化
m_result = CHECK_PASS; //将检测结果初始化为通过
Mat *l_imgBinary;
GREFactory::m_gre[m_greIndex]->Run(*m_srcImg);              //二值化
l_imgBinary = &(GREFactory::m_gre[m_greIndex]->m_result);

//(2)此模式下搜索圆心须由前景重心重新估计
if (m_findPtsMode == 2) {
    filterContinousArea(*l_imgBinary, 1, 255, 0);               //提取最大连通域
    Point2f searchCenter = CalGravityCenter(*l_imgBinary, 255);  //提取重心
    SetSearchCenter(searchCenter); //将重心设为搜索圆心
}

//(3)确保搜索区间在图像内
if (m_searchCenter.x + m_outSearchRadius >= l_imgBinary->cols || m_searchCenter.y +
m_outSearchRadius  >=  l_imgBinary->rows  ||  m_searchCenter.x  <=  m_outSearchRadius  ||
m_searchCenter.y <= m_outSearchRadius) { //搜索区间不在图像内
    m_result |= CHECK_NOENOUGH_PTS | CHECK_FAIL;   //将检测结果置为识别
    return m_result; //退出
}
```

```
//(4)先获取内、外轮廓点，再由轮廓点拟合圆
if (!GetInnerAndOutCirclePts(*l_imgBinary, m_searchCenter, m_innerSearchRadius,
m_outSearchRadius, m_innerPts, m_outPts) ){//找轮廓点
    m_result |= CHECK_NOENOUGH_PTS | CHECK_FAIL;  //轮廓点异常则退出
    return m_result;
}
CMyPoint l_pt = circleLeastFit(m_outPts);   //对外轮廓点进行最小二次圆拟合
m_outCircleCenter.x = l_pt.m_x;    //拟合圆中心坐标
m_outCircleCenter.y = l_pt.m_y;
m_outCircleRadius = l_pt.m_angle;   //拟合圆半径
for (int i = 0; i < m_outPts.size() ; i++){   //获取外轮廓点到拟合圆心的距离
    if (m_outPts[i].x >= 0 )
        m_outPtsToCenter[i] = CalDis(m_outPts[i], m_outCircleCenter);
    else
        m_outPtsToCenter[i] = -1;
}

l_pt = circleLeastFit(m_innerPts);   //对内轮廓点进行最小二次圆拟合
m_innerCircleCenter.x = l_pt.m_x;
m_innerCircleCenter.y = l_pt.m_y;
m_innerCircleRadius = l_pt.m_angle;
for (int i = 0; i < m_innerPts.size() ; i++){ //获取内轮廓点到拟合圆心的距离
    if (m_innerPts[i].x >= 0)
        m_innerPtsToCenter[i] = CalDis(m_innerPts[i], m_innerCircleCenter);
    else
        m_innerPtsToCenter[i] = -1;
}

//(5)检查边缘点到中心距离的差距：首先得到它们的中值，然后检查差距
float l_median = GetMedianNum(m_innerPtsToCenter); //获取内轮廓点到中心距离的中值
if (l_median > 0) {
    for (int i = 0; i < m_innerPtsToCenter.size(); i++)   //遍历距离集合
        if (m_innerPtsToCenter[i] >= 0)
            if (abs(m_innerPtsToCenter[i] - l_median) > m_difThreshold)   //差距过大
                m_result |= CHECK_BURR | CHECK_FAIL;
}
else m_result |= CHECK_FAIL; //没检测到轮廓点
```

```
l_median = GetMedianNum(m_outPtsToCenter);      //与内轮廓一样的处理
if (l_median > 0) {
    for (int i = 0; i < m_outPtsToCenter.size(); i++)
        if (m_outPtsToCenter[i] >= 0)
            if (abs(m_outPtsToCenter[i] - l_median) > m_difThreshold)
                m_result |= CHECK_BURR | CHECK_FAIL;
}
else m_result |= CHECK_FAIL;

//(6)检查内、外拟合圆的圆心距离、各检测线处圆环的宽度是否合规
m_diffOfCenter = CalDis(m_outCircleCenter, m_innerCircleCenter) * m_pixelEqual;
if (m_diffOfCenter > m_maxDisOfCircleCenters)    //检查内外中心点之间的距离
    m_result |= CHECK_WRONG_DIF | CHECK_FAIL;
if (!JudgeGlueWidths(*l_imgBinary))      //检测圆环各检测线宽度
    m_result |= CHECK_WRONG_GLUEWIDTH | CHECK_FAIL;
return m_result;
```

(4) 获取内、外轮廓点函数 GetInnerAndOutCirclePts 用于先获取内、外轮廓点，再由轮廓点拟合内、外两个圆。该函数的实现思路如下：

① 根据用户所设置的检测线段数目 *N* 将圆环平均分割为 *N* 份(得到 *N* 个检测角度 angle)

② 以检测角度 angle、搜索圆心和内、外搜索半径生成 *N* 条检测线段；

③ 对每条检测线段调用 CheckSeg 函数搜索内、外轮廓点，如搜索到的轮廓点对数目不足检测线段数的 90%，则返回失败。

GetInnerAndOutCirclePts 函数的实现代码如下：

```
//获取内、外轮廓点函数，imgBinary—二值图，searchCenter—搜索圆心，radiusStart—起
//始半径，radiusEnd—结束半径，innerPts—内轮廓点，outPts—外轮廓点
bool GetInnerAndOutCirclePts(Mat &imgBinary, Point2f &searchCenter, int radiusStart, int
radiusEnd, vector<Point2f> &innerPts, vector<Point2f> &outPts){
  //(1)初始化
  Point l_startPt, l_endPt;
  innerPts.resize(m_numLines);
  outPts.resize(m_numLines);
  int l_sucCount = 0;

  //(2)分角度进行线段搜索，获取内外轮廓点
  for (int i = 0; i < m_numLines; i++) {                //遍历每一条检测线段
    float l_angle = 2 * CV_PI * i / m_numLines;         //检测线角度
```

```
        l_startPt.x = cvRound(searchCenter.x + radiusStart * cos(l_angle));        //起点坐标
        l_startPt.y = cvRound(searchCenter.y + radiusStart * sin(l_angle));
        l_endPt.x = cvRound(searchCenter.x + radiusEnd * cos(l_angle));            //终点坐标
        l_endPt.y = cvRound(searchCenter.y + radiusEnd * sin(l_angle));
        if (CheckSeg(imgBinary, l_startPt, l_endPt, innerPts[i], outPts[i], false))     //执行搜索
            l_sucCount++; //搜索成功计数
    }

    //(3)若成功获取轮廓的比例不足 90%，则返回失败
    if (l_sucCount < m_numLines * 0.9)
        return false;
    return true;
}
```

(5) 函数 CheckSeg 用于根据用户设置的搜索模式 findPtsMode 获取一段检测线段上的内、外轮廓点。搜索模式 0 是假设圆环总是连续而外部有杂质，需要从检测线段的起点进行直线搜索到检测线段的终点，需先保存其间检测到的所有连续前景段，再以最长的连续前景段作为结果返回；搜索模式 1、搜索模式 2 是假设圆环有杂质而外部总是连续，只需分别以检测线段的起点和终点为起点，向对方的方向进行线搜索，以各自遇到的第一个前景点为结果返回。

CheckSeg 函数的实现代码如下：

```
//在二值图 imgBinary 中，从 startPt 到 endPt 的线段上搜索内轮廓点 pt1 和外轮廓点 pt2
bool CheckSeg(Mat &imgBinary, Point &startPt, Point endPt, Point2f &pt1, Point2f &pt2){
    if (m_findPtsMode == 0){   //假设圆环总是连续，而外部有杂质
        vector<GlueSec> l_glueSecs;   //搜索到的各段轮廓点对
        bool l_flag = false;     //false 则建一个新的 GlueSec， 否则更新现在的 GlueSec
        l_glueSecs.clear();
        cv::LineIterator l_it(imgBinary, startPt, endPt);     //线搜索迭代器
        for (int j = 0; j < l_it.count; j++, l_it++) {     //执行线搜索
            if (**l_it > 0) {   //前景
                if (l_flag) {   //继续本段
                    l_glueSecs[l_glueSecs.size()-1].lineseg.endPt = l_it.pos();  //更新本段结束点
                    l_glueSecs[l_glueSecs.size()-1].endIndex = j;     //更新本段结束点索引
                    l_glueSecs[l_glueSecs.size()-1].num++;     //本段轮廓点计数+1
                }
                else {      //创建新的一段
                    GlueSec l_glueSec;
                    l_glueSec.lineseg.startPt = l_it.pos();     //新建段起始点赋值
```

```
                l_glueSec.startIndex = j;   //新建段起始点索引赋值
                l_glueSec.num = 1;
                l_glueSecs.push_back(l_glueSec);
                l_flag = true;
            }
        }
        else l_flag = false;    //背景，准备新建
    }

    //找出各段轮廓点对 l_glueSecs 里最长的一段
    int l_maxNum = INT_MIN, l_maxIndex = -1;
    for (int j = 0; j < l_glueSecs.size(); j++) {
        if (l_glueSecs[j].num > l_maxNum) {
            l_maxNum = l_glueSecs[j].num;
            l_maxIndex = j;
        }
    }

    if (l_maxIndex >= 0) {   //各段轮廓点对不为空，获得最长一段的起点和终点
        pt1 = l_glueSecs[l_maxIndex].lineseg.startPt;
        pt2 = l_glueSecs[l_maxIndex].lineseg.endPt;
        return true;
    }
    else //没有找到轮廓点对，起点和终点赋值为-1
    {
        pt1 = Point(-1, -1);
        pt2 = Point(-1, -1);
        return false;
    }
}
else if (m_findPtsMode==1||m_findPtsMode==2){  //假设圆环有杂质而外部总连续
    cv::LineIterator l_it(imgBinary, startPt, endPt);    //线搜索迭代器
    int l_innerIndex = 0, l_outIndex = 0; //起点、终点索引
    for (; l_innerIndex < l_it.count; l_innerIndex++, l_it++) { //执行线搜索
        if (**l_it > 0) { //由内向外搜索到的第一个前景点即为起始点
            pt1 = l_it.pos(); //直接赋值起始点
            break; //结束搜索
        }
```

```
            }
            cv::LineIterator l_it1(imgBinary, endPt, startPt);    //线搜索迭代器
            for (; l_outIndex < l_it1.count; l_outIndex++, l_it1++) {    //执行线搜索
                if (**l_it1 > 0) { //由外向内搜索到的第一个前景点即为起始点
                    pt2 = l_it1.pos();    //直接赋值终止点
                    break; //结束搜索
                }
            }
            if (l_innerIndex <= l_it.count - 1 - l_outIndex) {    //线搜索找到轮廓点对
                return true; //返回搜索成功
            }
            else {    //没有找到轮廓点对，起点和终点赋值为-1
                pt1 = Point(-1, -1);
                pt2 = Point(-1, -1);
                return false;    //返回搜索失败
            }
        }
        return false;    //其他情况也返回搜索失败
    }
```

(6) 圆环轮廓的宽度检测函数 JudgeGlueWidths 用于将预设参数值与检测值相比较，判断各圆环轮廓检测宽度是否合规、整体是否合规、各段的宽度及是否合规、最大和最小宽度等信息。JudgeGlueWidths 函数的实现思路是遍历各对内、外轮廓点，计算两点间距离并与预设阈值比较，确定各圆环轮廓检测宽度是否合规，其间获取极值，如果有 1 个以上的圆环轮廓检测宽度不合规，则整体不合规；如内、外轮廓点对获取失败，则该段宽度检测不合规。

JudgeGlueWidths 函数的实现代码如下：

```
    //各圆环轮廓检测宽度是否合规，返回整体是否合规、各段的宽度及是否合规、最大和最小
    //宽度
    bool JudgeGlueWidths(Mat imgBinary){
        int l_failCount = 0;                    //不合格环宽个数
        int l_ptNum = m_innerPts.size();        //以内圆点数作为检测总数
        m_glueWidths.resize(l_ptNum);           //设置检测宽度集合大小
        m_widthOk.resize(l_ptNum);              //设置检测宽度是否合规的结果集合的大小

        for (int i = 0; i < l_ptNum; i++){ //遍历各段结果
            if (m_innerPts[i].x < 0){ //轮廓点对获取失败
                m_widthOk[i] = false;
```

```
            l_failCount++; //不合规数+1
            continue;
        }

        m_glueWidths[i]=CalDis(m_innerPts[i],m_outPts[i])*m_pixelEqual; //该处宽度
        if (m_glueWidths[i] >= m_lowLimitGlueWidth && m_glueWidths[i] <= m_upLimitGlueWidth){
            m_widthOk[i] = true;                //合规
        }
        else{
            m_widthOk[i] = false;               //不合规
            l_failCount++;                      //不合规数+1
        }
        m_minGlueWidth = 100000;                //最小宽度初始化
        m_maxGlueWidth = -1;                    //最大宽度初始化
        if (m_glueWidths[i] >= m_maxGlueWidth)
            m_maxGlueWidth = m_glueWidths[i];   //更新最大宽度
        if (m_glueWidths[i] <= m_minGlueWidth)
            m_minGlueWidth = m_glueWidths[i];   //更新最小宽度
    }
    if (l_failCount > 0)                        //有 1 段不合规，则整体不合规
        return false;

    return true;                                //整体合规
}
```

(7) 检测结果的图像显示绘制函数 DrawSearchResult 用于在软件主界面显示搜索区间和检测结果。该函数的实现思路是先绘制内、外两个拟合圆及其圆心，再遍历每条搜索线段，如该线段检测宽度合规，则在检测线段的起点和终点之间绘制绿色线段，否则绘制为红色线段，最后用黄色的实心圆点绘制出内、外两个轮廓点的位置 DrawSearchResult 函数的实现代码如下：

```
//检测结果绘制函数
void DrawSearchResult(Mat *drawImg)
{
    if (m_result & CHECK_NOENOUGH_PTS) return;    //找出的轮廓点数量不够则停止绘制

    if (m_innerCircleCenter.x && m_innerCircleCenter.y && m_outCircleCenter.x && m_outCircleCenter.y){
```

```
    //绘制内、外两个拟合圆
circle(*drawImg,m_innerCircleCenter,m_innerCircleRadius,Scalar(255,0,255),1+drawImg->rows/
1000);
circle(*drawImg,m_outCircleCenter,m_outCircleRadius,Scalar(255,0,255),1+drawImg->rows/1000);
    //绘制内、外拟合圆的圆心
    circle(*drawImg, m_innerCircleCenter, 1, Scalar(255, 255, 0), -1);
    circle(*drawImg, m_outCircleCenter, 1, Scalar(0, 255, 255), -1);
  }

  for (int i = 0; i < m_numLines; i++){    //遍历每条搜索线段
   //计算每个检测线段的起点 A 与终点 B
   double theta = 2 * CV_PI * i / m_numLines;
   int x1 = m_innerSearchRadius * cos(theta) + m_searchCenter.x;
   int y1 = m_innerSearchRadius * sin(theta) + m_searchCenter.y;
   int x2 = m_outSearchRadius * cos(theta) + m_searchCenter.x;
   int y2 = m_outSearchRadius * sin(theta) + m_searchCenter.y;

   if (m_widthOk.size() > 0 && m_widthOk[i])    //该线段宽度合规，绘制绿色线段
    line(*drawImg,Point(x1,y1),Point(x2,y2),Scalar(0,255,0),1+drawImg->rows/1000);
   else    //若不合规，则绘制红色线段
    line(*drawImg,Point(x1,y1),Point(x2,y2),Scalar(0,0,255),1+drawImg->rows/1000);
  //内、外轮廓点绘制为黄色圆点
   circle(*drawImg, m_innerPts[i], 1 + drawImg->rows / 500, Scalar(0, 255, 255), -1);
   circle(*drawImg, m_outPts[i], 1 + drawImg->rows / 500, Scalar(0, 255, 255), -1);
  }
```

4.4.3　算法应用案例

组合金属密封圈是一种特殊的垫圈，由橡胶内圈和金属外圈两部分组合而成，图 4.4.1 所示是组合金属密封圈实物图。组合金属密封圈是在使用时垫在被连接件与螺母之间的零件，用来保护被连接件的表面不受螺母擦伤，分散螺母对被连接件的压力，在汽车、航空、石油、冶金、造纸等行业的发动机的涡轮部件、玻璃钢管道、电缆保护管、煤矿抽放管等方面有比较广泛的应用。组合金属密封圈的密封性是其核心的指标，主要由橡胶内圈的材料性能和加工质量决定，因此对组合金属密封圈的橡胶内圈进行视觉检测是很有必要的。

本案例采用环形光源照明，在照亮背景的条件下，利用橡胶内圈和金属外圈两部分对光照反射率的差异实现两部分的差异化成像。在进行首次单环检测后，通过连通域分析去除金属外圈部分的干扰，再次进行第二次单环检测，得到橡胶内圈各检测点处的胶宽值，最后与设定阈值相比较，得到如图 4.4.2 所示的检测结果。该示例检测线段数量设为 50，检测出 2 个胶宽值异常，如需更高密度的检测，只需增大配置文件中检测线段数量参数即可。

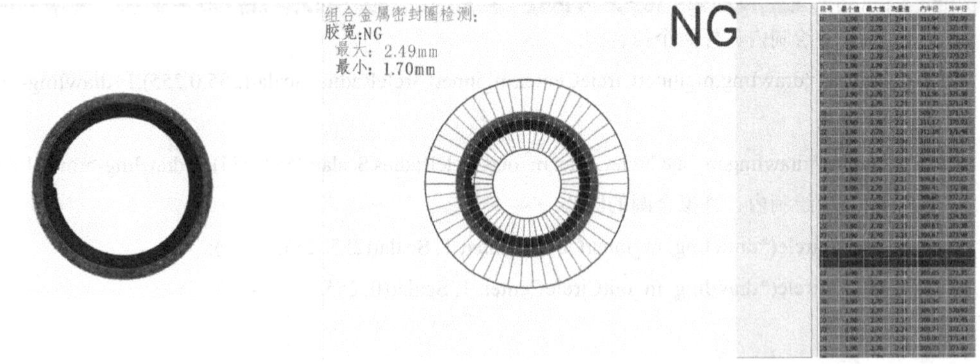

图 4.4.1 组合金属密封圈实物　　图 4.4.2 组合金属密封圈的检测结果

4.5 目标定位算法

目标定位又称形状匹配或模板匹配，是指根据预设目标图像(模板，一般为小图)在待检测图像(一般为大图)中搜索目标，输出目标的数目、各匹配到目标的中心点坐标和旋转角度信息。目标定位是机器视觉技术中一个非常重要的基础功能，常用于引导机器人抓取不定位置的目标对象及在工业检测场景下的机器视觉检测、测量、识别等其他机器视觉功能的先导性步骤。

4.5.1 算法功能与原理

虽然 OpenCV 自带模板匹配函数 matchTemplate，但工业应用要求对旋转、缩放、光照差异大、部分遮挡等各类条件下的目标，都能进行快速、精确、可靠定位，使用 matchTemplate 函数是很难做到的。当前工业应用中采用的成熟稳健的目标定位算法大都基于广义霍夫变换，实现难度较大。

1959 年，Paul Hough 由于需要解析气泡室图片而发明了霍夫变换(Hough Transform)[59]，并于 1962 年申请了描述最初形态霍夫变换的专利，主要用于直线检测，由于该方法采用斜率和截距来表示笛卡尔坐标系下的任意直线，由于垂线的斜率无穷大而导致该方法的运用受限。

1972 年，Richard 等人将霍夫变换推广应用到更多形状(圆和椭圆等)物体的识别[60]，将在原来空间 A 中的某种形状映射为另一个空间 B 的点，通过统计 B 空间的峰值确定原空间 A 中形状的参数，但此时的霍夫变换还只能识别有解析表达式的目标对象。1981 年，Dana Ballard 结合模板匹配原理修改了霍夫变换，通过搜索模型在图像中的位置来解决搜索图像中对象的问题，使其能找出图像中任意对象的位置和方向，让霍夫变换开始流行于计算机视觉界[61]。虽然再次推广后的霍夫变换可以识别任意的目标对象，但对于实时视觉检测应用来说，速度还不够快。2003 年，Ulrich 等人提出了一种使用图像金字塔加速搜索的分级广义霍夫变换[57]，首先在金字塔顶层中找到目标的大致位置，然后通过约束底层金字塔的搜索空间来减少累计数组的尺寸，从而大大提高了目标搜索效率，实现了在图像中实时找到目标对象，并且在图像中存在遮挡、混乱和几乎任意光照变化的情况下，算法依然非常稳定，因此，目前机器视觉行业中应用的目标定位方法大都基于此算法。

总体而言，基于广义霍夫变换的目标定位算法主要有如下特点：

(1) 支持一次定位多个目标。

(2) 支持目标部分遮挡情况下的定位。

(3) 支持目标缩放情况下的定位。

(4) 对环境光照变化情况下的定位效果良好，显著优于 OpenCV 的模板匹配等定位算法。

(5) 可通过设置搜索目标数目、目标旋转范围、遮挡比例等目标参数和定位角度精度、边沿提取方法和匹配得分等算法参数，进一步提高算法对检测对象的适应性。

下面以“螺母定位与计数”项目为对象介绍基于广义霍夫变换的目标定位算法的基本思路。

1. 准备阶段

根据模板图像创建 R 表和累加矩阵。

(1) 构建模板图像金字塔：由模板图像和设置的金字塔层数通过多次下采样获得(可由 OpenCV 自带的 pyrDown 函数实现)，图 4.5.1 所示为得到的模板图像金字塔结果。

图 4.5.1　模板图像金字塔

(2) 获取模板边沿图像：对各层模板图像进行边沿提取(使用 canny、sobel 或其他边沿提取方法)，图 4.5.2 所示为模板图像金字塔各层边沿的提取结果。

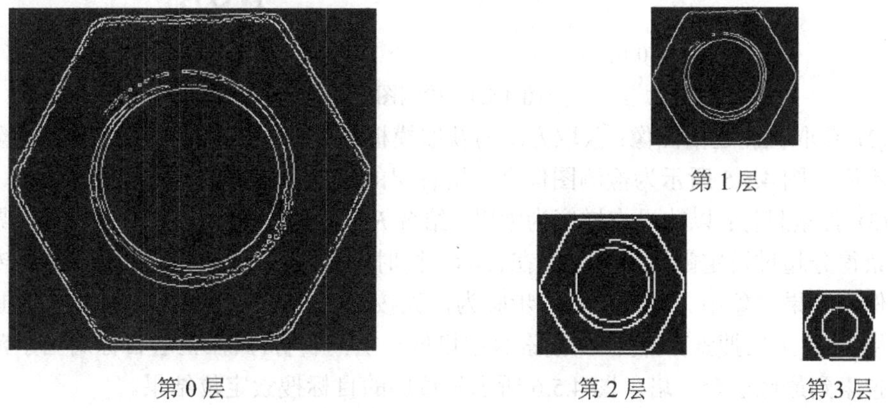

图 4.5.2　模板边沿图像金字塔

(3) 创建 R 表和累加矩阵：选择参考点 O(默认为模板图像中心)，对每个边沿点 P，求取其梯度方向与 X 轴的夹角 φ，然后对 φ 进行角度分组(离散化)，将参考点 O 到边沿点 P 的向量 $\boldsymbol{r}$ 保存在以梯度方向 φ 为索引的列表中。对模板图像金字塔的每层边沿图像的所有边沿点进行以上操作，即完成了 R 表的创建。图 4.5.3 所示为边界点与参考点关系，其中，近似圆形的粗边为示意的对象边沿，φ 为梯度方向与 X 轴的夹角，O 为设定的目标参考点，$\boldsymbol{r}$ 为点 O 到边沿点 P 的向量。有些文献和算法实现会把模板旋转和缩放后的情况也放在 R 表中，但本系统的实现则是把这两部分放在后续目标搜索阶段来完成。

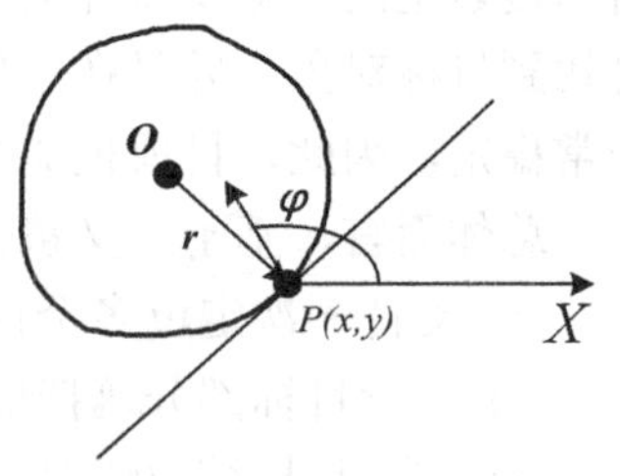

图 4.5.3　边界点与参考点关系

累加矩阵 $\boldsymbol{A}$ 用于记录各点所获得的投票数，获得超过一定投票数目的点则判为可能的目标点。与模板图像金字塔类似，累加矩阵 $\boldsymbol{A}$ 也是分层创建的，但矩阵 $\boldsymbol{A}$ 仅在金字塔顶层与模板金字塔的顶层图像大小相同，在其他层的大小则为较小的固定值，具体大小由上层搜索结果的预计不确定程度而定，本层在上层目标位置的基础上再次进行小范围搜索。

2. 目标搜索阶段

在检测图像中搜索目标分以下几步：

(1) 构建检测图像金字塔：构建方法与构建模板图像金字塔的方法相同，图 4.5.4 所示为由检测图像和设置的金字塔层数得到的检测图像金字塔结果。

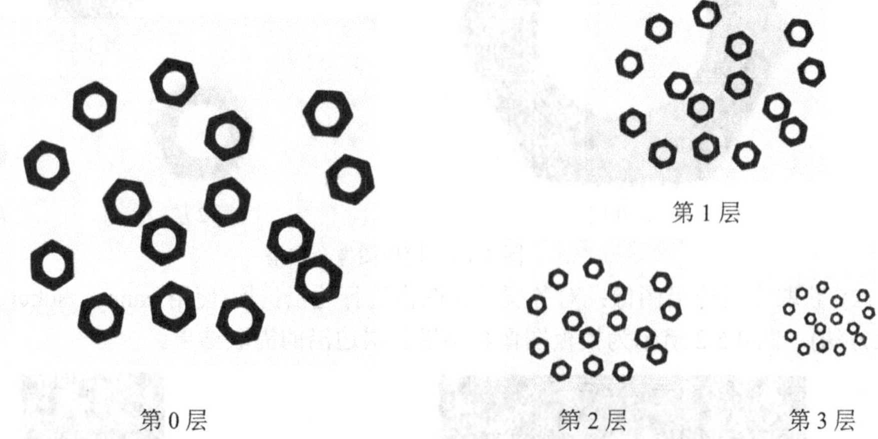

图 4.5.4　检测图像金字塔

(2) 获取检测边沿图像：获取方法与获取模板边沿图像的方法相同，但边沿检测的参数可以不同，图 4.5.5 所示为检测图像金字塔各层的边沿提取结果。

(3) 搜索目标：以边沿点梯度为索引，结合 R 表对与之相对位置的点进行投票，若该点的投票得分超过设定阈值，则为潜在目标，同时保存该点得分最高条件下的旋转角度和缩放比例到结果对象中。搜索目标的步骤为，先按设定的旋转角度范围和缩放范围搜索金字塔顶层目标(全局搜索)；再依次搜索金字塔低一层的目标(只在上层目标周围小范围搜索)；直到搜索到最底层金字塔。图 4.5.6 所示是每层的目标搜索定位结果。

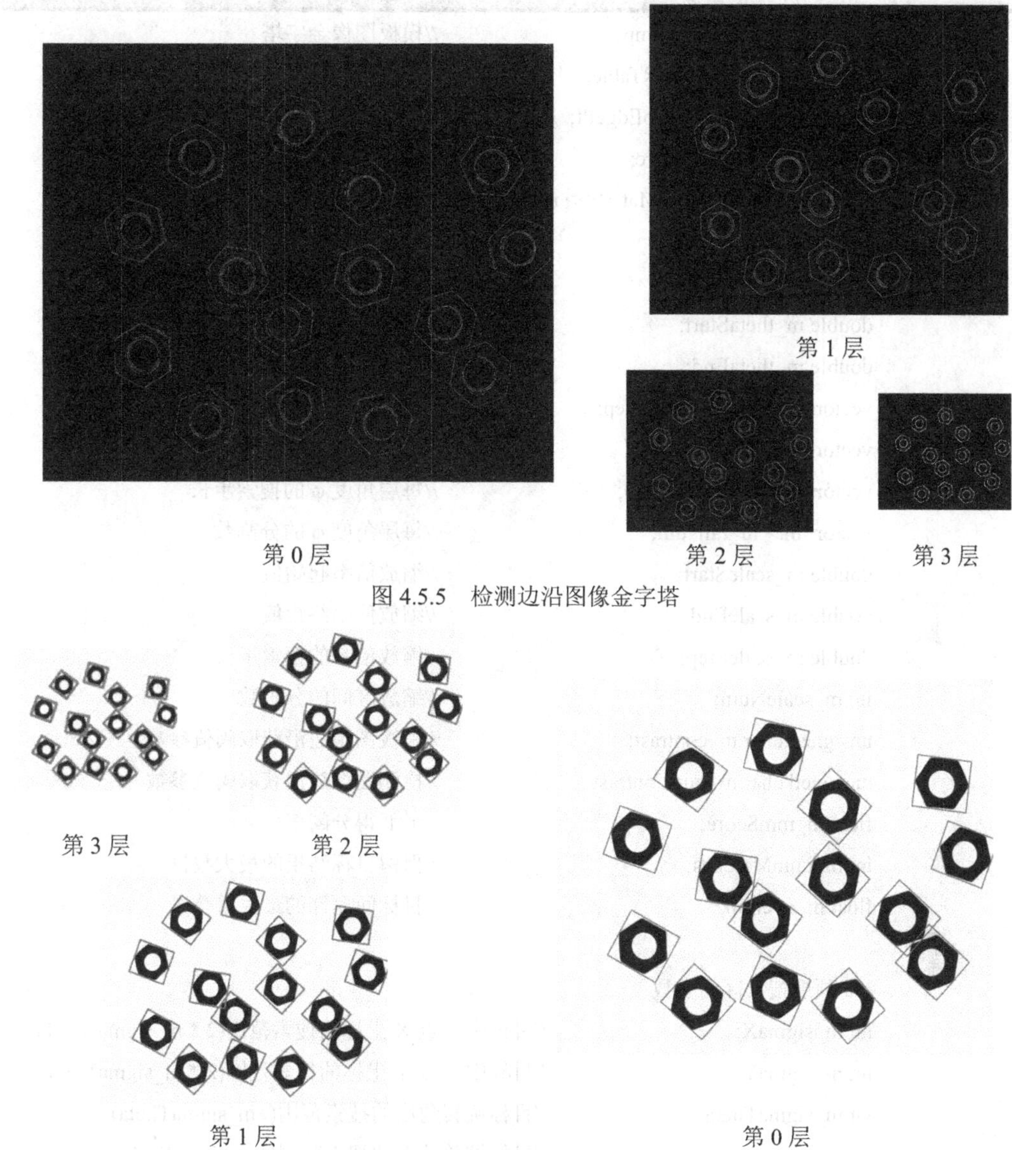

图 4.5.5　检测边沿图像金字塔

图 4.5.6　目标搜索定位结果图像金字塔

4.5.2　算法实现关键

虽然基于广义霍夫变换的目标定位算法的基本思路并不复杂，但实现起来难度较高，需理清金字塔各层图像的旋转、缩放等关系，下面从代码层面介绍目标定位算法的实现细节，包括核心变量的定义和关键步骤、函数的代码实现。

(1) 核心变量的定义：在程序中，theta 指旋转角度 θ，scale 指缩放，fai 对应图 4.5.3 中的 φ，pyr 指图像金字塔，Level 指金字塔层级(第 0 层为底层，即原图)，R_Table 指 *R* 表，GHT 指广义霍夫变换，d*x*、d*y* 为 *x*、*y* 方向梯度。程序中以模板图像的中心点为参考点。

定义核心变量的代码如下：

```
    vector<Mat *> m_pyrTmp;                    //模板图像金字塔
    vector<R_Table *> m_RTable;                //R 表
    vector<int> m_numTmpEdgePt;                //每层边缘点数目
    vector<Mat *> m_pyrSrc;                    //检测图像金字塔
    vector<vector<vector<Mat *>>> m_A;         //投票得分的累加矩阵

    int m_numLevels;                           //图像金字塔层数
    double m_thetaStart;                       //搜索起始角度
    double m_thetaEnd;                         //搜索终止角度
    vector<double> m_thetaStep;                //每层角度θ的搜索步长
    vector<int> m_thetaNum;                    //每层角度θ的分割数
    vector<double> m_faiStep;                  //每层角度φ的搜索步长
    vector<int> m_faiNum;                      //每层角度φ的分割数
    double m_scaleStart;                       //缩放倍率起始值
    double m_scaleEnd;                         //缩放倍率终止值
    double m_scaleStep;                        //缩放倍率的搜索步长
    int m_scaleNum;                            //缩放区间的分割数
    unsigned char m_contrast;                  //模板图像边沿获取阈值参数
    unsigned char m_minContrast;               //检测图像边沿获取阈值参数
    float m_minScore;                          //最低得分阈值
    int m_numMatches;                          //保留目标结果的最大数目
    float m_overlap;                           //目标间允许的最大重叠率

    //非顶层搜索区间参数
    int m_sigmaX;                  //目标中心点 X 坐标的搜索范围(2 * m_sigmaX + 1)
    int m_sigmaY;                  //目标中心点 Y 坐标的搜索范围(2 * m_sigmaY + 1)
    int m_sigmaTheta;              //目标旋转角度的搜索范围(±m_sigmaTheta)
    int m_sigmaScale;              //目标缩放倍率的搜索范围(±m_sigmaScale)
    vector<target> m_targets;      //目标搜索结果

typedef struct GHTData{            //传递给投票线程的结构体及参数
    CGHTModelFinder *ptr;
    int scaleIndex, thetaIndex;
    Mat *edge, *dx, *dy;
    int xStart, xEnd, yStart, yEnd;
    int xcStart, xcEnd, ycStart, ycEnd;
    int xs, ys;
    R_Table *rtable;
```

```
        int level;
        bool needMask;
    }GHTData, *GHTDataPtr;
```

(2) 算法初始化：对应上一节中的算法准备阶段，主要完成部分参数的初始化、基于模板图像创建 R 表和投票得分的累加矩阵 $\boldsymbol{A}$。

算法初始化的实现代码如下：

```
    //(1)初始化非顶层搜索区间参数
    m_sigmaX = m_sigmaY = 5;        //中心点 11×11 搜索
    m_sigmaTheta = 1;               //角度±1 个索引搜索
    m_sigmaScale = 0;               //缩放暂与上层结果一致
    m_contrast = contrast;

    //(2)角度和缩放参数初始化
    m_thetaStart = thetaStart;    m_thetaEnd = thetaEnd;    m_scaleStart = scaleStart;
m_scaleEnd = scaleEnd;    m_scaleStep = scaleStep;    m_scaleNum = floor((m_scaleEnd -
m_scaleStart) / m_scaleStep) + 1;

    //(3)模板图像金字塔相关参数
    m_numLevels = numLevels;        m_pyrTmp.resize(m_numLevels);
    m_pyrTmp[0] = &templateImg;     m_pyrSrc.resize(m_numLevels);
    for (int i = 0; i < m_numLevels - 1; i++){      //创建模板图像金字塔
        m_pyrTmp[i + 1] = new cv::Mat();        m_pyrSrc[i + 1] = new cv::Mat();

    pyrDown(*(m_pyrTmp[i]),*(m_pyrTmp[i+1]),cv::Size(m_pyrTmp[i]->cols/2,m_pyrTmp[i]-
>rows/2)); }

    //(4)创建 R 表
    m_RTable.resize(m_numLevels);                    m_numTmpEdgePt.resize(m_numLevels);
m_faiStep.resize(m_numLevels);                           m_faiNum.resize(m_numLevels);
m_thetaStep.resize(m_numLevels);    m_thetaNum.resize(m_numLevels);
    for (int i = 0; i < m_numLevels; i++){
        float
l_dis=sqrt(pow(float(m_pyrTmp[i]->rows/2),2)+pow(float(m_pyrTmp[i]->cols/2),2));//参数 φ
        m_faiStep[i] = acos(1.0 - 2.0 / (l_dis * l_dis)) * 180 / CV_PI;
        m_faiNum[i] = ceil(360.0 / m_faiStep[i]);
        m_thetaStep[i] = thetaStep;             //参数 θ
        m_thetaNum[i] = floor((m_thetaEnd - m_thetaStart) / m_thetaStep[i]);
```

```
        m_RTable[i] = new R_Table();                    //R 表
        BuildRTable(*(m_pyrTmp[i]), *(m_RTable[i]), i);  //创建 R 表的函数定义见下文
    }

    //(5)如某层的边沿点数目过少，则减少金字塔层数
    for (int i = 0; i < m_numLevels; i++){
        if (m_numTmpEdgePt[i] < 50){          //根据项目需要设定
            m_numLevels = i;
            break;
        }
    }

    //(6)创建每层的投票得分的累加矩阵并初始化为全零
    m_A.resize(m_numLevels);
    int l_level0Width = imgWidth / pow(float(2), (m_numLevels - 1));
    int l_level0Height = imgHeight / pow(float(2), (m_numLevels - 1));
    for (int level = 0; level < m_numLevels; level++){
        m_A[level].resize(m_thetaNum[level]);
        for (int k = 0; k < m_thetaNum[level]; k++){
            m_A[level][k].resize(m_scaleNum);
            for (int m = 0; m < m_scaleNum; m++){
                if (level == m_numLevels - 1)
                    m_A[level][k][m] = new cv::Mat(l_level0Height, l_level0Width,
CV_32F);
                else
                    m_A[level][k][m] = new cv::Mat(2*m_sigmaY+1,2*m_sigmaX+1,
CV_32F);
                m_A[level][k][m]->setTo(0);
            }
        }
    }
```

(3) 创建 R 表函数 BuildRTable：先调用 mySobel 函数获取模板图像的边沿及相关信息，再将参考点到每个边沿点的向量以梯度为索引添加到 R 表中。

BuildRTable 函数的实现代码如下：

```
//tmp：输入模板图像；rtable：计算出的 R 表；level：当前金字塔层级
void BuildRTable(cv::Mat &tmp, R_Table &rtable, int level){
  //(1)由模板图像获取边沿点的各种信息
```

```
    cv::Mat l_fai, l_dx, l_dy;
    cv::Mat *l_edge = new cv::Mat();
    mySobel(tmp, *l_edge, l_fai, l_dx, l_dy, m_numTmpEdgePt[level], level, m_contrast);

    //(2)以指针的形式遍历边沿图像，获取 R 表
    rtable.resize(m_faiNum[level]);
    int l_centerX = tmp.cols / 2, l_centerY = tmp.rows / 2;
    float *l_dxPtr, *l_dyPtr;
    unsigned short *l_faiPtr;
    unsigned char *l_edgePtr;
    cv::Point l_r;
    for (int r = 1; r < l_edge->rows - 1; r++){
      l_dxPtr = l_dx.ptr<float>(r) + 1;    l_dyPtr = l_dy.ptr<float>(r) + 1;
      l_edgePtr=l_edge->ptr<unsignedchar>(r)+1;l_faiPtr=l_fai.ptr<unsignedshort>(r)+1;
      for (int c = 1; c < l_edge->cols - 1; c++){
        if (*l_faiPtr < 65535){   //是边沿点
          l_r.x = c - l_centerX;    l_r.y = r - l_centerY;
          rtable[*l_faiPtr].push_back(l_r);   //将边沿点到中心点的向量保存
        }
        l_dxPtr++;    l_dyPtr++;    l_edgePtr++;    l_faiPtr++;
      }
    }
}
```

(4) 边沿获取函数 mySobel：根据模板图像和指定的金字塔层数，获取模板边沿图像及各边沿点的相关数据，包括梯度 dx/dy、梯度角 φ、边沿点数目等，此函数在目标检测过程中会再次调用。本实现有两种由宏 EDGE_METHOD 控制的边沿获取方式，即 Canny 方法和 Sobel 方法，通过实践发现前者对于小目标的稳定性不如后者。

mySobel 函数的实现代码如下：

```
//src：输入图像, edge：获得的边沿图像, fai：各边沿点到中心点的角度索引矩阵, dx：X 方向
//梯度, dy：Y 方向梯度, numEdgePt：边沿点数目, level：金字塔层级, contrast：Sobel 方法确
//定边沿的对比度阈值
void mySobel(Mat &src, Mat &edge, Mat &fai, Mat &dx, Mat &dy, int &numEdgePt, int level, int
contrast){
  //(1)初始化参数
  numEdgePt  =  0;    edge.create(src.size(),  CV_8U);    dx.create(src.size(),  CV_16S);
dy.create(src.size(), CV_16S);   fai.create(src.size(), CV_16U);   fai.setTo(65535);
```

```
    //(2)利用 Sobel 函数求 X/Y 方向梯度
    Sobel(src, dx, CV_16S, 1, 0);
    Sobel(src, dy, CV_16S, 0, 1);

    //(3)根据两种边沿获取方法(Canny 和 Sobel)进行对应的预备操作
#if (EDGE_METHOD == 1)  //如采用 Canny 方法，则直接获取边沿
    Canny(src, edge, CANNY_LOW_THRESH, CANNY_LOW_THRESH * 2);
#elif (EDGE_METHOD == 2)  //如采用 Sobel 方法，则先将边沿图像置零
    edge.setTo(0);
#endif

    //(4)以指针的形式遍历图像，计算各边沿点到中心点的角度索引
    short *l_dxPtr, *l_dyPtr;
    short l_dx, l_dy;
    unsigned char *l_edgePtr;
    unsigned short *l_faiPtr;
    for (int r = 0; r < src.rows; r++){
      l_dxPtr = dx.ptr<short>(r);   l_dyPtr = dy.ptr<short>(r);
      l_faiPtr = fai.ptr<unsigned short>(r);   l_edgePtr = edge.ptr<unsigned char>(r);
      for (int c = 0; c < src.cols; c++){
        l_dx = *l_dxPtr;   l_dy = *l_dyPtr;
#if (EDGE_METHOD == 1)    //如采用 Canny 方法，直接根据已有边沿计算
          if (*l_edgePtr == 255){
            numEdgePt++;
            *l_faiPtr = FaiToIndex(fastAtan2(l_dy, l_dx), level);
          }
#elif (EDGE_METHOD == 2)  //如采用 Sobel 方法，则先获取确定边沿后计算
          if (max(abs(l_dx), abs(l_dy)) > contrast){
            *l_edgePtr = 255;
            numEdgePt++;
            *l_faiPtr = FaiToIndex(fastAtan2(l_dy, l_dx), level);
          }
#endif
          l_dxPtr++;   l_dyPtr++;   l_edgePtr++;   l_faiPtr++;
      }
    }
}
```

(5) 在检测图像中搜索目标函数 findModel：先对累加矩阵 ***A*** 进行清理，对检测图像创建金字塔并调用单层目标搜索函数 GHTFindModel 实现依次从金字塔最高层到最底层的目标搜索。

findModel 函数的实现代码如下：

```
//src—输入图像，minScore—检出目标的最低得分，overlap—相邻目标最大重叠度，minScore—
//边沿提取的对比度阈值
void findModel(Mat &src, float minScore, float overlap, int numMatches, unsigned char
minContrast) {
    //(1)参数初始化
    m_minScore = minScore;    m_numMatches = numMatches;
    m_minContrast = minContrast;    m_overlap = overlap;

    //(2)清空目标搜索结果及投票得分累加矩阵
    m_targets.clear();
    for (int level = 0; level < m_numLevels; level++)
        for (int k = 0; k < m_thetaNum[level]; k++)
            for (int m = 0; m < m_scaleNum; m++)
                m_A[level][k][m]->setTo(0);

    //(3)创建检测图像金字塔
    m_pyrSrc[0] = &src;
    for (int i = 0; i < m_numLevels - 1; i++)
      pyrDown(*(m_pyrSrc[i]), *(m_pyrSrc[i + 1]), cv::Size(m_pyrSrc[i]->cols / 2, m_pyrSrc
[i]->rows / 2));

    //(4)搜索金字塔顶层目标
    Point l_resultPt;
    cv::Mat *l_topLevelSrc = m_pyrSrc[m_numLevels - 1];
GHTFindModel(*(m_RTable[m_numLevels-1]), *l_topLevelSrc, m_numLevels-1, m_numMatches,
m_targets);
    if (m_targets.size() == 0) return;    //没找到目标就退出

    //(5)获取目标在金字塔非顶层的结果
    for (int i = m_numLevels - 2; i >= 0; i--){
        GHTFindModel(*(m_RTable[i]), *(m_pyrSrc[i]), i, m_numMatches, m_targets); //
        if (m_targets.size() == 0) return;
}
```

(6) 单层目标搜索函数 GHTFindModel：对检测图像金字塔的某一层进行目标搜索，该函数是整个算法实现中难度最高的部分。

该函数的基本实现思路是以边沿匹配的得分为判据，先在金字塔顶层的整个图像中搜索目标，得到目标的大致结果，再对其他层图像在上一层图像目标结果的周围区域中进一步搜索目标更精确的结果，实施步骤如下：

① 调用 mySobel 函数获取检测图像的边沿及相关信息。

② 根据上一层目标搜索情况计算本层的目标搜索参数，包括旋转角度的搜索范围、缩放尺寸的搜索范围、图像的搜索区域等。

③ 开启多线程进行投票(对每一个可能的旋转索引和缩放索引开启一个投票线程)，并对投票得到的累加矩阵 **A** 进行滤波处理。

④ 根据累加矩阵 **A** 的峰值及得分阈值挑选出潜在的目标对象，并调用聚类函数 myCluster，根据得分高低删除不符合要求的目标(数目过多或目标相互之间距离过近)。

GHTFindModel 函数的具体实现代码如下：

```
//搜索金字塔某一层的目标，rtable—R 表，img—检测图像，level—金字塔层级，numMatches—
//最大目标个数，targets—搜索到的目标
void GHTFindModel(R_Table &rtable, cv::Mat &img, int level, int numMatches, vector<target>
&targets){
  //(1)由检测图像获取边沿点的各种信息
  cv::Mat l_edge, l_fai, l_dx, l_dy;
  int l_numImgEdgePt;
  mySobel(img, l_edge, l_fai, l_dx, l_dy, l_numImgEdgePt, level, m_minContrast);
  vector<target> l_outTargets;              //存储搜索到的目标
  bool l_needMask = true;                   //当上层金字塔已经搜索到目标时为真

  //(2)当前还没有目标(一般为金字塔顶层)的处理
  if (targets.size() == 0){
    l_needMask = false;
    target l_target;
    l_target.pt.m_angle = l_target.scale = l_target.pt.m_x = l_target.pt.m_y = INT_MIN;
    targets.push_back(l_target);            //先添加一个不可能的目标，以便统一处理
    if (level != m_numLevels - 1){          //非金字塔顶层，则需重新创建当前层的累加矩阵
      for (int scaleIndex = 0; scaleIndex < m_scaleNum; scaleIndex++){
        for (int thetaIndex = 0; thetaIndex < m_thetaNum[level]; thetaIndex++){
          if (m_A[level][thetaIndex][scaleIndex])
            delete m_A[level][thetaIndex][scaleIndex];
          m_A[level][thetaIndex][scaleIndex] = new Mat(img.size(), CV_32F);
          m_A[level][thetaIndex][scaleIndex]->setTo(0);
        }
```

```
            }
        }
    }
    cv::Mat l_score(m_A[level][0][0]->size(),CV_32F);    //记录所有旋转和缩放的最高分
    l_score.setTo(0);
    for (int ti = 0; ti < targets.size(); ti++){         //ti: target index
    //(3)计算当前目标的搜索参数
        int l_scaleIndex, l_scaleStart, l_scaleEnd;       //缩放参数
        vector<int> l_thetaStart, l_thetaEnd;             //旋转参数
        int l_xStart, l_xEnd, l_yStart, l_yEnd;           //搜索区间参数
        int l_xcStart, l_xcEnd, l_ycStart, l_ycEnd;       //中心点范围参数
        if (targets[ti].pt.m_angle == INT_MIN){           //顶层，需要搜索所有角度
            l_thetaStart.push_back(0);
            l_thetaEnd.push_back(m_thetaNum[level] - 1);
        }
        else{   //非顶层，需要搜索±m_sigmaTheta 个角度索引的范围
            int l_thetaIndex = ThetaToIndex(targets[ti].pt.m_angle, level);
            int l_start = l_thetaIndex - m_sigmaTheta;
            int l_end = l_thetaIndex + m_sigmaTheta;
            if (l_start < 0){                             //越界调整
                l_thetaStart.push_back(0);
                l_thetaEnd.push_back(l_end);
            }
            else if (l_end >= m_thetaNum[level]){
                l_thetaStart.push_back(l_start);
                l_thetaEnd.push_back(m_thetaNum[level] - 1);
            }
            else{
                l_thetaStart.push_back(l_start);
                l_thetaEnd.push_back(l_end);
            }
        }
        if (targets[ti].scale < m_scaleStart){            //顶层，需要搜索所有缩放范围
            l_scaleStart = 0;
            l_scaleEnd = m_scaleNum - 1;
        }
        else{   //非顶层，需要搜索±m_sigmaScale 个缩放索引的范围
            l_scaleIndex = ScaleToIndex(targets[ti].scale);
```

```
        l_scaleStart = l_scaleIndex - m_sigmaScale;
        l_scaleEnd = l_scaleIndex + m_sigmaScale;
    }
    int l_xs, l_ys;
    if (targets[ti].pt.m_x == INT_MIN){            //顶层，需要搜索整幅图像
        l_xs = l_ys = l_xStart = l_xcStart = l_yStart = l_ycStart = 0;
        l_xEnd = l_xcEnd = img.cols - 1;
        l_yEnd = l_ycEnd = img.rows - 1;
    }
    else{  //非顶层，只需在预设小范围搜索
        l_xs = targets[ti].pt.m_x * 2;             //根据上层目标推算的本层目标中心点
        l_ys = targets[ti].pt.m_y * 2;
        l_xcStart = max(0, l_xs - m_sigmaX);
        l_xcEnd = min(img.cols - 1, l_xs + m_sigmaX);
        l_ycStart = max(0, l_ys - m_sigmaY);
        l_ycEnd = min(img.rows - 1, l_ys + m_sigmaY);
        int l_x, l_y;
         GetRotatedImageSize(m_pyrTmp[level]->rows/2, m_pyrTmp[level]->cols/2, targets[ti].
pt.m_angle, l_x, l_y);//获取旋转后模板图像的尺寸
        //根据中心点范围和旋转后模板图像的尺寸确定本层搜索范围
        l_xStart = max(0, l_xcStart - l_x);   l_xEnd = min(img.cols - 1, l_xcEnd + l_x);
        l_yStart = max(0, l_ycStart - l_y);   l_yEnd = min(img.rows - 1, l_ycEnd + l_y);
    }

    //(4)开启多线程进行投票(对每一个可能的旋转和缩放索引开启一个投票线程)
    int l_index = 0;
    DWORD l_dwThreadId[MAX_THREADS];
    HANDLE l_hThread[MAX_THREADS];
    GHTDataPtr l_pData;  //传递给线程的参数
    for(int scaleIndex=l_scaleStart;scaleIndex<=l_scaleEnd;scaleIndex++){     //缩放
        for (int i = 0; i < l_thetaStart.size(); i++){          //遍历每个目标的旋转参数
            for(int thetaIndex = l_thetaStart[i]; thetaIndex <= l_thetaEnd[i];   thetaIndex++){ //旋转
                l_pData = new GHTData();
                if (l_pData == NULL) ExitProcess(2);        //内存申请失败，退出程序
                l_pData->ptr = this;   l_pData->scaleIndex = scaleIndex;   l_pData->thetaIndex =
thetaIndex;   l_pData->edge = &l_edge;   l_pData->dx = &l_dx;   l_pData->dy = &l_dy;
l_pData->xStart = l_xStart;   l_pData->xEnd = l_xEnd;   l_pData->yStart = l_yStart;
l_pData->yEnd = l_yEnd;   l_pData->xcStart = l_xcStart;   l_pData->xcEnd = l_xcEnd;
```

```
l_pData->ycStart = l_ycStart;    l_pData->ycEnd = l_ycEnd;    l_pData->xs = l_xs;    l_pData->ys =
l_ys;    l_pData->rtable = &rtable;    l_pData->level = level;    l_pData->needMask = l_needMask;
//赋值线程参数的各元素
                l_hThread[l_index] = CreateThread(NULL,0,ThreadProcGHT,l_pData, 0,
&l_dwThreadId[l_index]);//创建投票线程
                l_index++;
            }
        }
    }
    for (int i = 0; i < l_index; i++){
        WaitForSingleObject(l_hThread[i], -1);
        CloseHandle(l_hThread[i]);
    }

    //(5)对投票结果进行滤波处理
    int l_size = 3; //滤波尺寸
    cv::Mat l_mask(l_size, l_size, CV_32F);
    l_mask.setTo(1.0);
    for (int k = 0; k < m_A[level].size(); k++){
        for (int m = 0; m < m_A[level][k].size(); m++){
            cv::Mat *l_mat = m_A[level][k][m];
            filter2D(*l_mat, *l_mat, l_mat->depth(), l_mask); //执行滤波
        }
    }

    //(6)根据累加得分矩阵选出得分达到设定阈值的目标
    target l_target;
    if (l_needMask){ //上层已经找到目标的其他层
        float l_bestScore = INT_MIN;
        int l_bestI, l_bestJ, l_bestK, l_bestM, l_size1, l_size2;
        l_size1 = l_thetaStart.size();
        for (int i = 0; i < l_size1; i++){
            for (int k = l_thetaStart[i]; k <= l_thetaEnd[i]; k++){
                l_size2 = m_A[level][k].size();
                for (int m = 0; m < l_size2; m++){
                    cv::Mat *l_mat = m_A[level][k][m];
                    float *l_ptr;
                    for (int i = 1; i < l_mat->rows - 1; i++){
```

```
                        l_ptr = l_mat->ptr<float>(i) + 1;
                        for (int j = 1; j < l_mat->cols - 1; j++){
                            if (*l_ptr > l_bestScore){
                                l_bestScore = *l_ptr;            //得分
                                l_bestI = i;                     //Y 坐标
                                l_bestJ = j;                     //X 坐标
                                l_bestK = k;                     //旋转角度索引
                                l_bestM = m;                     //缩放比例索引
                            }
                            l_ptr++;
                        }
                    }
                }
            }
        }
        l_target.pt.m_x = l_bestJ + l_xcStart;                   //目标中心点 X 坐标
        l_target.pt.m_y = l_bestI + l_ycStart;                   //目标中心点 Y 坐标
        l_target.pt.m_angle = IndexToTheta(l_bestK, level);      //目标旋转角度
        l_target.scale = IndexToScale(l_bestM);                  //目标缩放比例
        l_target.score = l_bestScore;  //目标匹配得分
        l_outTargets.push_back(l_target);
    }
    else{ //顶层或上层未找到目标的层
        float l_th = m_numTmpEdgePt[level] * m_minScore;    //目标最低投票数
        int l_size1, l_size2;
        l_size1 = m_A[level].size();
        for (int k = 0; k < l_size1; k++){                      //角度遍历
            l_size2 = m_A[level][k].size();
                for (int m = 0; m < l_size2; m++){              //缩放遍历
                cv::Mat *l_mat = m_A[level][k][m];
                float *l_ptr;
                for (int i = 1; i < l_mat->rows - 1; i++){      //行遍历
                    l_ptr = l_mat->ptr<float>(i) + 1;
                    for (int j = 1; j < l_mat->cols - 1; j++){  //列遍历
                        if (*l_ptr > l_th){ //获得的选票超过最低要求
                            l_target.pt.m_x = j + l_xcStart;        //目标中心点 X 坐标
                            l_target.pt.m_y = i + l_ycStart;        //目标中心点 Y 坐标
                            l_target.pt.m_angle = IndexToTheta(k, level);//旋转角度
```

```
                l_target.scale = IndexToScale(m);            //缩放比例
                l_target.score = l_mat->at<float>(i, j);     //当前得分
                //在所有旋转和缩放情况下，该目标的最高得分
                float l_scoreV = l_score.at<float>(i, j);
                if (l_target.score > l_scoreV){              //需要更新目标的最佳得分
                  if (l_scoreV>0){//非首次存取该目标，需修改输出参数
                    for (int i = 0; i < l_outTargets.size(); i++){
                      if (l_outTargets[i].pt.Equal(l_target.pt)){
                        l_outTargets[i].pt.m_angle=l_target.pt.m_angle;
                        l_outTargets[i].scale = l_target.scale;
                        l_outTargets[i].score = l_target.score;
                       break;
                      }
                    }
                  }
                  else   l_outTargets.push_back(l_target);         //首次直接添加
                  l_score.at<float>(i, j) = l_target.score;        //更新最佳得分
                }
              }
             l_ptr++;
            }
          }
          l_mat->setTo(0);
        }
      }
    }
  }

  //(7)调用聚类函数过滤不符合要求的目标
  myCluster(l_outTargets,   numMatches,   targets,   min(m_pyrTmp[level]->rows,
m_pyrTmp[level]->cols) * (1.0F - m_overlap));
}
```

(7) 投票线程的执行函数 ThreadProcGHT：完成某一旋转角度和缩放比例的目标搜索。为了提高算法的效率，该函数为多线程并行执行。该函数计算出在指定旋转和缩放条件下图像中各像素位置的目标投票得分，投票超过预设阈值即为潜在目标位置。ThreadProcGHT 函数先获取线程创建者传递的参数，再遍历 R 表并完成投票。

ThreadProcGHT 函数的具体实现代码如下：

```
//投票线程的执行函数
DWORD WINAPI ThreadProcGHT(LPVOID lpParam){
  //(1)获取创建线程时传递的参数
  GHTDataPtr l_pData = (GHTDataPtr)lpParam;
  CGHTModelFinder *l_ghtModelFinder = l_pData->ptr;
  int l_thetaIndex = l_pData->thetaIndex;     //旋转角度索引
  int l_scaleIndex = l_pData->scaleIndex;     //缩放尺寸索引
  int l_level = l_pData->level;
  float l_scale = l_ghtModelFinder->IndexToScale(l_scaleIndex);   //当前匹配的缩放比例
  float l_theta = l_ghtModelFinder->IndexToTheta(l_thetaIndex, l_level);//当前匹配的旋转角度
  int l_x, l_y, l_xc, l_yc, l_count;
  unsigned short l_faiIndex;
  cv::Mat *l_mat = l_ghtModelFinder->m_A[l_level][l_thetaIndex][l_scaleIndex];
  int l_xStart = l_pData->xStart, l_xEnd = l_pData->xEnd, l_yStart = l_pData->yStart, l_yEnd =
l_pData->yEnd, l_xcStart = l_pData->xcStart, l_xcEnd = l_pData->xcEnd, l_ycStart =
l_pData->ycStart, l_ycEnd = l_pData->ycEnd;
  //(2)遍历 R 表并完成投票
  short *l_dxPtr, *l_dyPtr;
  unsigned char *l_edgePtr;
  float l_faiValue, l_theta1;
  l_theta1 = l_theta * CV_PI / 180.0F;
  float cos_theta1 = cos(l_theta1);
  float sin_theta1 = sin(l_theta1);
  for (int y = l_yStart; y <= l_yEnd; y++){
    l_dxPtr = l_pData->dx->ptr<short>(y) + l_xStart;
    l_dyPtr = l_pData->dy->ptr<short>(y) + l_xStart;
    l_edgePtr = l_pData->edge->ptr<unsigned char>(y) + l_xStart;
    for (int x = l_xStart; x <= l_xEnd; x++){
      if (l_edgePtr != NULL && *l_edgePtr){   //为边沿点
        l_theta1 = l_theta * CV_PI / 180.;
        l_faiValue = (cv::fastAtan2(*l_dyPtr, *l_dxPtr) - l_theta);//获取角度 φ
        JustifyAngle_1(l_faiValue); //将角度纠正到 0-360 度之间
        l_faiIndex=l_ghtModelFinder->FaiToIndex(l_faiValue,l_level);//求 φ 的索引
        l_count = (*(l_pData->rtable))[l_faiIndex].size();
        vector<cv::Point> *l_vecPtr = l_pData->rtable->data() + l_faiIndex;
        cv::Point* p = l_vecPtr->data();
        for (int i = 0; i < l_count; i++){//获取旋转并缩放后的投票点
         l_xc = cvRound(x - (p->x * cos_theta1 - p->y * sin_theta1) * l_scale);
```

```
                l_yc = cvRound(y - (p->x * sin_theta1 + p->y * cos_theta1) * l_scale);
                if(l_xc>=l_xcStart&&l_xc<=l_xcEnd&&l_yc>=l_ycStart&&l_yc<=l_ycEnd)
                l_mat->at<float>(l_yc-l_ycStart, l_xc-l_xcStart)+=1;       //投票点落在中心点附近
                p++;
              }
            }
            l_dxPtr++;   l_dyPtr++;   l_edgePtr++;
        }
    }
    delete l_pData;     //删除参数
    return 0;
}
```

(8) 聚类函数 myCluster：由投票结果聚类得到最终的搜索目标结果，该函数的实现思路是先删除距离近于设定阈值且得分低于相邻的目标，再保留预设最大结果数目的目标。

myCluster 函数的具体实现代码如下：

```
//输入目标集合 input，输出目标集合 output，最多返回 numMatches 个目标，且中心距离不
//小于 distance
void myCluster(vector<target> &input, int numMatches, vector<target> &output, float distance){
  //(1)若相互之间的中心距离小于 distance，则保留得分高的目标
  vector<target> centers;
  for(int i = 0; i < input.size(); i++){                  //在集合 input 中，逐个选择性地添加到 centers
    bool l_flag = true;
     for (int j = 0; j < centers.size(); j++) {           //待加入目标 input[i]与已加入的逐个比较
         if((sqrt(pow(float(input[i].pt.m_x-centers[j].pt.m_x),2)+pow(float (input[i].pt.m_y –
centers [j].pt.m_y),2))<distance)){                       //如距离过近则合并
         if (input[i].score > centers[j].score)  //保留得分高的
            centers[j] = input[i];
         l_flag = false;
         break;
         }
    }
    if (l_flag)                                           //如没有合并过
       centers.push_back(input[i]);
  }

  //(2)最多保留 numMatches 个得分排名较高的目标
  sort(centers.begin(), centers.end(), std::greater<target>());
```

```
    input = centers;
    output.clear();
    if (numMatches > 0) {
        for (int i = 0; i < std::min<int>(centers.size(), numMatches); i++)
  output.push_back(centers[i]);
    }
    else output = centers;
}
```

4.5.3　算法应用案例

工业生产中经常需要检测任意摆放条件下的产品相关参数是否符合要求。由于待检测产品的摆放位置和角度是变化的，因此在采用机器视觉系统进行自动检测时，大都需要先对产品目标进行定位。由于整体上产品外观几乎一致，因此通过先建立模板图像即可方便地利用本节算法实现产品的稳定定位。

墙板卡扣是一种墙体装修时常用的零件，主要用于对装饰墙板进行固定。墙板卡扣由金属铁片加工而成，有孔(用于螺钉穿过墙体固定)和向外凸出的卡槽(用于卡住墙板)，图4.5.7所示为墙板卡扣实物图。在实际使用时，墙板卡扣有无加工通孔、所加工通孔的位置是否正确及向外凸出的卡槽是否正确加工对于产品的正常使用是比较关键的。

本案例采用背光源照明，形成墙板卡扣的通孔及卡槽的轮廓图像，在不同摆放条件下的成像一致性较高。在建立模板的条件下，利用本节实现的基于广义霍夫变换的目标定位算法可快速、稳定地定位墙板卡扣的中心并确定旋转角度，再对预设的几个通孔检测区域进行相应的平移和旋转后，通过计算通孔检测区域内背景与前景的比例可实现通孔的完整性检测，图4.5.8所示是通孔有异常情况时的检测结果。

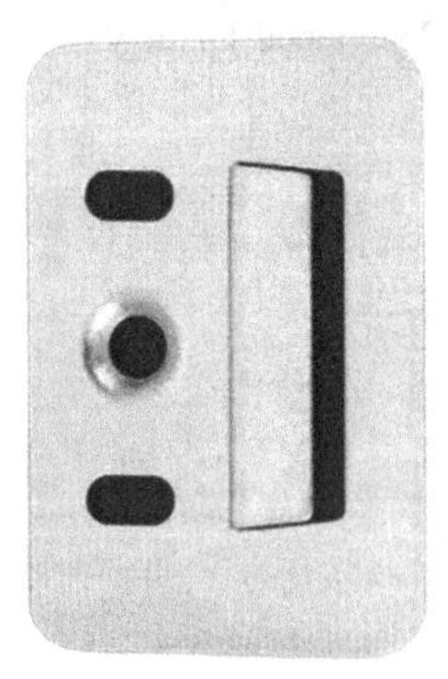

图 4.5.7　墙板卡扣实物

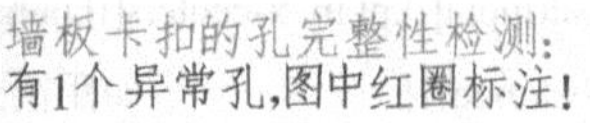

图 4.5.8　墙板卡扣孔完整性检测结果

第 5 章　系统应用案例的开发

本章主要讲解 5 个系统应用案例的开发，都采用先简要介绍案例背景再详细讲解案例开发过程的模式。5 个系统应用案例都实现了任意摆放的检测，包括 4 个黑白相机应用和 1 个彩色相机应用。其中，第一个案例“轴承夹齿牙计数与定位”能够对任意型号的轴承夹进行快速计数并定位每个齿牙的位置，主要通过调用第 4 章的底层通用算法库来实现，实现起来比较简单；第二个案例“彩色线束线序检测”为本章唯一一个彩色相机应用案例，该彩色线束线序检测方法具有高适应性，在颜色训练阶段能自动获取训练导线的 RGB 三个通道的颜色均值，从而提高了导线颜色标准值的获取效率和稳定性，在识别阶段可自动适应任意摆放方向的线束；第三个案例“R 型销间隙测量”实现了 R 型销 3 个间隙的快速、无接触的测量，间隙测量一直是工业测量的痛点，该案例是机器视觉技术解决间隙测量的一个典型案例；第四个案例“螺钉螺纹计数”能快速完成螺钉长度和宽度测量、型号的识别及螺纹计数，算法实现难度较大；第五个案例“压缩弹簧中段线径测量”实现了在 200 ms 内完成数百个以上的检测点位的线径测量，在保障较高的测量精度的条件下，相较于传统的弹簧线径测量方法在测量密度和效率上有明显优势，在 5 个案例中实现难度最大。

5.1　轴承夹齿牙计数与定位

5.1.1　案例背景

轴承夹即轴承保持器，是一种常见的机械零部件，图 5.1.1 所示为轴承夹实物图。作为保持轴承钢球的主架，其内圆部分有数个齿牙指向圆心。在轴承夹的生产和装配过程中，轴承夹齿牙的数目和位置是非常关键的参数，对后续与轴承钢球的配合使用影响较大。目前，轴承夹齿牙的计数与位置检查大都依靠人工肉眼判别。

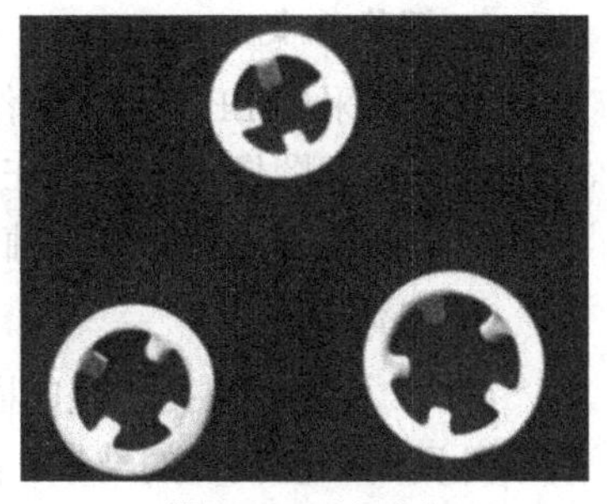

图 5.1.1　轴承夹

关于轴承及周边部件的视觉检测技术研究，文献[62]提出了一种基于机器视觉的轴承圆柱滚子的直径与长度尺寸的测量方法。文献[63]针对轴承检测缺陷样本的采集成本高的问题，提出了一种可有效扩充轴承样本数据集的规范化样本拆分的方法，对原图像进行透视变换校正和规范化样本拆分操作后，显著提升了检测效果。文献[64]提出了一种基于高斯加权均值分割的轴承滚子检测和轴承保持架支柱的定位方法，以提高流水线检测和装配的效率。文献[65]针对轴承表面光照不均影响尺寸测量精度的问题，提出了一种基于遗传算法的最大熵阈值分割算法，并在此基础上建立了一套实现光照自适应的轴承尺寸检测系统。文献[66]为了实现曲轴轴承盖在生产线上的自动分拣，提出了一种基于支持向量机的曲轴轴承盖外形轮廓分类方法。文献[67]针对圆锥滚子有倒装风险引起缺陷的问题，提出了一种基于数字滤波技术的倒装识别算法。文献[68]设计了一套基于机器视觉的轴承套圈尺寸检测、分类和缺陷检测一体化的系统。文献[69]提出了一种基于机器人视觉的轴承缺珠检测方法，该方法利用 Otsu 法得到二值化的最佳阈值。文献[70]针对复杂背景情况下的工件圆孔识别和检测，提出了一种基于图像深度信息集的霍夫圆检测的工件圆孔检测方法，对三轴磁流体密封装置上的轴承孔进行边缘特征提取和检测。

由于轴承在机械工程中的关键作用以及机器视觉技术在效率和精度等方面的优势，近年来基于机器视觉的轴承及周边部件的检测技术得到了广泛研究。本案例对轴承夹这一轴承周边辅助部件进行研究，提出了一种基于机器视觉的轴承夹齿牙计数与定位的方法，该方法能够在 15 ms 内完成对任意摆放、任意型号的轴承夹进行计数并定位每个齿牙的位置。

5.1.2 案例开发

1. 案例实施流程

案例实施流程如图 5.1.2 所示，由内、外圆边沿点的获取与拟合内、外圆(包括图 5.1.2 中从“图像采集”到“用最小二乘法拟合内、外圆”共六个步骤)和提取内圆区域前景部分并由连通域分析得到齿牙数目和齿牙中心点(包括图 5.1.2 中的其他三个步骤)两部分构成。后一部分的实现难度较低，前一部分虽然直接实现的复杂度较高，但主要通过调用第 4 章中的单环检测算法来完成，因此整个案例实现的代码量较小。

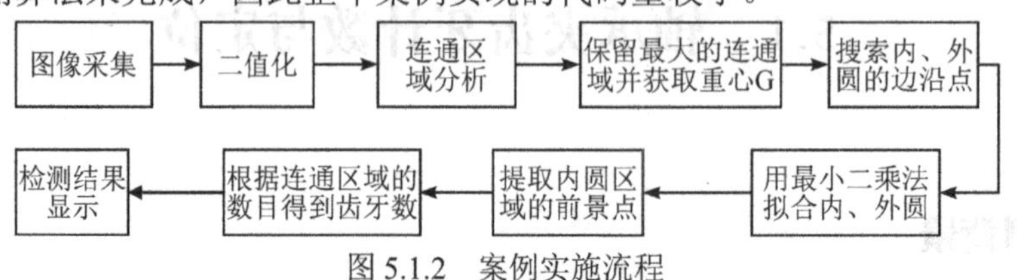

图 5.1.2 案例实施流程

1) 图像采集

本案例采用 LED 背光源作为光源、利用 500 万像素黑白相机和 50 mm 焦距镜头捕获轴承夹的轮廓图像，调光时在不损伤轴承夹边沿的情况下尽可能把背景打亮一些，以方便后续使用反向二值化分割出轴承夹对象前景部分，图 5.1.3 所示是抓拍得到的轴承夹原图。

2) 图像预处理

(1) 二值化：根据设定的固定阈值对原图进行反向二值化，记为二值图 BW1，图 5.1.4 所示是反向二值化后的结果。在本案例实验中，二值化阈值设为 100，将灰度值小于 100 的像素设为 255，否则设为 0。

图 5.1.3 轴承夹原图

图 5.1.4 反向二值化后的结果

二值化实现代码如下：

```
SetGRE(0);
GREFactory::m_gre[m_greIndex]->Run(*srcImg);        //调用前景提取函数
Mat *l_imgBinary = &(GREFactory::m_gre[m_greIndex]->m_result); //获取二值化图
```

(2) 连通区域分析。利用第 4 章连通域分析模块中的方法对二值图像进行连通域分析，并保留最大连通域，实现代码如下：

```
filterContinousArea(*l_imgBinary, 1, 255, 0);      //调用连通域分析模块函数，保留最大连通域
```

(3) 保留最大的连通域并获取重心 G。求保留面积最大连通区域的重心，记为点 G。将其余连通域的所有像素置 0，即为背景色，以消除噪点的干扰，实现代码如下：

```
Point2f searchCenter = CalGravityCenter(*l_imgBinary,255); //调用重心提取函数
SetSearchCenter(searchCenter); //将重心设置为单环检测算法的中心点
```

3) 两个圆环的获取

(1) 搜索内、外圆的边沿点。利用分段扫描的方法，对二值图中的目标对象进行内、外两个圆形的边沿点定位。以重心 G 为圆心，将整个圆平均分为 N 段(本案例实验中 N 取 100)，设定每段的起始半径 R_1(本案例实验中 R_1 取 50 像素)和结束半径 R_2(本案例实验中 R2 取 400 像素)。从离圆心 G 距离为 R_1 和 R_2 的两个点的方向上进行搜索，找到的第一个值为 255 的点并标记为内边沿点，即为轴承夹内圆部分的边界点，将 N 个内圆部分的边界点保存在集合 C_1 中。从离圆心 G 距离为 R_2 和 R_1 的两个点的方向上进行搜索，找到的第一个值为 255 的点并标记为外边沿点，即为轴承夹外圆部分的边界点，将 N 个外圆部分的边界点保存在集合 C_2 中。在图 5.1.5 中，100 条线段里面的内接小圆为各线段的起始点，外接大圆为各线段搜索截止点，线段中间的小圆点为搜索到的内、外边沿点。

(2) 用最小二乘法拟合内、外圆。利用内、外边沿点拟合内、外两个圆，以集合 C_1 中的点为参数进行最小二乘法拟合，得到拟合内圆 C_1 的半径 R_{IN}，以集合 C_2 中的点为参数进行最小二乘法拟合，得到拟合内圆 C_1 的半径 R_{OUT}。在图 5.1.5 中，用紫色(深色)圆绘制出了内、外两个圆的拟合结果。其中，内半径用于后面步骤中齿牙前景像素的提取，外半径可用作轴承夹型号的判别。用最小二乘法拟合内、外圆的实现代码如下：

```
m_innerSC->Check(srcImg);      //本步骤通过调用 4.4 节中的单环检测算法实现
```

4) 齿数计算及中心点定位

(1) 提取内圆区域的前景点。对二值图 BW1，以重心 G 为圆心、R_{IN} 为半径、0 为填充色画实心圆，得到二值图 BW2，然后用 BW1 减去 BW2，得到二值图 BW3，即为仅包含内圆区域的前景点的二值图像，其结果如图 5.1.6 所示。

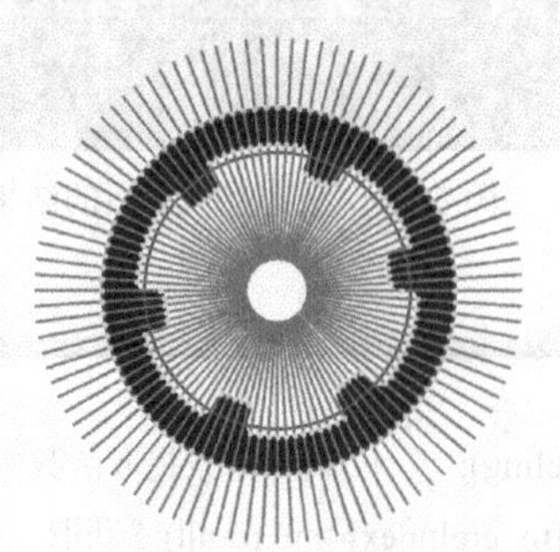

图 5.1.5 内、外圆边沿点定位及最小二乘法拟合结果

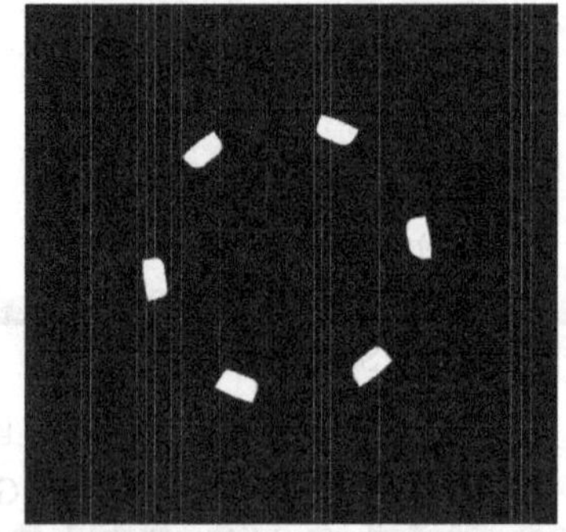

图 5.1.6 仅包含内圆区域的前景点的结果

提取内圆区域的前景点的实现代码如下：

```
Mat dst = l_imgBinary->clone();    //(1)深度复制二值化图像
//(2)利用 OpenCV 绘制圆形的函数删除内容部分前景
circle(dst, m_innerSC->m_searchCenter, m_innerSC->m_innerCircleRadius, 0, -1);
*l_imgBinary -= dst;      //(3)两个二值图相减得到内圆以内区域的齿牙部分
```

(2) 根据连通区域的数目得到齿牙数。对二值图 BW3 进行连通域分析，连通域数目即为轴承夹齿牙数，其运行结果如图 5.1.7 所示。为了确认齿牙数和定位的准确性，以每个连通域的重心为圆心在原图中画白色圆点标记，以显示最终齿牙定位位置。

根据连通区域的数目得到齿牙数的实现代码如下：

```
vector<vector<Point>> l_areas;
getContinousArea_getCenters(*l_imgBinary, l_areas, m_centers, 20);//调用连通域分析模块
m_detected_tooth_num = m_centers.size();       //连通区域数即为齿牙数
```

5) 检测结果显示

在实验运行结果图片的左上角显示检测项目类型和检出的轴承夹齿牙数目(括号内显示标准值数目，若二者一致，则该行文字显示为绿色，否则该行文字显示为红色)，若检测出的轴承夹齿牙数目与预设的标准值相同，则表示该对象检测通过并在结果图片右上角显示绿色字符串“OK”，否则该对象检测不通过，并在结果图片右上角显示红色字符串“NG”。

图 5.1.7 所示为轴承夹齿牙数目与预设标准不相符的检测结果示例，标准数目设置值为 5，而检出 6 个齿牙。

图 5.1.8 所示为轴承夹齿牙数目与预设标准相符的检测结果示例，检出齿牙数目和标准数目设置值均为 5。

图 5.1.7　运行结果(齿数与预设标准不符)

图 5.1.8　运行结果(齿数与预设标准相符)

判断检测结果是否通过的实现代码如下：

```
if (m_tooth_num != m_detected_tooth_num){      //(1)根据预设齿牙数得出检测结果
        m_result |= 1;
}
return m_result;        //(2)返回检测结果
```

2. 实验结果

经过对多个型号、数百张图像的测试，本案例的算法在齿牙计数及齿牙定位两方面都得到了正确结果。在算法运行效率方面，经测试，在笔记本电脑(CPU 主频为 2.2 GHz，RAM 为 8 G)上运行，该算法的平均运行时间为 13.68 ms，在速度上可以满足工业检测的实际应用要求。

5.2　彩色线束线序检测

5.2.1　案例背景

随着电力、电子工业的发展，由各种颜色的线缆线束组成的连接线在电力、电子产品中应用得越来越广泛，如接插线、通信连接线、电脑连接线、汽车连接线、屏蔽线等[71]。在生产过程中，往往要求各种颜色的导线严格按照规定的顺序排列，而在线束线序检测中，目前还有很多企业使用人工肉眼判别的方法进行检测，常因视觉疲劳而造成漏错、误检。

为了提高线序检测的效率和稳定性，文献[71]提出了一种速度和检测成功率较高的基于颜色聚合向量的线序检测方法，文献[72]设计了一种对电池线序的状态进行识别的线序检测电路，文献[73]设计了一种应用于多通道声呐接收机的自动线序测试装置，文献[74]设计了一种基于视觉的彩色排线线序检测设备，文献[75]提出了一种基于机器视觉与模糊控制的电缆线序识别方法及设备。

目前，基于机器视觉的导线线序检测方法和设备检测效率较高，但往往要求线缆按指定的位置和方向放置才能进行检测，且在测试前往往需要多次尝试来获取导线局部像素的颜色值，进而设置各种导线颜色的标准色，调试时间较长，灵活性不足。

本案例针对目前的机器视觉导线线序检测系统无法自动适应导线摆放方向变化等问题，设计了一种基于机器视觉的高适应性彩色线束线序检测方法，该方法可自动适应任意方向的线束，能自动获取单条导线的 RGB 三个通道的颜色均值，提高了设置各种导线颜色标准值的效率和稳定性。该方法通过导线最长的轮廓的最小外接矩形的方向来判别导线的摆放方向，根据各导线重心在检测方向的投影离图像原点的距离来确定视野中各导线的线序，实现了自动适应各种摆放角度的检测对象。经过实验验证，算法平均用时约为 32 ms，运行效率高，检测正确率达 100%，算法的运行效率和检测正确率较高，具有一定的实用价值。

5.2.2 案例开发

1. 案例实施流程

图 5.2.1 所示为本案例算法的结构，它是由图像采集、导线颜色库的建立、图像预处理与检测方向的确定、线序检测和检测结果显示五个部分构成的。

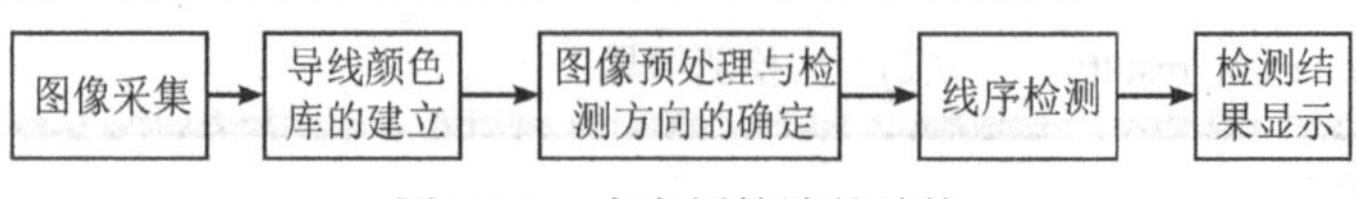

图 5.2.1 本案例算法的结构

1) 图像采集

系统硬件包括计算机、彩色工业相机、工业镜头和 LED 环形光源，计算机与工业相机连接，LED 环形光源的亮度可调，用于建立成像环境，工业相机和工业镜头用于采集导线表面图像，计算机用于控制工业相机进行图像采集以及后续的图像处理算法。系统采用 500 万像素 CMOS 面阵彩色相机、LED 环形光源和 25 mm 的工业镜头。图 5.2.2(a)所示为系统采集到的导线原图。

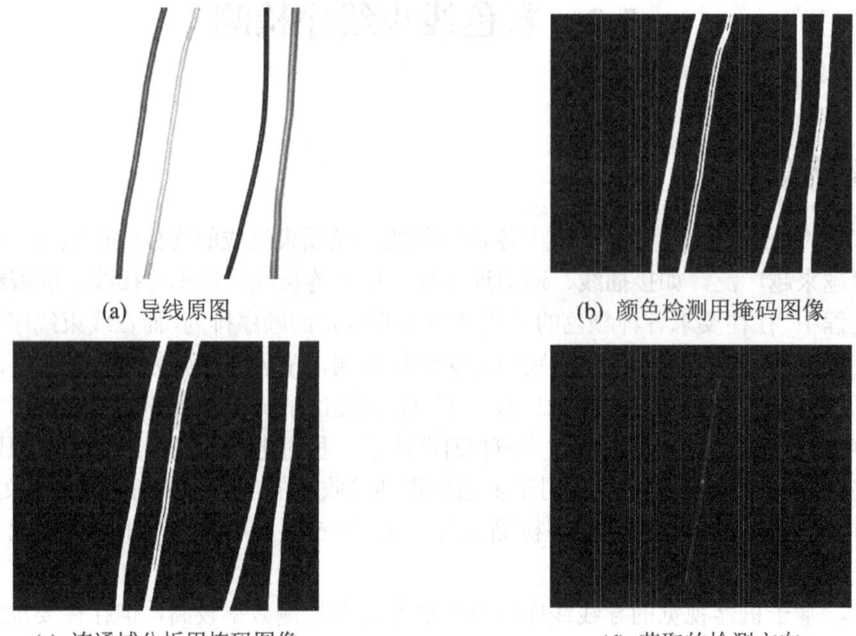

(a) 导线原图 (b) 颜色检测用掩码图像

(c) 连通域分析用掩码图像 (d) 获取的检测方向

图 5.2.2 原图、掩码图与检测方向

2) 导线颜色库的建立

本方法识别导线颜色的基本原理是比较被测导线颜色的 RGB 平均值与导线颜色库中各种导线的基准颜色，以 RGB 差值绝对值之和最小的那种颜色为测量结果。由于环境光照非绝对均匀以及导线不同部位的反射光线存在差异等原因，同一颜色导线的不同位置成像有明显区别。传统的通过手动获取局部位置的 RGB 值后多次手动设置该导线的基准色的方法效率较低且稳定性不够高。为了加快各种颜色导线的基准颜色的获取，本方法通过图像处理的方法自动获取各种导线的基准颜色，进而快速建立导线颜色库。本方法分别将各种颜色的导线放入测量视野中，算法通过连通域分析获取包含导线的所有像素，再计算出这些像素的 RGB 平均值并在图像中显示，具体实现方法的细节与 4.3 节类似。如图 5.2.3 所示为单条导线颜色的自动提取结果。

图 5.2.3　单条导线颜色的自动提取结果

建立导线颜色库的实现代码如下：

```
//(1)把彩色图像转换为灰度图像并作反向二值化
Mat gray_img, dst;
cvtColor(*srcImg, gray_img, CV_BGR2GRAY);
cv::threshold(gray_img, dst, 240, 255, cv::THRESH_BINARY_INV);   //排除高反光部分

//(2)由连通域分析提取导线区域
vector<vector<Point>> l_areas1;
Point2f wires_center1[1];
filterContinousArea_getCentersAndAreas(dst, 1, l_areas1, wires_center1);

//(3)遍历导线区域的每一个像素，求颜色均值
Vec3d avg_color1;
avg_color1 = Vec3d(0, 0, 0);
for (int j = 0; j < l_areas1[0].size(); j++){
        avg_color1 += srcImg->at<Vec3b>(l_areas1[0][j]);
}
int N = (int)l_areas1[0].size();
avg_color1 = avg_color1 / N;
```

3) 图像预处理与检测方向的确定

图像预处理的基本思路是排除噪声干扰并获取各个导线在图像中覆盖的所有像素点，而检测方向的确定是为了使本方法适应各种不同摆放条件下的线束。

(1) 首先将原彩色图像(记为 $f(x, y)$)转换为灰度图，记为 $g(x, y)$，然后进行反向二值化，得到的二值图像记为 $g_b(x, y)$。

此部分与步骤 2)中的代码(1)类似，省略。

(2) 对 $g_b(x, y)$进行连通域分析，保留面积大于某一阈值(实验中取 1000)的连通区域以去除小的噪点，得到二值图 $g_c(x, y)$，如图 5.2.2(b)所示，该图像的前景即为后续相应位置导线颜色识别的掩码区域。

说明：由于导线中间反光比较强烈的部分不利于颜色的准确识别，阈值分割自动将其转为背景区域。

清除小的噪点的实现代码如下：

```
//仅保留大于 1000 像素的连通域，以清除噪点
filterContinousArea1(dst, 1000);
```

(3) 首先对 $g_c(x, y)$进行膨胀处理(本实验中采用半径为 5 的矩形结构化元素)，然后根据配置文件中标准导线数目 N(本实例为 4)，保留面积最大的 N 个连通域及各自的重心，结果图记为 $g_N(x, y)$，如图 5.2.2(c)所示。由于导线中间反光较为强烈部分可能在反向二值化后将同一条导线分为两个连通域，从而导致算法误判为两条导线，因此需先进行膨胀处理。$g_N(x, y)$的各连通域即为各导线的位置，其重心为后续步骤判断导线顺序的关键依据。

膨胀处理及过滤连通域的相关实现代码如下：

```
cv::Mat element1 = getStructuringElement(cv::MORPH_RECT, cv::Size(5, 5));
morphologyEx(dst, dst, MORPH_CLOSE, element1);
dilate(dst, dst, element1);
filterContinousArea(dst, m_wire_seq_preset.size());
```

(4) 对 $g_N(x, y)$进行腐蚀后将结果与 $g_N(x, y)$求差，得到导线的边沿图像，保留最大的连通域后求其最小外接矩形 RECT，如图 5.2.2(d)所示。本算法以矩形 RECT 长边的方向为各导线的摆放方向。确定检测方向的相关实现代码如下：

```
//(1)通过形态学获取最长导线的外边缘
cv::Mat l_emat(dst.size(), dst.type());
cv::Mat element2 = getStructuringElement(cv::MORPH_RECT, cv::Size(3, 3));
erode(dst, l_emat, element2);
l_emat = dst - l_emat;
filterContinousArea(l_emat, 1);

//(2)获取外边缘的轮廓
vector<vector<Point>> contours;
```

```
vector<Vec4i> hierarchy;
findContours(l_emat,contours,hierarchy,CV_RETR_EXTERNAL,CV_CHAIN_APPROX_NONE);
//(3)获取轮廓的最小外接矩形
RotatedRect box;
Point2f rect[4];
box = minAreaRect(Mat(contours[0]));
box.points(rect);

//(4)确定矩形长边的方向
float width = CalDis(rect[0], rect[1]), height = CalDis(rect[1], rect[2]);
if (width < height){    //保证 0、1 两点为导线方向
 Point2f tmp_p=rect[0]; rect[0]=rect[1]; rect[1]=rect[2]; rect[2]=rect[3]; rect[3]=tmp_p;
}
Point2f start(0, 0), end(dst.cols, dst.rows);
Point2f end1 = getFootOfPerpendicular(start, rect[0], rect[1]);
if (end1.x == 0)
     end.x = 0;
else
     end.y = end.x * end1.y / end1.x;
```

4) 线序检测

线序检测主要包括两部分内容，首先识别各导线的颜色，然后根据前面 3)中步骤(4)确定的检测方向和 3)中步骤(3)获得的各导线重心的位置关系确定各种颜色的顺序关系。

(1) 对 $g_N(x, y)$的每个连通域，求取 $g_c(x, y)$中为前景的所有像素点在 $f(x, y)$中对应像素的 RGB 三通道的平均值，对应实现代码如下：

```
//(1)连通域分析求每根导线的重心
memset(m_wires_center, 0, m_wire_seq_preset.size()* sizeof(float));
vector<vector<Point>> l_areas;
Point2f wires_center[9];
filterContinousArea_getCentersAndAreas(dst, m_wire_seq_preset.size(), l_areas, wires_center);

//(2)求每根导线的 RGB 三通道均值
vector<Vec3d> avg_color(m_wire_seq_preset.size());
for (int i = 0; i < m_wire_seq_preset.size(); i++){
     avg_color[i] = Vec3d(0, 0, 0);
     for (int j = 0; j < l_areas[i].size(); j++){
          avg_color[i] += srcImg->at<Vec3b>(l_areas[i][j]);
     }
```

```
        avg_color[i] = avg_color[i] / (int)l_areas[i].size();
    }
```

(2) 把(1)中的 RGB 值与导线颜色库中的各个 RGB 值相比较，若各通道的差值的绝对值之和都大于指定阈值(实验中取 100)，则判为该颜色导线未经过训练，否则判为颜色库中各通道差值的绝对值之和最小的对应颜色，对应实现代码如下：

```
    //确定导线颜色类型
    vector<int>     wire_seq_detect(m_wire_seq_preset.size());
    for (int i = 0; i < m_wire_seq_preset.size(); i++){
        int minGap = 100;
        int model = -1;
        for (int j = 0; j < m_model_num; j++){
            int gap = abs(m_wire_model_color[j][0] - avg_color[i][0])
                + abs(m_wire_model_color[j][1] - avg_color[i][1])
                + abs(m_wire_model_color[j][2] - avg_color[i][2]);
            if (gap < minGap){
                model = j;
                minGap = gap;
            }
        }
        wire_seq_detect[i] = model;
    }
```

(3) 检测导线的线序。按以下步骤检测导线的线序：

① 求取过图像原点 O 且垂直于“3)图像预处理与检测方向的确定中的步骤(4)”中的最小外接矩形 RECT 的长边方向的直线 L，如图 5.2.4 所示。

② 求取各个导线的重心(图 5.2.4 中为 G_1 至 G_4 共四个点)在直线 L 上的垂足(图 5.2.4 中为 P_1 至 P_4 共四个点)。

③ 以各垂足离图像原点 O 的距离为判据确定各导线的线序(实验中的规则为：距离越小，排序越靠前)。

检测导线线序的实现代码如下：

```
    //(1)求各导线重心到方向参考线的距离
    vector<int> sort_x(m_wire_seq_preset.size()), unsort_x;
    for (int i = 0; i < m_wire_seq_preset.size(); i++){
        Point2f pt = getFootOfPerpendicular(wires_center[i], start, end);
        double distance = CalDis(start, pt);
        sort_x[i] = distance;
    }
```

```
//(2)根据以上距离排序确定导线线序，并按顺序保存
unsort_x = sort_x;
sort(sort_x.begin(), sort_x.end());
for (int i = 0; i < m_wire_seq_preset.size(); i++){
    for (int j = 0; j < m_wire_seq_preset.size(); j++){
        if (abs(sort_x[i] - unsort_x[j]) < 1){
            m_wire_seq_detect[i] = wire_seq_detect[j];
            m_wires_center[i] = wires_center[j];
        }
    }
}
```

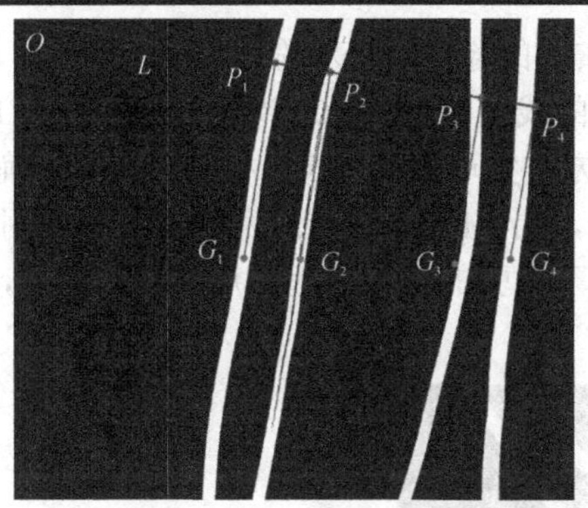

图 5.2.4　线序检测的关键点位

5) 检测结果显示

检测结果显示如图 5.2.5 所示。比较各导线与参数配置文件中的顺序编号是否一致，若一致，则在其重心位置用浅灰色标注该检测颜色，否则在其重心位置用深灰色标注该检测颜色。若所有的 N 条导线的顺序都与配置文件中的一致，则该线序检测通过，在图像右上角显示浅灰色字符串“OK”，否则显示深灰色字符串“NG”。同时，在图像左上角显示预设线序和检出线序及检测结果的文字提示。

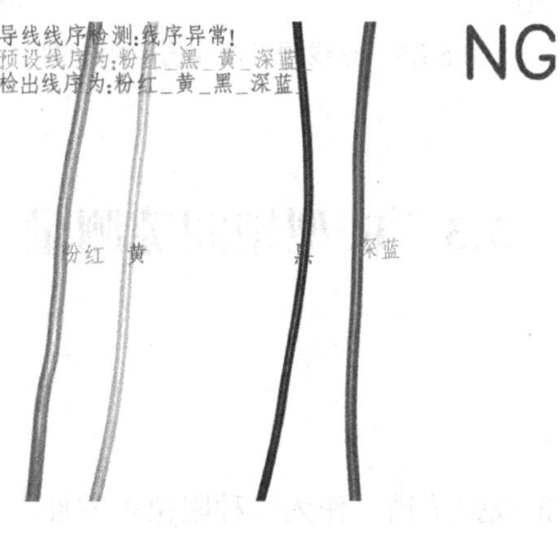

图 5.2.5　检测结果显示

检测结果显示的实现代码如下：

```
//(1)根据预设顺序得出检测结果
for (int i = 0; i < m_wire_seq_preset.size(); i++){
    if (m_wire_seq_detect[i] != m_wire_seq_preset[i]){
        return m_result |= 2;    //线序不对
    }
}

//(2)返回检测结果
return m_result;
```

2. 实验验证

以 OpenCV 和 MFC 实现的检测系统对粉红、红、黄、黑、蓝、绿共 6 种颜色的导线进行测试。经过 8 组不同的线序组合各 100 次实验，共得到 800 次各类导线摆放情况下的检测实验结果，基于本方法实现的系统线序检测结果的正确率为 100%，在实验笔记本电脑(CPU 主频为 2.2 GHz，RAM 为 8 G)上运行，平均检测时间为 32.08 ms。图 5.2.6 所示为在导线倾斜摆放情况下实验的排序过程图片和检测结果，可见算法可以自动识别导线的摆放方向。

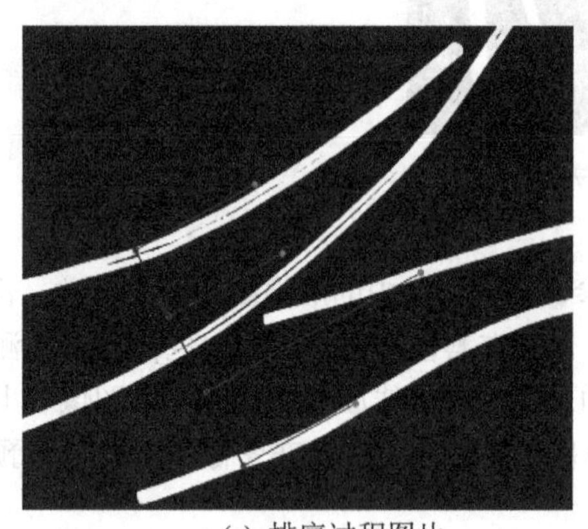

(a) 排序过程图片

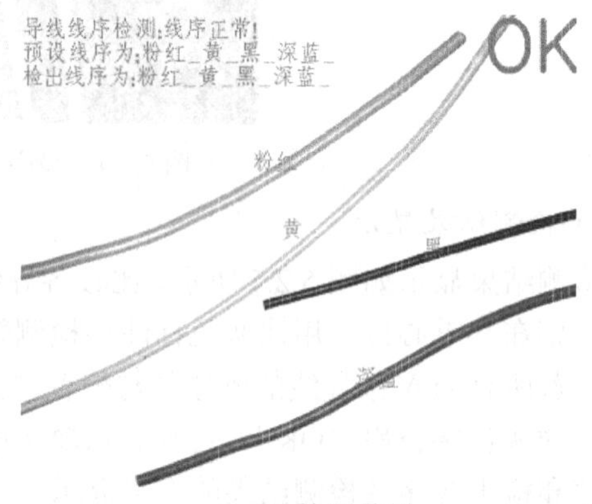

(b) 检测结果

图 5.2.6　导线倾斜摆放的检测示例

5.3　R 型销间隙测量

5.3.1　案例背景

R 型销又称 B 型开口销或弹簧销，作为一种限位类零件，因其锁紧程度高，在汽车、铁路、机械、电力等行业应用广泛[76]。由于 R 型销的间隙大小对装配后产品整体的可靠性和运行性能有重要影响，因此生产企业要求在装配前检测其间隙值是否在工艺要求的范围内。产品或零部件的间隙测量一直是工业测量的痛点，人工测量 R 型销间隙的方法效率过低、重复精度不高。

关于开口销的视觉检测方法，文献[77]～[81]基于深度学习和传统图像处理技术，提出了多种应用场景下的开口销缺失、松脱等各类缺陷的视觉检测方法。文献[82]搭建了一套水下核电厂堆内构件的控制棒导向筒开口销的超声检测系统。关于间隙的工业测量方法，文献[83]提出了一种基于激光的管道焊口间隙的视觉检测方法，文献[84]～[85]提出了基于 Labview 和 OpenCV 的盾尾间隙视觉测量系统，文献[86]设计了一种测量柱塞组件轴向间隙的夹具。

为了解决制造企业检测 R 型销的各间隙难度大、效率低的问题，本案例设计了一种基于机器视觉的对 R 型销的各间隙进行快速、无接触的测量方法。通过将对象边沿分割并获取各段边沿到内边沿拟合直线的极值得到各间隙拐点，再利用线搜索获得各间隙的另一端点并计算出间隙值，实现了对不同型号和位置随机摆放的对象的自动识别与间隙测量。通过实验验证，该方法运行速度较快、精度较高，与传统的人工测量方法相比，基于该方法实现的检测系统在测量精度和检测效率方面具有明显的优势，达到了生产企业的实际应用要求。

5.3.2　案例开发

1. 案例实施流程

图 5.3.1(a)所示为典型的 R 型销，在图 5.3.1(b)中，h_1、h_2 和 h_3 为待测量的三个间隙，(p_1、p_2)、(p_3、p_4)和(p_5、p_6)分别为 h_1、h_2 和 h_3 的两个端点。

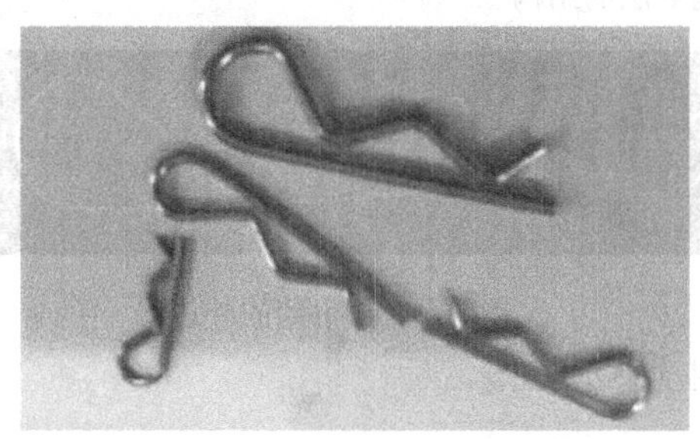

(a) R 型销

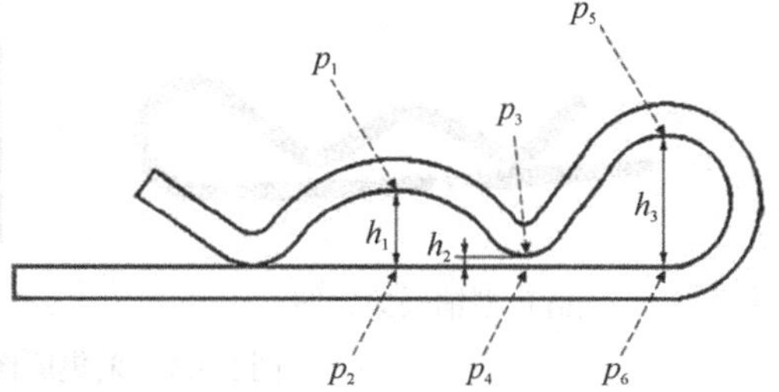

(b) R 型销的三个间隙

图 5.3.1　R 型销实物及各间隙的定义

图 5.3.2 所示为本案例算法的结构，该算法由图像采集、图像预处理、间隙拐点获取、各间隙另一端点获取和各间隙宽度的检测与结果显示五部分组成。其中，间隙拐点获取是核心。图 5.3.2 中的 p_1 至 p_6 对应于图 5.3.1 中的 p_1 至 p_6，直线 L_1、L_2 对应于步骤 3)中的 L_1、L_2。

1) 图像采集

图像采集模块用于获取 R 型销的轮廓图像，包括工业相机、镜头、视觉光源和计算机等硬件，其中，视觉光源的选型和调节是关键。图 5.3.3(a)所示为采集到的原图，记为 $f(x, y)$。系统采用 500 万像素的 CMOS 工业相机和亮度可调的 LED 背光光源，镜头采用

25 mm 工业镜头。调光时应在不损伤检测对象边沿的情况下适当增大背景亮度。

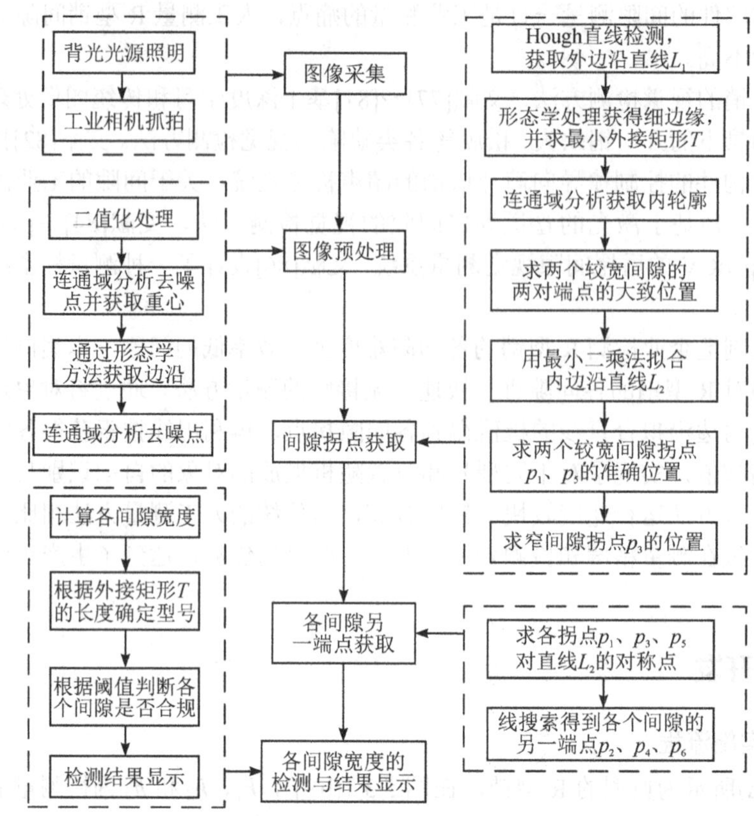

图 5.3.2　本案例算法的结构

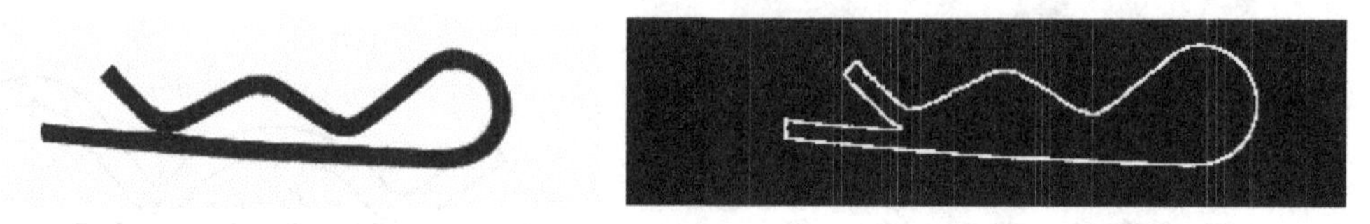

(a) R 型销采集原图　　(b) 预处理得到的外边沿

图 5.3.3　采集原图及外边沿图像

2) 图像预处理

预处理的目的是提取对象边沿部分并去除背景中的噪点。

图像预处理的实现思路如下：

(1) 二值化处理。对原图$f(x,y)$进行反向二值化处理，得到的图像记为 $g_b(x, y)$，二值化阈值为经过调光实验获得的最优值。

(2) 连通域分析去噪点并获取重心。对图像 $g_b(x, y)$进行连通域分析并保留最大连通域以去除对象外的噪点，得到以 R 型销为前景的二值化图像 $g(x, y)$，并由 $g(x, y)$得到 R 型销的重心 G。对采集的原图进行二值化处理并获取重心的实现代码如下：

```
//(1)对原图进行二值化处理
SetGRE(0);
```

```
Mat *l_imgBinary;
GREFactory::m_gre[m_greIndex]->Run(*srcImg);
l_imgBinary = &(GREFactory::m_gre[m_greIndex]->m_result);
Mat dst = l_imgBinary->clone();

//(2)获取重心 G
Point2f gCenter = CalGravityCenter(dst, 255);
```

(3) 通过形态学方法获取边沿。分别对二值化图像 $g(x,y)$进行形态学膨胀和腐蚀操作，结构化元素均使用 7 × 7 的矩形，再将二者结果相减得到较粗的 R 型销边沿。对比 Canny、Sobel 等边沿提取算法，本案例算法采用的基于形态学的边沿提取方法所获取的 R 型销的边沿更加完整、稳定。

(4) 连通域分析去噪点。进行连通域分析并保留面积最大的连通域以去除噪点，得到 R 型销的外边沿图像，记为 $g_o(x, y)$，如图 5.3.3(b)所示。此部分获取较粗的外边沿是为了保证后续 Hough 直线检测步骤获得对象的外边沿直线段的完整性。形态学处理、获取 R 型销边沿并保留最大的边沿的实现代码如下：

```
//(1)形态学处理
cv::Mat element1 = getStructuringElement(cv::MORPH_RECT, cv::Size(5, 5));
cv::Mat element2 = getStructuringElement(cv::MORPH_RECT, cv::Size(7, 7));
cv::Mat element3 = getStructuringElement(cv::MORPH_RECT, cv::Size(3, 3));
morphologyEx(dst, dst, cv::MORPH_CLOSE, element1); //光滑边界
cv::Mat l_emat(dst.size(), dst.type());
cv::Mat l_dmat(dst.size(), dst.type());
dilate(dst, l_dmat, element2);
erode(dst, l_emat, element2);

//(2)获取 R 型销边沿
l_emat = l_dmat - l_emat;

//(3)保留最大的边沿
filterContinousArea(l_emat, 1);
```

3) 间隙拐点获取

间隙拐点是指三个间隙在弯曲边沿上的端点，如图 5.3.1(b)中的 p_1、p_3、p_5 所示。三个间隙拐点的准确获取是本部分的关键，包括如下 7 个步骤。

(1) Hough 直线检测，获取外边沿直线 L_1。首先采用概率霍夫变换[87]对图 5.3.3(b)中的 $g_o(x, y)$进行直线检测，然后合并距离相近且夹角较小的线段并保留最长的线段 L_1，如图 5.3.4(a)中的虚线所示。合并的原因是外边沿的直线段并非严格直线(由图 5.3.4(a)可见，该对象外边沿直线段中间部分有一定的弯曲)，Hough 直线检测无法获得外边沿直线段的完

整拟合直线，这将导致后续间隙拐点的检测结果偏差过大。合并方法为两两比较霍夫直线检测的输出线段，若两线段的中点到另一方所在直线的距离及两线段之间的夹角都小于各自阈值，则进行合并，在两个线段的 4 个端点中保留距离最大的两个，作为合并后的新线段。Hough 直线检测，获取外边沿直线 L_1 的实现代码如下：

```
//Hough 直线检测、合并夹角较小的线段并保留最长直线，得到外边沿直线 L1
vector<Vec4i> lines;
HoughLinesP( l_emat, lines, 1, CV_PI/180, 100, 200, 100);
mergeNearAngleLines(lines, 3, 20);
lines = removeShortLines(lines,1);
```

(2) 形态学处理获得细边缘，并求最小外接矩形 T。先对“2)图像预处理”中得到的二值图 $g(x, y)$进行形态学腐蚀操作，得到结果图 $g_e(x, y)$，结构化元素使用 3 × 3 的矩形，再将二者结果相减得到较细的边沿图像 $g_t(x, y)$，由 $g_t(x, y) = g(x, y) - g_e(x, y)$表示。此部分获取较细的边沿是为了保证后续步骤准确定位 R 型销的边界以提高测量结果的精度。最后求取 $g_t(x, y)$前景的最小外接矩形 T，并根据与 L_1 的位置关系将矩形 T 的四个顶点 r_0、r_1、r_2、r_3 的顺序调整至图中位置，结果如图 5.3.4(b)所示，其中，点 c 为矩形 T 的中心，点 G 为步骤 2)得到的 R 型销的重心，对应的实现代码如下：

```
//(1)形态学方法获取 R 型销的内边沿
erode(dst, l_emat, element3);
l_emat = dst - l_emat;

//(2)求外轮廓的最小外接矩形 T
vector<vector<Point>> contours;
vector<Vec4i> hierarcy;
findContours(l_emat,contours,hierarcy,CV_RETR_EXTERNAL,CV_CHAIN_APPROX_NONE);
RotatedRect box; //定义最小外接矩形集合
Point2f rect[4];
box = minAreaRect(Mat(contours[0]));   //计算每个轮廓最小外接矩形
box.points(rect);   //把最小外接矩形四个端点复制给 rect 数组

//(3)调整矩形 T 的四个顶点的顺序
float width = CalDis(rect[0], rect[1]), height = CalDis(rect[1], rect[2]);
if (width < height){
    Point2f tmp_p=rect[0]; rect[0]=rect[1]; rect[1]=rect[2]; rect[2]=rect[3]; rect[3]=tmp_p;
    float tmp = width; width = height; height =tmp;
}
```

(3) 连通域分析获取内轮廓。对边沿图像 $g_t(x, y)$进行连通域分析，保留第二大连通域，得到 R 型销的内边沿图，记为 $g_t(x, y)$，如图 5.3.4(c)中的实线部分所示，对应的实现代码如下：

```
//(1)获取前两大连通域，内边沿为第二大连通域
vector<vector<Point>> l_areas;
Point2f l_center[2];
filterContinousArea_getCentersAndAreas(l_emat, 2, l_areas, l_center);

//(2)获取最大连通域
Mat tmpimg= l_emat.clone();
filterContinousArea(tmpimg, 1);

//(3)获取 R 型销的内边沿
l_emat -= tmpimg;
```

(4) 求两个较宽间隙的两对端点的大致位置，即拐点 p_1 和 p_5 的大致位置 p1_a、p5_a。该步骤由以下三个环节完成。

① 分别求取重心 G 到三直线 r_0–r_1、r_0–r_3 和 r_1–r_2 的垂足 PP_1、PP_2 和 PP_3。

② 由点 G、PP_1、r_0、PP_2 及 G、PP_1、r_1、PP_3 得到两个矩形，图 5.3.4(c)中用虚线框绘出，c_1、c_2 为两个矩形的中心点。

③ 遍历内边沿 g_i (x，y)连通域的所有像素，求各矩形框内前景点到直线 L_1 距离最大的点，即为两个较宽间隙拐点的大致位置，如图 5.3.4(c)中的 p1_a、p5_a 两点所示。

由于此步骤的分区搜索是基于位置较为粗略的外边沿(由步骤(1)中的 Hough 直线检测并合并相近直线后得到)进行的，因此得到的结果仅为两个较宽间隙拐点的大致位置，对应的实现代码如下：

```
//(1)构造图 5.3.4(c)中的两个矩形
Point2f rect1[4];
vector<Point> contour1(4);
rect1[0] = contour1[0] = gCenter;
rect1[1] = contour1[1] = getFootOfPerpendicular(gCenter, rect[0], rect[1]);
rect1[2] = contour1[2] = rect[0];
rect1[3] = contour1[3] = getFootOfPerpendicular(gCenter, rect[0], rect[3]);
Point2f rect2[4];
vector<Point> contour2(4);
rect2[0] = contour2[0] = gCenter;
rect2[1] = contour2[1] = getFootOfPerpendicular(gCenter, rect[1], rect[0]);
rect2[2] = contour2[2] = rect[1];
rect2[3] = contour2[3] = getFootOfPerpendicular(gCenter, rect[1], rect[2]);

//(2)求间隙端点 p1、p5 的大致位置 p1_a、p5_a
```

```
Point2f max_pos1, max_pos2;
float max_dis1 = -1, max_dis2 = -1;
memset(m_criticalPoints, 0, sizeof(m_criticalPoints));
for (int j = 0; j < l_areas[1].size(); j++){
    if (pointPolygonTest(contour1, l_areas[1][j], false) > 0){   //测试像素点是否在矩形内
        float dis = getPoint2LineDis(lines[0], l_areas[1][j]);
        if (dis > max_dis1){
            max_dis1 = dis;
            max_pos1 = l_areas[1][j];
        }
    }
    if (pointPolygonTest(contour2, l_areas[1][j], false) > 0){
        float dis = getPoint2LineDis(lines[0], l_areas[1][j]);
        if (dis > max_dis2){
            max_dis2 = dis;
            max_pos2 = l_areas[1][j];
        }
    }
}

//(3)根据大小关系确定 p1_a、p5_a
if (max_dis1 < max_dis2){
    m_criticalPoints[0][0] = max_pos1;
    m_criticalPoints[1][0] = max_pos2;
}
else{
    m_criticalPoints[0][0] = max_pos2;
    m_criticalPoints[1][0] = max_pos1;
}
```

(5) 用最小二乘法拟合内边沿直线 L_2。求间隙端点 p_2、p_6 的大致位置 p2_a、p6_a，并用最小二乘法拟合得到内边沿直线段部分的拟合直线 L_2。本步骤分以下四个环节完成。

① 将 p1_a、p5_a 周围小范围置零(方法为分别以 p1_a、p5_a 为圆心，以 10 像素为半径绘制背景色的实心圆，目的是排除周围毛刺点对后续线搜索步骤的干扰)。

② 求 p1_a、p5_a 关于 L_1 的对称点，并从 p1_a、p5_a 出发向各自的对称点方向进行线搜索，各自找到的首个前景点即为间隙端点 p_2、p_6 的大致位置 p2_a、p6_a。

③ 将 p2_a、p6_a 周围小范围置零，进行连通域分析后得到的第二大连通域即为 p2_a、p6_a 之间的内边沿部分。

④ 以第二大连通域内的所有点为参数进行最小二乘法直线拟合，即可得到内边沿直线

段的拟合直线 L_2，结果如图 5.3.4(d)中的直线 L_2 所示。

用最小二乘法拟合内边沿直线的实现代码如下：

```
//(1)将 p1_a、p5_a 两点周围小片区域置零
circle(l_emat, m_criticalPoints[0][0], 20, 0, -1, 8);
circle(l_emat, m_criticalPoints[1][0], 20, 0, -1, 8);

//(2)由 p1_a、p5_a 两点垂直 L1 方向搜索，得到 p2_a、p6_a
Point2f endP[3];
for (int i = 0; i < 2; i++){
endP[i]   =   getFootOfPerpendicular(m_criticalPoints[i][0],   Point2f(lines[0][0],   lines[0][1]),
Point2f(lines[0][2], lines[0][3]));  //获取点到 L1 的垂足
    endP[i] = 2 * endP[i] - m_criticalPoints[i][0];  //将搜索长度加倍
    vector<cv::Point2f> pointsOnLine;
    getPointsOnLineSeg(l_emat, pointsOnLine, endP[i], m_criticalPoints[i][0], 1);  //搜索
    m_criticalPoints[i][1] = pointsOnLine[0];
}

//(3)将 p2_a、p6_a 两点周围小片区域置零后获取两点之间的连通域
Mat tmp_in_t = tmp_inner.clone();
circle(tmp_in_t, m_criticalPoints[0][1], 20, 0, -1, 8);
circle(tmp_in_t, m_criticalPoints[1][1], 20, 0, -1, 8);
vector<vector<Point>> l_areas1;
filterContinousArea_getCentersAndAreas(tmp_in_t, 2, l_areas1, l_center);

//(4)利用 p2_a、p6_a 两点之间的连通域最小二乘法拟合直线，得到 L2
cv::Vec4f line_para;
cv::fitLine(l_areas1[1], line_para, cv::DIST_L2, 0, 1e-2, 1e-2);
cv::Point point0;
point0.x = line_para[2];
point0.y = line_para[3];
double k = line_para[1] / line_para[0];
cv::Point point1, point2;
point1.x = 0;
point1.y = k * (0 - point0.x) + point0.y;
point2.x = l_emat.cols;
point2.y = k * (l_emat.cols - point0.x) + point0.y;
```

(6) 求两个较宽间隙的拐点 p_1、p_5 的准确位置。方法与前面步骤(4)类似，用直线 L_2 替换直线 L_1，其他参数保持不变，即可求得两个较宽间隙的拐点 p_1、p_5 的准确位置，结果如

图 5.3.4(d)所示。

此部分与前面步骤(4)的代码类似，省略。

(7) 求最窄间隙拐点 p_3 的位置。该步骤由以下三个环节完成。

① 在细的内边沿图像 $g_i(x, y)$中将拐点 p_1、p_5 小范围置零。

② 进行连通域分析并保留第二大连通域，如图 5.3.4(e)所示。

③ 遍历连通域的所有像素点，求取与直线 L_2 距离最小的点，即为最窄间隙拐点 p_3。最终获得三个间隙拐点 p_1、p_3、p_5，如图 5.3.4(f)所示。

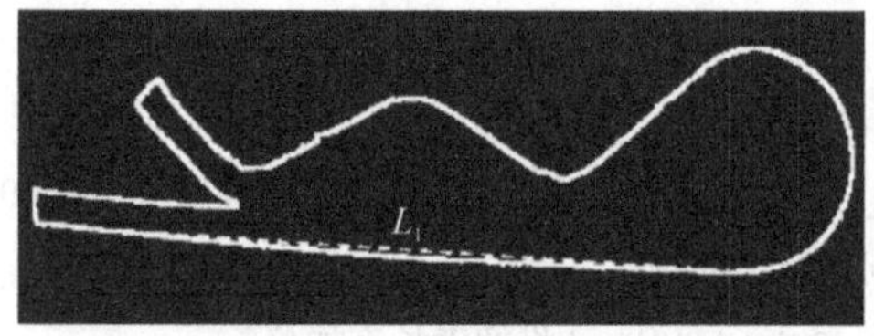

(a) Hough直线检测并合并后得到的外边沿直线L_1

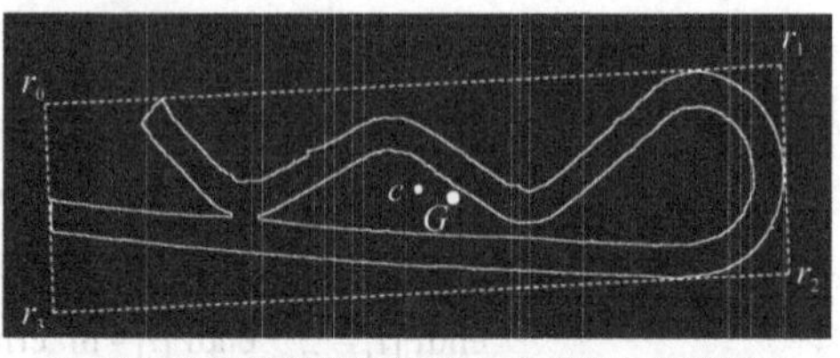

(b) 形态学处理获得细边沿，并求最小外接矩形

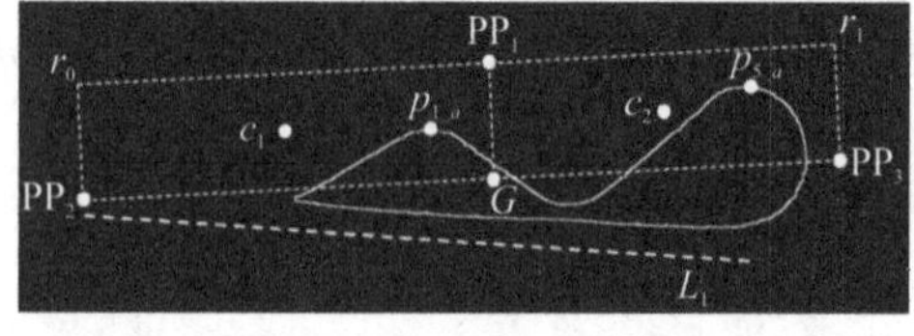

(c) 分割内边沿并按L_1求取两个较宽间隙拐点的大致位置

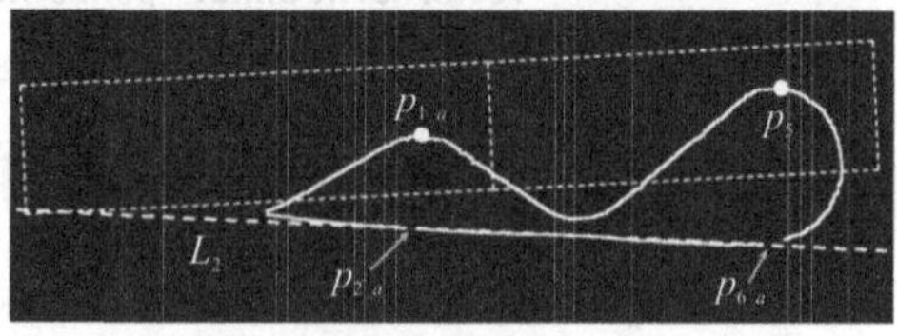

(d) 最小二乘拟合得内边沿直线L_2，并求两个较宽间隙的拐点p_1、p_5的准确位置

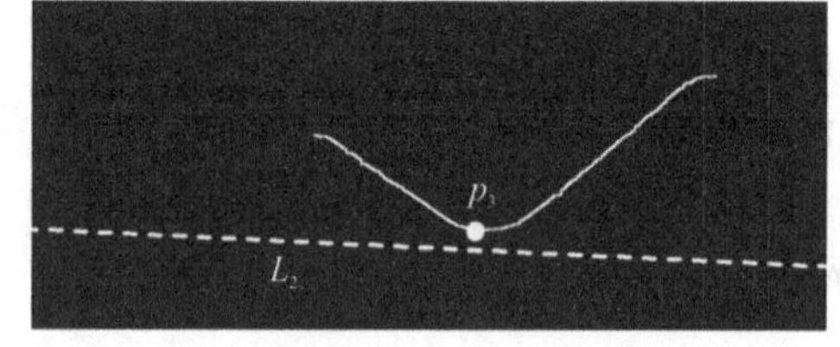

(e) 利用2个拐点分割内边沿，并求最窄间隙拐点

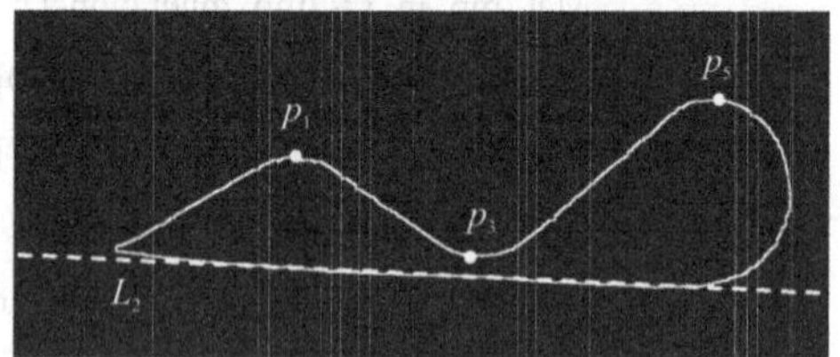

(f) 获取到的三个间隙的拐点p_1、p_3、p_5

图 5.3.4　获取间隙拐点的主要过程

求最窄间隙拐点位置的实现代码如下：

```
//(1)将拐点 p1、p5 小范围置零
circle(l_emat, m_criticalPoints[0][0], 20, 0, -1, 8);
circle(l_emat, m_criticalPoints[1][0], 20, 0, -1, 8);

//(2)连通域分析
getContinousArea(l_emat, l_areas);
vector<int> l_sizes;
int l_areas_size = l_areas.size();
l_sizes.resize(l_areas_size);
int l_sizes_size = l_sizes.size();
for (int i = 0; i < l_areas_size; i++){
```

```
            l_sizes[i] = l_areas[i].size();
        }

        //(3)遍历第二大连通域，获取距离 L1 最近的点
        std::sort(l_sizes.begin(), l_sizes.end());
        int a = l_sizes[0], b = l_sizes[1];
        int l_size = l_sizes[l_sizes_size-2];
        float min_dis = 1000000;
        Point2f min_pos;
        for (int i = 0; i < l_areas_size; i++){
            if (l_size == l_areas[i].size()){
                for (int j = 0; j < l_size; j++){
                    float dis = getPoint2LineDis(lines[0], l_areas[i][j]);
                    if (dis < min_dis){
                        min_dis = dis;
                        min_pos = l_areas[i][j];
                    }
                }
                break;
            }
        }

        //(4)保存最窄间隙的拐点 p3
        m_criticalPoints[2][0] = min_pos;
```

4) 各间隙另一端点获取

各间隙另一端点的获取分以下两步：

(1) 求各拐点 p_1、p_3、p_5 对直线 L_2 的对称点。将三个间隙拐点 p_1、p_3、p_5 周围小范围区域置零，方法与“3) 间隙拐点获取”中的步骤(5)相同，结果如图 5.3.5(a)所示。

(2) 线搜索得到各个间隙的另一端点 p_2、p_4、p_6。求取 p_1、p_3、p_5 关于直线 L_2 的对称点 p_{11}、p_{31}、p_{51}，分别以间隙拐点 p_1、p_3、p_5 为起点，在至 p_{11}、p_{31}、p_{51} 的线段上进行线搜索，找到的第一个边界点即为各间隙的另一端点 p_2、p_4、p_6，结果如图 5.3.5(b)所示。

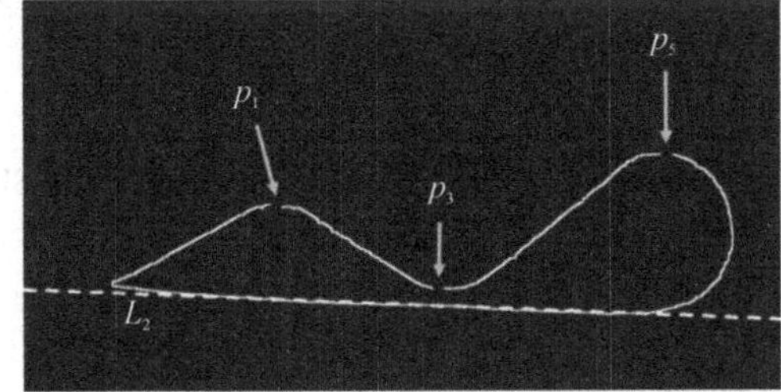

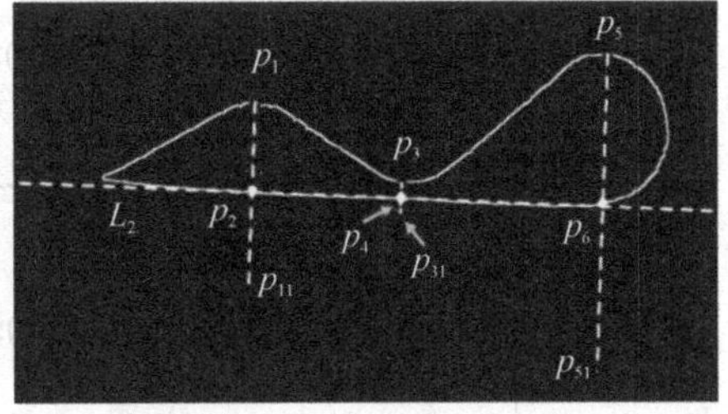

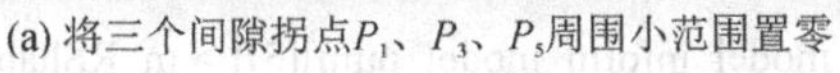

(a) 将三个间隙拐点P_1、P_3、P_5周围小范围置零　　(b) 线搜索得到的各间隙的另一端点P_2、P_4、P_6

图 5.3.5　获取各间隙另一端点的过程

获取各间隙另一端点的实现代码如下：

```
//(1)p3 周围小范围区域置零
circle(l_emat, min_pos, 3, 0, -1);

//(2)由 p1、p3、p5 三点垂直 L1 方向搜索得到 p2、p4、p6
for (int i = 0; i < 3; i++){
endP[i] = getFootOfPerpendicular(m_criticalPoints[i][0], (Point2f)point1, (Point2f)point2);
//获取点到 L1 的垂足
    endP[i] = 2 * endP[i] - m_criticalPoints[i][0];  //将搜索长度加倍
    vector<cv::Point2f> pointsOnLine;
    getPointsOnLineSeg(l_emat, pointsOnLine, endP[i], m_criticalPoints[i][0], 1);  //搜索
    m_criticalPoints[i][1] = pointsOnLine[0];
}
```

5) 各间隙宽度的检测与结果显示

各间隙宽度的检测与结果显示分以下四步完成：

(1) 计算各间隙宽度：计算由步骤 3)和 4)中获得的各间隙的两个端点之间的距离，即为各间隙的测量值。

(2) 根据外接矩形 *T* 的长度确定型号：以步骤 3)中获得的最小外接矩形的长度为依据判定 R 型销的型号。

(3) 根据阈值判断各个间隙是否合规：获取该型号预设的阈值信息，并根据三个间隙的测量值是否均在阈值范围内判断该 R 型销是否通过间隙检测。

(4) 检测结果显示：各间隙宽度的检测与结果显示的实现代码如下。

```
//(1)计算各间隙的物理长度
m_detected_middle_gap = m_pixelEqual * CalDis(m_criticalPoints[0][1], m_criticalPoints[0][0]);
m_detected_big_gap = m_pixelEqual * CalDis(m_criticalPoints[1][1], m_criticalPoints[1][0]);
m_detected_small_gap = m_pixelEqual * CalDis(m_criticalPoints[2][1], m_criticalPoints[2][0]);

//(2)判断各间隙的长度是否在阈值范围内
if (abs(m_detected_middle_gap - m_RShape_model_info[m_model_num][1]) > m_RShape_
model_info[m_model_num][2]) {
    m_result |= (int)pow(2.0, 8);    //中段测量超阈值
}
if (abs(m_detected_big_gap - m_RShape_model_info[m_model_num][3]) > m_RShape_
model_info[m_model_num][4]) {
    m_result |= (int)pow(2.0, 9);    //长段测量超阈值
}
if (abs(m_detected_small_gap - m_RShape_model_info[m_model_num][5]) > m_RShape_model_
```

```
        info[m_model_num][6]) {
            m_result |= (int)pow(2.0, 10);   //短段测量超阈值
        }

        //(3)返回检测结果
        return m_result;
```

2. 实验验证

以 5 个 R 型销为实验对象，先进行各个对象水平放置条件下的单次测量实验，再进行位置和角度随机摆放条件下重复性测试实验。检测系统基于 MFC 和 OpenCV 开发实现，实验中像素当量(pixel equivalent)测定为 0.0278 mm/pixel，即采集图像中的每个像素对应视野中的实际物理尺寸为 0.0278 mm。

1) 对象水平摆放条件下单次测量实验

将 5 个 R 型销均水平摆放，采用提出的方法对各个间隙进行测量，以物理接触式探针设备测量的结果作为各间隙的实际值，测量和误差结果如表 5.3.1 所示。

表 5.3.1　R 型销间隙单次测量实验结果

对象序号	间隙测量值/mm			间隙实际值/mm			绝对误差/mm			相对误差/%		
	窄	中	宽	窄	中	宽	窄	中	宽	窄	中	宽
1	1.164	5.429	10.554	1.162	5.433	10.597	0.002	0.004	0.043	0.172	0.074	0.406
2	1.080	5.374	10.886	1.084	5.386	10.873	0.004	0.012	0.013	0.369	0.223	0.120
3	1.248	5.598	10.973	1.229	5.572	10.984	0.019	0.026	0.011	1.546	0.467	0.100
4	1.108	5.402	10.886	1.131	5.416	10.891	0.023	0.014	0.005	2.034	0.258	0.046
5	1.191	5.541	10.834	1.185	5.558	10.826	0.006	0.017	0.008	0.506	0.306	0.074

由表 5.3.1 可见，在最大绝对误差方面，窄间隙为 0.023 mm，中间隙为 0.026 mm，宽间隙为 0.043 mm。在最大相对误差方面，窄间隙为 2.034%，中间隙为 0.467%，宽间隙为 0.406%。最大绝对误差和最大相对误差都达到了企业应用的精度要求。虽然窄间隙的最大绝对测量误差最小，但由于窄间隙的实际值较小，因此最大相对误差较大。

2) 对象随机摆放条件下重复性测试实验

为了验证本方法在不同摆放条件下测量结果的重复精度，将上述 5 个 R 型销分别随机摆放至 100 个不同的位置后进行测试，共得到 500 组实验数据，测量数据及误差的统计结果如表 5.3.2 所示。算法平均运行时间约为 50 ms，速度上完全满足企业应用的需要。

由表 5.3.2 可见，100 次随机摆放测试的测量结果偏差较小，在最大绝对误差方面，窄间隙为 0.038 mm，中间隙为 0.059 mm，宽间隙为 0.071 mm。在最大相对误差方面，窄间隙为 3.360%，中间隙为 1.059%，宽间隙为 0.670%。相对于水平摆放测试，100 次随机摆放条件下测量数据的最大绝对误差和最大相对误差都有所增大，但依然在企业实际应用的允许波动范围内。导致误差增加的主要原因是不同摆放条件下成像的边界差异。

表 5.3.2 重复性测试实验的数值统计结果

对象序号	均值/mm			标准方差/mm			最大绝对误差/mm			最大相对误差/%		
	窄	中	宽	窄	中	宽	窄	中	宽	窄	中	宽
1	1.157	5.439	10.589	0.017	0.021	0.020	0.030	0.047	0.071	2.582	0.865	0.670
2	1.088	5.384	10.873	0.010	0.019	0.024	0.024	0.040	0.047	2.214	0.743	0.432
3	1.235	5.566	10.976	0.014	0.026	0.020	0.025	0.059	0.045	2.034	1.059	0.410
4	1.127	5.412	10.891	0.021	0.014	0.028	0.038	0.040	0.060	3.360	0.739	0.551
5	1.179	5.550	10.821	0.014	0.025	0.015	0.022	0.048	0.025	1.857	0.864	0.231

5.4 螺钉螺纹计数

5.4.1 案例背景

作为一种常见的连接紧固零件，螺钉由于具有结构简单、价格低廉、连接可靠等特点，在工程、工业、电子等领域有着不可取代的地位[88]。螺钉上不合格的螺纹可能导致产品、机构甚至整个系统失效，因此需要对螺纹的参数进行严格管控[89]，螺纹数目是重点监控的参数之一，手工计数工作量大、效率低且难以保障测量结果的可靠性和一致性。

关于螺纹的视觉检测，文献[90]提出了一种基于角点检测和支持向量机的外螺纹参数检测方法，文献[91]使用高倍远心镜头测量矿山钻孔所用的钻杆接头外螺纹，文献[92]采用旋转工件和相机跟拍来测量螺纹参量，文献[93]提出了一种基于机器视觉的内螺纹检测方法，文献[94]提出了一种对连续运动螺纹的尺寸进行检测的机器视觉方法，文献[95]设计了一种基于双远心光学系统的外螺纹参数视觉测量系统。文献[96]设计了一种能够自动进行螺纹计数的设备，但该设备是基于物理接触式来测量螺纹数的，相对于视觉测量方法效率较低，且该设备结构较为复杂，包括机台、由伺服电机驱动的线性滑台、软轴固定座、计数头和控制装置等，一定程度上限制了该设备的应用范围。

针对人工检测的不足以及目前公开的自动螺纹计数设备存在型号适应性较弱且需对工件的位置进行控制等问题，本案例提出了一种基于机器视觉的快速螺纹计数方法。本案例算法以对螺钉两侧部分螺纹近似直线的检测为出发点，以根据螺纹边沿点到中轴线距离的变化趋势来定位螺纹波峰点和波谷点为突破口，主要包括如下步骤：

(1) 通过两次 Hough 直线检测得到螺纹两侧的边沿直线，进而获得螺钉中轴线；

(2) 根据边沿点的连通关系遍历螺纹边沿点并由各边沿点到中轴线的距离的变化趋势得到螺纹的波峰点和波谷点；

(3) 计算得到螺纹数。

通过算例实验验证，基于该方法实现的螺纹计数系统运行时只需拍摄一张图片即可在 50 ms 左右完成螺纹计数，且系统自动适应螺钉型号、摆放角度和位置的变化，降低了人工检测的工作强度并提高了检测的效率。

5.4.2　案例开发

1. 案例实施流程

图 5.4.1 为本案例算法的结构，该算法由图像采集、图像预处理、螺纹两侧边沿直线和中轴线获取、螺纹波峰点和波谷点获取、螺纹计数与结果显示五部分组成。

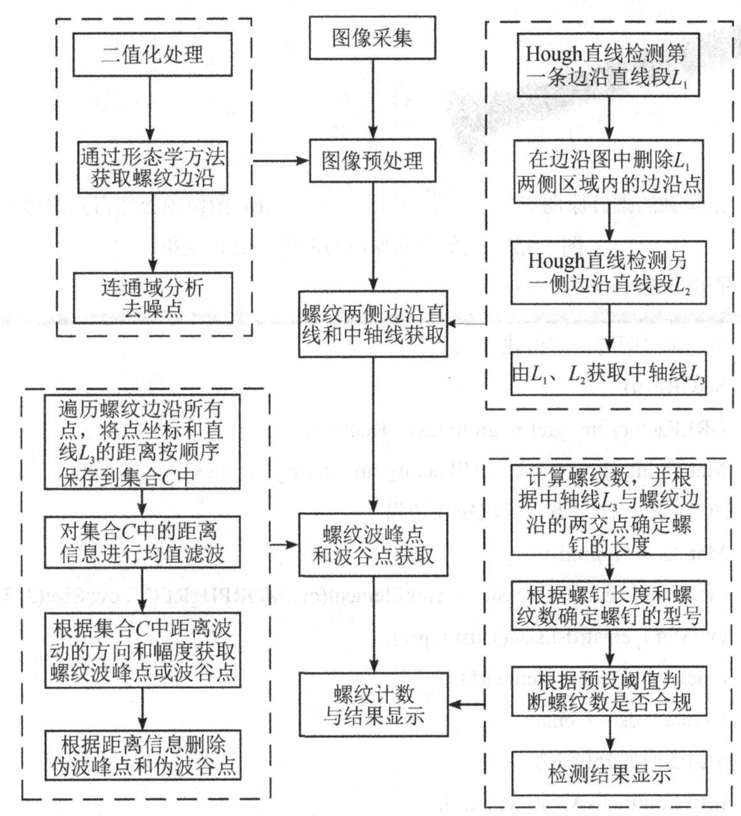

图 5.4.1　本案例算法的结构

1) 图像采集

本机器视觉螺蚊计数系统包括上位机、工业相机、镜头和 LED 背光光源，上位机与工业相机连接，LED 背光光源的亮度可调，用于建立光照环境，工业相机和镜头用于采集工件图像，上位机用于控制工业相机进行图像采集和算法的运行与结果显示。在选型方面，本系统采用 500 万像素的 CMOS 面阵黑白相机和 LED 背光光源，镜头采用 25 mm 工业镜头。图 5.4.2(a)所示为系统采集到的螺钉原图。

2) 图像预处理

图像预处理用于提取螺钉的边沿并去除背景噪声，其实现思路如下：

(1) 二值化处理：对原图 $f(x, y)$进行反向二值化，得到二值图像 $g_b(x, y)$，实验中阈值采用 245。

(2) 通过形态学方法获取螺纹边沿：先对图像 $g_b(x, y)$以半径为 2 像素的圆盘型结构元素为参数进行形态学开运算以去除孤立的小毛刺，得到结果图，记为 $g_o(x, y)$。再以 3 像素方形结构元素为参数进行形态学腐蚀运算，得到结果图，记为 $g_e(x, y)$。再与腐蚀前图像相减，得到螺纹的边沿图像，记为 $g_t(x, y)$。

(3) 连通域分析去噪点：对 $g_t(x, y)$进行连通域分析后保留面积最大的连通域，得到去除噪声后的边沿图像，记为 $g(x, y)$，结果如图 5.4.2(b)所示。此部分获取较细的螺纹边沿是为了提高后续边沿遍历的速度和保证所获取螺纹波峰点和波谷点的准确性。

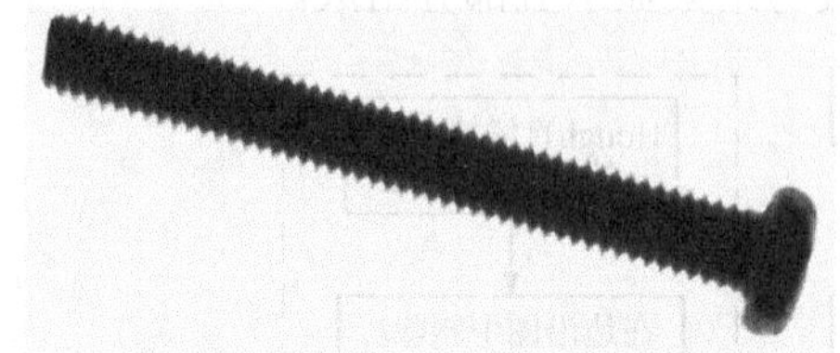

(a) 采集到的螺钉原图

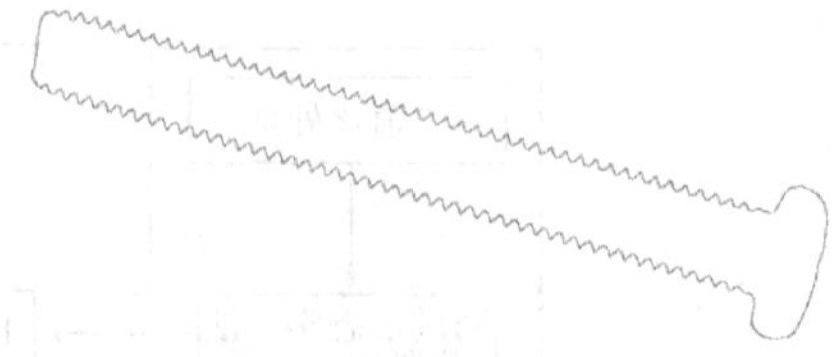

(b) 图像预处理得到的边沿图像

图 5.4.2　采集到的原图与图像预处理结果

图像预处理的实现代码如下：

```
//(1)对原图进行二值化处理
SetGRE(0);
GREFactory::m_gre[m_greIndex]->Run(*srcImg);
Mat *l_imgBinary = &(GREFactory::m_gre[m_greIndex]->m_result);
//(2)通过形态学方法获取螺纹边沿
Mat dst = *l_imgBinary;
cv::Mat element1 = getStructuringElement(cv::MORPH_RECT, cv::Size(3, 3));
cv::Mat l_emat(dst.size(), dst.type());
erode(dst, l_emat, element1);
l_emat = dst - l_emat;
//(3)连通域分析去噪点
filterContinousArea(l_emat,1);
```

3) 螺纹两侧边沿直线和中轴线获取

采用了两次 Hough 直线检测的方案，把首先检测到的那条直线段周围区域的边沿点删除，再检查另一边的直线段。

(1) Hough 直线检测第一条边沿直线 L_1。对图 5.4.2(b)中的 $g(x, y)$采用概率霍夫变换进行直线检测，然后合并距离相近且夹角较小的线段并保留最长的线段 L_1，将该线段的两个端点记为 P_1、P_2，检测结果如图 5.4.3(a)所示，对应的实现代码如下：

```
//(1)用概率霍夫变换检测螺纹一侧的边沿直线 L1
Mat tmp_img = l_emat.clone();
vector<Vec4i> lines, line1;
HoughLinesP(tmp_img, line1, 1, CV_PI / 180, 80, 100, 20);
//(2)合并距离相近且夹角较小的线段并保留最长的线段 L1
```

```
line1 = removeShortLines_andTooNearLines(line1,1, 20);
lines.push_back(line1[0]);
```

(2) 在边沿图中删除 L_1 两侧区域内的边沿点，删除后的结果如图 5.4.3(b)所示。删除方法为以 P_1、P_2 为起、止点绘制一定像素宽度(实验中取 20)的背景色直线，对应实现代码如下：

```
line(tmp_img, Point(lines[0][0], lines[0][1]), Point(lines[0][2], lines[0][3]),0,20);
```

(3) Hough 直线检测另一侧边沿直线段 L_2。用与步骤(1)相同的方法对图 5.4.3(b)进行直线检测，得到另一侧的直线段 L_2，并将 L_2 与 L_1 的两个端点调整为同一方向。

(4) 由 L_1、L_2 获取中轴线 L_3。求两线段的中线，得到螺纹中线 L_3，结果如图 5.4.3(c)所示。

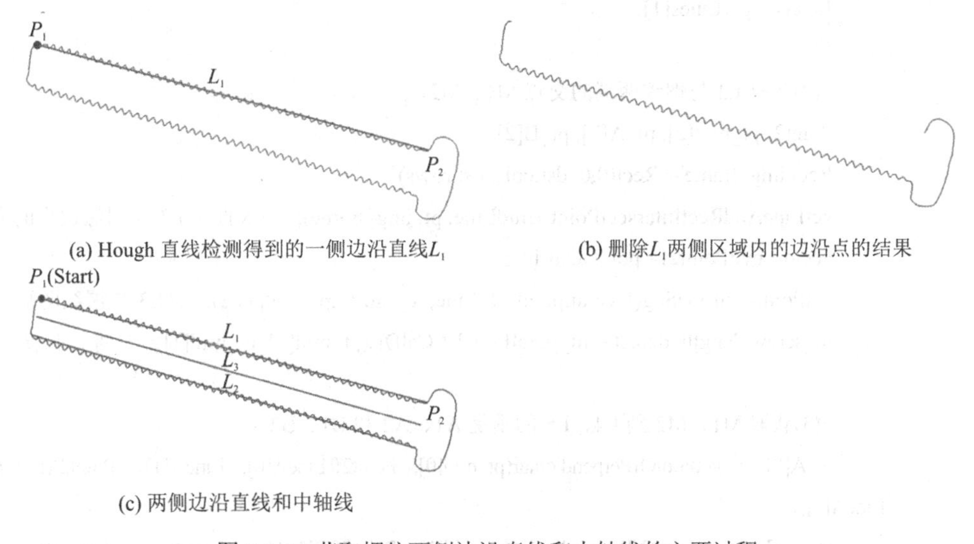

(a) Hough 直线检测得到的一侧边沿直线L_1　(b) 删除L_1两侧区域内的边沿点的结果

(c) 两侧边沿直线和中轴线

图 5.4.3　获取螺纹两侧边沿直线和中轴线的主要过程

检测另一侧的边沿直线 L_2 及获取螺纹中轴线 L_3 的实现代码如下：

```
//(1)用概率霍夫变换检测螺纹另一侧的边沿直线 L2
HoughLinesP(tmp_img, line1, 1, CV_PI / 180, 80, 100, 20);
line1 = removeShortLines_andTooNearLines(line1, 1, 20);
lines.push_back(line1[0]);

//(2)获取螺纹中轴线 L3
Vec4i LineA, LineB, midLine = getMidLineOf2ParaLines(lines[0], lines[1]);
```

4) 螺纹波峰点和波谷点获取

(1) 遍历螺纹边沿所有点，将点坐标和直线 L_3 的距离按顺序保存到集合 C(包括集合 BoundaryDisA 和集合 BoundaryDisB)中。该步骤由以下四个环节完成：

① 获取 L_3 关于 L_1 和 L_2 的对称直线 L_4 和 L_5；

② 获取 L_3 与螺纹边沿的两个交点 M_1、M_2，即螺纹中轴线两端的点；

③ 获取 M_1、M_2 到 L_4、L_5 的垂足 A_1、A_2 和 B_1、B_2；

④ 由形态学方法获取螺纹边沿线后，经线搜索得到螺纹两侧的内边沿点各自到中轴线的距离集合 BoundaryDisA 和 BoundaryDisB。

其对应的实现代码如下：

```
//(1)获取 L3 关于 L1 的对称直线 L4,L3 关于 L2 的对称直线 L5
float width;
get2ParaLineDistance(lines[0], lines[1], width);//计算 L1 和 L2 之间的距离 width
Vec4i parLines[2];
get2paraLine(midLine, parLines, width);//利用距离 width 获取 L4、L5
LineA = parLines[0];
LineB = parLines[1];

//(2)获取 L3 与螺纹两端的交点 M1、M2，
Point2f pt_mid[2], pt_A[2], pt_B[2];
Rect img_frame = Rect(0,0, dst.cols, dst.rows);
getLineAndRectIntersectPoints(midLine, pt, img_frame);   //求直线 L3 与图像边界的交点
vector<cv::Point2f> pointsOnLine;
getPointsOnLineSeg(l_emat,pointsOnLine,pt_mid[0],pt_mid[1],2);   // L3 与螺纹两端交点
m_screw_length_detect = m_pixelEqual * CalDis(pt_mid[0], pt_mid[1]);   //螺钉长度

//(3)获取 M1、M2 到 L4、L5 的垂足 A1、A2 和 B1、B2
pt_A[0] = getFootOfPerpendicular(pt_mid[0], Point2f(LineA[0], LineA[1]), Point2f(LineA[2], LineA[3]));
pt_A[1] = getFootOfPerpendicular(pt_mid[1], Point2f(LineA[0], LineA[1]), Point2f(LineA[2], LineA[3]));
pt_B[0] = getFootOfPerpendicular(pt_mid[0], Point2f(LineB[0], LineB[1]), Point2f(LineB[2], LineB[3]));
pt_B[1] = getFootOfPerpendicular(pt_mid[1], Point2f(LineB[0], LineB[1]), Point2f(LineB[2], LineB[3]));

//(4)由形态学方法获取螺纹边沿线
cv::Mat element3 = getStructuringElement(cv::MORPH_ELLIPSE, cv::Size(3, 3));
cv::Mat l_dmat(dst.size(), dst.type());
dilate(dst, l_dmat, element3);
erode(dst, l_emat, element3);
l_emat = l_dmat - l_emat;
filterContinousArea(l_emat,1);
```

```
//(5)经线搜索得到螺纹两侧的内边沿点到中轴线的距离集合
cv::LineIterator l_it_mid(l_emat, pt_mid[0], pt_mid[1]); //迭代线搜索 1 起点和终点
cv::LineIterator l_it_A(l_emat, pt_A[0], pt_A[1]);// A1、A2 线段上线搜索 2 起点和终点
cv::LineIterator l_it_B(l_emat, pt_B[0], pt_B[1]);// B1、B2 线段上线搜索 3 起点和终点
int number = min(l_it_mid.count, min(l_it_A.count, l_it_B.count));
vector<float> BoundaryDisA;              //螺纹一侧到中轴线的距离集合
vector<float> BoundaryDisB;              //螺纹另一侧到中轴线的距离集合
vector<Point2f> pBoundaryA;              //螺纹一侧线搜索得到的边沿点集合
vector<Point2f> pBoundaryB;              //螺纹另一侧线搜索得到的边沿点集合
vector<cv::Point2f> pointsOnLine1;       //一侧搜索得到的靠近中轴线的内边沿点
vector<cv::Point2f> pointsOnLine2;       //另一侧搜索得到的靠近中轴线的内边沿点
for(int l_index = 0; l_index < number; l_index++, l_it_mid++, l_it_A++, l_it_B++){
    cv::Point2f midPoint = l_it_mid.pos();  //获取当前迭代中轴线上的点
    getPointsOnLineSeg(l_emat, pointsOnLine1, l_it_A.pos(), midPoint, 1);//线搜索 1
    getPointsOnLineSeg(l_emat, pointsOnLine2, l_it_B.pos(), midPoint, 1);//线搜索 2
    pBoundaryA.push_back(pointsOnLine1[0]);
    pBoundaryB.push_back(pointsOnLine2[0]);
    BoundaryDisA.push_back(CalDis(pBoundaryA.back(), midPoint));
    BoundaryDisB.push_back(CalDis(pBoundaryB.back(), midPoint));
}
```

(2) 对集合 C 中的距离信息进行均值滤波。分别将集合 BoundaryDisA 和集合 BoundaryDisB 中保存的距离进行均值滤波处理，以降低噪声的干扰，以当前点前后 K 个点的值为参数(实验中 K 取 5)，均值滤波公式为 $d_n=\frac{\sum_{i=n-k}^{n+K} d_i}{2K+1}$，其中的 K 为滤波半径，为集合 BoundaryDisA 和集合 BoundaryDisB 中第 n 个元素(即第 n 个边沿点到直线 L_3 的距离)。对集合 C 中的距离信息进行均值滤波的实现代码如下：

```
//对集合中的距离进行滤波处理
vector<float> m_dis(BoundaryDis.size());
int filter_num = 5;
for (int i = filter_num; i< BoundaryDis.size() - 6; i++){
    for (int j = -filter_num; j<filter_num; j++){
        m_dis[i] += BoundaryDis[i+j];
    }
    m_dis[i] /= 2*filter_num + 1;
}
```

(3) 根据集合 *C* 中距离波动的方向和幅度获取螺纹波峰点或波谷点。分别以集合 BoundaryDisA 和集合 BoundaryDisB 结构体数组为对象搜索螺纹波峰点和波谷点，方法是判断绝对上升个数和绝对下降个数的数量是否均达到预设阈值。

以结构体数组 BoundaryDisA 中的波峰点检测为例，从 BoundaryDisA 中的第 2 个边沿点开始到最后一个边沿点为止，以当前点到中轴线距离与前一个点到中轴线距离相比较来判断变化的趋势，共有三种情况：上升、下降或维持不变。若待检测点左侧绝对上升的边沿点计数数目 up_N 达到 *N* 个(螺纹波动幅度越大，阈值 *N* 越大)，且右侧绝对下降的边沿点计数数目 down_N 也达到 *N* 个，则判定该点为波峰点。

下面以图 5.4.4 中的三种情况为例详细说明搜索波峰点的具体操作方法，波谷点的判断方法与波峰点类似。

图 5.4.4 (a)所示为最常见的情况，即先连续上升再连续下降的边沿点数目都大于阈值 *N*。达到局部顶点 *A* 点时 up_N 大于 *N*，然后到达 *B* 点时 down_N 达到 *N*，即可判断 *A* 点为波峰点，并将 *A* 点加入到峰值点集合中。

图 5.4.4 (b)所示为遍历过程中有局部变化，出现反复相反趋势的情况。由于遍历到局部顶点 *A* 时的 up_N 大于 *N*，故先将 *A* 点标记为候选峰值点。但当达到局部低谷点 *B* 时 down_N 未达到阈值 *N*，候选峰值点 *A* 未能判为波峰点。继续上升到局部顶点 *C* 点后趋势变为下降，此时 up_N 大于 *A* 点时的 up_N，因此 *C* 点代替 *A* 点成为新的候选峰值点。*C* 点到 *D* 点之间为下降趋势，期间 down_N 从 *C* 点开始每遍历一个点 down_N 自增 1，up_N 自减 1(若减到 0 则不再变化)。由于达到 *D* 点时 down_N 未达到阈值 *N*，因此候选峰值点 *C* 点此时未能判为峰值点。此后 *D* 点到 *E* 点之间趋势变为上升，期间每遍历一个点 up_N 自增 1，down_N 自减 1(若减到 0 则不再变化)。直到 *E* 点后一个点的趋势变为下降，因为此时 up_N 小于 *C* 点时的 up_N，所以 *E* 点未能代替 *C* 点成为新的候选峰值点。*E* 点到 *F* 点之间为下降趋势，期间每遍历一个点 down_N 自增 1，up_N 自减 1。当遍历至 *F* 点时 down_N 达到阈值 *N*，因此将候选峰值点 *C* 点判为峰值点，并将 *C* 点加入到峰值点集合中。

图 5.4.4 (c)所示为达到峰值 *A* 点后趋势为维持不变的情况，此时需同时记录达到峰值后趋势维持不变的最后一个点 *B* (根据遍历到 *B* 点的后一个点时趋势变为下降来判断)，当遍历到 *C* 点时 down_N 已经达到阈值 *N*，此时将候选峰值点 *A* 点和 *B* 点的中间位置 *X* 点判为峰值点，并将 *X* 点加入到峰值点集合中。

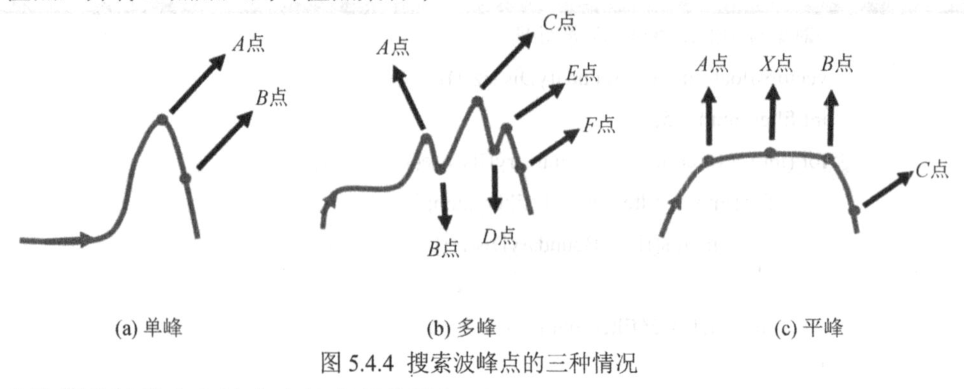

图 5.4.4 搜索波峰点的三种情况

获取螺纹波峰点和波谷点的实现代码如下：

```
float avg_valley_dis = 0;  //波谷点到中轴线距离的平均值
float avg_peak_dis = 0;    //波峰点到中轴线距离的平均值
int numLocalMax=0;         //波峰点数目
int numLocalMin=0;         //波谷点数目
int accum_up_num=0;        //累计上升数目
int accum_down_num=0;      //累计下降数目
int up_then_down=0;        //累计上升超过阈值 threshold 后的下降数(该变量在备选波
                           //峰点出现前为 0)
int down_then_up=0;        //累计下降超过阈值 threshold 后的上升数(该变量在备选波
                           //谷点出现前为 0)
int SMALL_NUMBER=-100000;        //无穷小
int LocalMinCandidate=-1;        //低谷点备选
int LocalMin_absolute_down_time=SMALL_NUMBER; //备选低谷点累计下降数目
int LocalMaxCandidate=-1;        //波峰点备选
int LocalMax_absolute_up_time=SMALL_NUMBER;          //备选波峰点累计上升数目
int threshold=m_down_up_thd[m_model_num];            //上升、下降绝对阈值
int next_label;
Point2i P1(-1, -1);              //拐点信息，包括拐点方向和在边界数组中的索引下标
for (int i = 1; i<m_dis.size(); i++){
    float curr_dis = m_dis[i-1];        //前一个点到中轴线距离
    float next_dis = m_dis[i];          //当前点到中轴线距离
    if(next_dis >   curr_dis){          //当前点趋势为上升
        next_label=1;                   //next_label 标记：1 为上升，0 为平坡，-1 为下降
        accum_up_num++;                 //累计上升数目+1
        accum_down_num = max(0, accum_down_num-1);//若累计下降数为正，则-1
    }
    else if(next_dis ==   curr_dis){    //当前点趋势为平坡
        next_label=0;
    }
    else{ //当前点趋势为下降
        next_label=-1;
        accum_down_num++;               //累计下降数目+1
        accum_up_num = max(0, accum_up_num-1) //若累计上升数目为正，则-1
    }

    if(P1.y < 0 && next_label == 0 ){       //若先前无拐点，且目前平坦，则什么也不做
    }
    else if(P1.y<0||P1.x==next_label){//若先前无拐点，或先前拐点的趋势与当前相同
```

```
            if(next_label==1&&down_then_up>0){   //当前趋势上升且累计下降超过阈值
                down_then_up++;
            }else if(next_label==-1 && up_then_down>0){
                up_then_down=up_then_down+1;   //当前趋势下降且累计上升超过阈值
            }
            P1 = Point2i(next_label, i);        //更新拐点为当前点信息
        }
        else if(next_label - P1.x == 2){        //出现局部波谷点
            if(accum_down_num >= threshold &&LocalMin_absolute_down_time<accum_
down_num){   //若累计下降数目超过阈值，且备选低谷点累计下降数目小于累计下降数目
                LocalMin_absolute_down_time=accum_down_num;   //将备选低谷点
//累计下降数目更新为累计下降与累计上升数目之差(即绝对下降数目)
                down_then_up=1;    //备选波谷点出现后上升数目+1
                LocalMinCandidate= (i-1 + P1.y)/2;   //当前拐点和上一拐点的中间位
//置作为备选波谷点(考虑到波谷点可能会出现连续平坦的情况)
                P1 = Point2i(next_label, i); //更新拐点为当前点信息
            }
        }
        else if(next_label - P1.x == -2)            //出现局部波峰点
        {
            if(accum_up_num>=  threshold && LocalMax_absolute_up_time<accum_up_
num){    //若累计上升数目超过阈值，且备选低峰点累计上升数目小于累计上升数目
                LocalMax_absolute_up_time=accum_up_num;       //将备选低峰点累计
//上升数目更新为累计上升与累计下降数目之差(即绝对上升数目)
                up_then_down=1;                      //备选波峰点出现后上升数目+1
                LocalMaxCandidate = (i-1 + P1.y)/2;    //中间位置作为备选波峰点
                P1 = Point2i(next_label, i);           //更新拐点为当前点信息
            }
        }

        if(up_then_down>= threshold){   //备选波峰点已经出现，且之后累计下降绝对数目
                                        //足够多
            up_then_down=0;     //波峰点出现后下降的数置零
            accum_up_num=0;     //累计上升数置零
            numLocalMax++;      //波峰点数目+1
            thread_peak_index.push_back(LocalMaxCandidate);        //保存该波峰点到波
                                                                   //峰点集合
            LocalMax_absolute_up_time=SMALL_NUMBER;        //累计上升数目重置
```

```
                                    //为无穷小
        avg_peak_dis += BoundaryDis[LocalMaxCandidate];
    }

    if(down_then_up>= threshold){    //备选波谷点已经出现，且之后累计上升绝对数目
                                    //足够多
        down_then_up=0;             //波谷点出现后上升的数置零
        accum_down_num=0;           //累计下降数置零
        numLocalMin++;              //波谷点数目+1
        thread_valley_index.push_back(LocalMinCandidate);     //保存该峰谷点到波
                                                              //谷点集合
        LocalMin_absolute_down_time=SMALL_NUMBER;             //累计下降数重置为
                                                              //无穷小
        avg_valley_dis += BoundaryDis[LocalMinCandidate];
    }
}
```

(4) 根据距离信息删除伪波峰点和伪波谷点。图 5.4.5 中的空心圆点和实心圆点分别为搜索到的波峰点和波谷点。由图中可见，所得到的波峰点和波谷点中存在少部分误判点。图中将误判点标注为 2 类，其特点分别为：1 类和 2 类伪点并非在 L_1、L_2 两条边界线附近，1 类伪点距离中轴线过近，2 类伪点距离中轴线过远。

清除 1 类和 2 类伪波峰点和伪波谷点的方法是分别计算波峰点、波谷点到中轴线 L_3 的平均距离，删除与平均距离偏差过大的波峰点和波谷点。

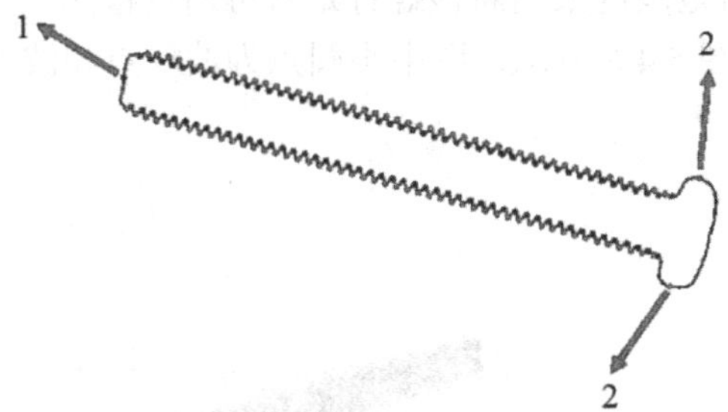

图 5.4. 5　搜索得到的波峰点和波谷点

根据距离信息删除伪波峰点和伪波谷点的实现代码如下：

```
//(1)计算波谷点和波峰点到中轴线距离的平均值
avg_valley_dis /= thread_valley_index.size();
avg_peak_dis /= thread_peak_index.size();

//(2)删除 1 类伪波谷点
for (int i = thread_valley_index.size() -1; i >= 0 ; i--){
```

```
        if (BoundaryDis[thread_valley_index[i]] < avg_valley_dis/2){
            vector<int>::iterator it = thread_valley_index.begin() + i;
            thread_valley_index.erase(it);
        }
    }

    //(3)删除 1 类和 2 类伪波峰点和伪波谷点
    for (int i = thread_peak_index.size() -1; i>=0; i--){
        if (BoundaryDis[thread_peak_index[i]] < avg_peak_dis/2 ||
BoundaryDis[thread_peak_index[i]] > avg_peak_dis + 2 * (avg_peak_dis - avg_valley_dis)){
            vector<int>::iterator it = thread_peak_index.begin() + i;
            thread_peak_index.erase(it);
        }
    }
```

5) 螺纹计数与结果显示

螺纹计数与结果显示的实现思路如下。

(1) 计算螺纹数，并根据中轴线 L_3 与螺纹边沿的两交点确定螺钉的长度。按照 $c=\frac{a+b}{4}$ 计算螺纹数 c，其中 a、b 分别为波峰点和波谷点的数量，再根据中轴线 L_3 与螺纹边沿的两个交点确定螺钉的长度。

(2) 根据螺钉长度和螺纹数确定螺钉的型号。

(3) 根据预设阈值判断螺纹数是否合规。获取(2)中确定的螺钉型号的螺纹数预设阈值，并根据测量值是否在阈值范围内来判断该螺钉是否可通过检测。

(4) 检测结果显示如图 5.4.6 所示，图中小圆点为波峰点和波谷点。

检出螺钉型号:6.50
共检出48个螺纹(标准个数=48)
OK

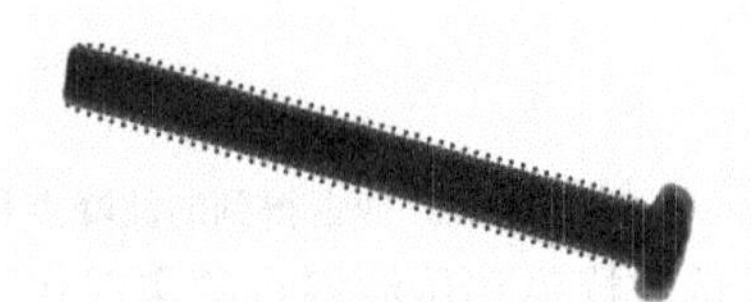

图 5.4.6　检测结果的图像显示

螺纹计数与结果显示的部分实现代码如下：

```
    //(1)计算螺纹数目
    m_screw_thread_num_detect = (threadA_peak_index.size() + threadA_valley_index.size() +
threadB_peak_index.size() + threadB_valley_index.size())/4;
```

```
//(2)若与预设数目相差超过 1 则不合格
if (abs(m_screw_thread_num_detect - m_screw_thread_num[m_model_num]) > 1) {
    m_result |= 8;    //螺纹个数不合规
}
```

2. 实验验证

以 M6 × 50、M6 × 40、M5 × 40、M4 × 30、M3 × 30 共 5 个型号的螺钉为实验对象(前一组数据表示螺纹外径，后一组数据表示螺纹长度)，分别进行 100 次测试，共得到 500 组实验数据，统计信息如表 5.4.1 所示。算法运行速度方面，在测试笔记本电脑上(CPU 主频为 2.2 GHz，RAM 为 8 G)运行，用 OpenCV 实现的算法对 2448×2048 的采集图像(500 万像素)的平均运行速度为 50.31 ms，速度上完全满足企业的需求。

表 5.4.1　螺钉螺纹计数实验结果

螺钉型号	M6 × 50	M6 × 40	M5 × 40	M4 × 30	M3 × 30
螺纹数	48	38	48	40	57
测量均值	48.06	37.95	47.77	39.95	56.83
测量方差	0.336	0.208	0.417	0.448	0.441
最大误差	±1	±1	±1	±1	±1

实验结果显示，本算法的螺纹计数误差为±1 个螺纹，测量均值与真实值最大相差 0.23 个螺纹(型号为 M5 × 40)，最大方差为 0.448(型号为 M4 × 30)，说明本案例方法对螺钉螺纹数目的测量准确度较高。引起误差的主要原因是本案例方法基于二维视觉，两端的螺纹在不同旋转视角下的成像起伏变化较大，从而引起波峰点和波谷点数目的波动，导致计数出现 1 个左右的差异。

5.5　压缩弹簧中段线径测量

5.5.1　案例背景

压缩弹簧在各类弹簧中应用最为广泛，号称“簧中王”， 在很多机构中担负关键任务[97]。对各类目标的参数检测是机器视觉的一个重要研究方向[98]，关于弹簧这一零件的机器视觉检测，文献[99]提出了一种扁弹簧分类和扭转角度质量视觉检测方法。文献[100]～[103]设计了测量弹簧内外径尺寸的视觉系统。文献[104]提出了检测弹簧座组件跨度、承载座尺寸和缺陷的视觉系统。文献[105]、[106]开发了基于视觉的弹簧缺陷检测系统。以上方法和系统以检测弹簧内、外径等参数及各类缺陷为主。

弹簧线径指弹簧钢丝的直径，对弹簧的硬度、寿命、弹性耗能等性能有着决定性影响。关于弹簧线径的检测技术，文献[107]公开了一种检测弹簧线径是否符合图纸要求的装置，使用时需把弹簧钢丝插入装置本体，通过能否插进各个通端孔来判断弹簧线径是否合格。该方法基于机械接触式测量，效率较低且无法测出弹簧线径的具体数值。文献[108]开发了一种检测弹簧圆度、轴向直线度与表面质量的视觉系统，采用 Hough 直线检测弹簧线两侧的直线并由其距离得出弹簧各段的线径。该方法检测线径有两点问题：一是弹簧边沿为曲线，Hough 直线检测稳定性不足；二是无法给出每个检测点位的线径值及缺陷。针对一种特殊的汽车弹簧的逆向工程问题，文献[109]开发了一种压缩弹簧视觉测量系统，该系统可测量各个位置点的弹簧线径，但测量效率较低，单个弹簧的测量时间长达 150 min。

目前弹簧线径的测量以采用游标卡尺等手工方式为主，存在工作效率和稳定性低且一般只能对局部点位进行抽查检测的缺点。针对目前弹簧线径测量方法效率低、测量密度小的问题，本案例分析了压缩弹簧的成像特征和机器视觉测量弹簧线径的难点，以弹簧中段部分近似直线的特征为出发点，以提取关键拐点为突破口，提出了一种基于机器视觉的对压缩弹簧中段线径进行快速、高密度测量的方法。通过实验验证，该方法能够在 200 ms 内完成数百个以上的检测点位的线径测量，测量密度和效率远高于传统的弹簧线径测量方法，且具有较高的测量精度。通过转动弹簧进行前后三次左右的测量，该方法可完成压缩弹簧整个中间部分的线径测量。但由于成像粘连，该方法无法测量压缩弹簧两端各 1 圈左右的部分以及拉伸弹簧的全部。

5.5.2　案例开发

1. 案例实施流程

图 5.5.1 所示为典型的压缩弹簧。压缩弹簧为螺旋形状，视觉成像后有如下特点：

(1) 整体为不规则曲线；

(2) 在两端各约一圈的区域，弹簧线重叠度较高；

(3) 在弹簧轴线两侧的区域，弹簧线不规则弯曲、部分重叠；

(4) 在轴中心线附近的区域，弹簧线近似为直线；

(5) 弹簧中线各段近似直线部分的长度差异较大。

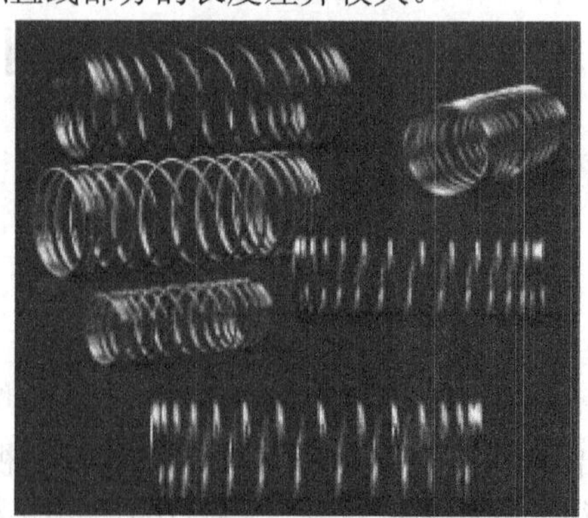

图 5.5.1　压缩弹簧实物

由于弹簧视觉成像的以上特点，本案例问题的难点在于：

(1) 如何排除弹簧的非直线及重叠部分的干扰；

(2) 如何将各中段分开后进行分别测量，同时尽可能多地保留接近直线的部分以增加检测点位的数目；

(3) 如何确定生成指定密度的检测线段的数目、位置和方向。

图 5.5.2 所示为本案例算法的结构，该算法由图像采集、图像预处理、关键拐点获取、中段边沿直线拟合和中段线径测量与结果显示五部分组成。

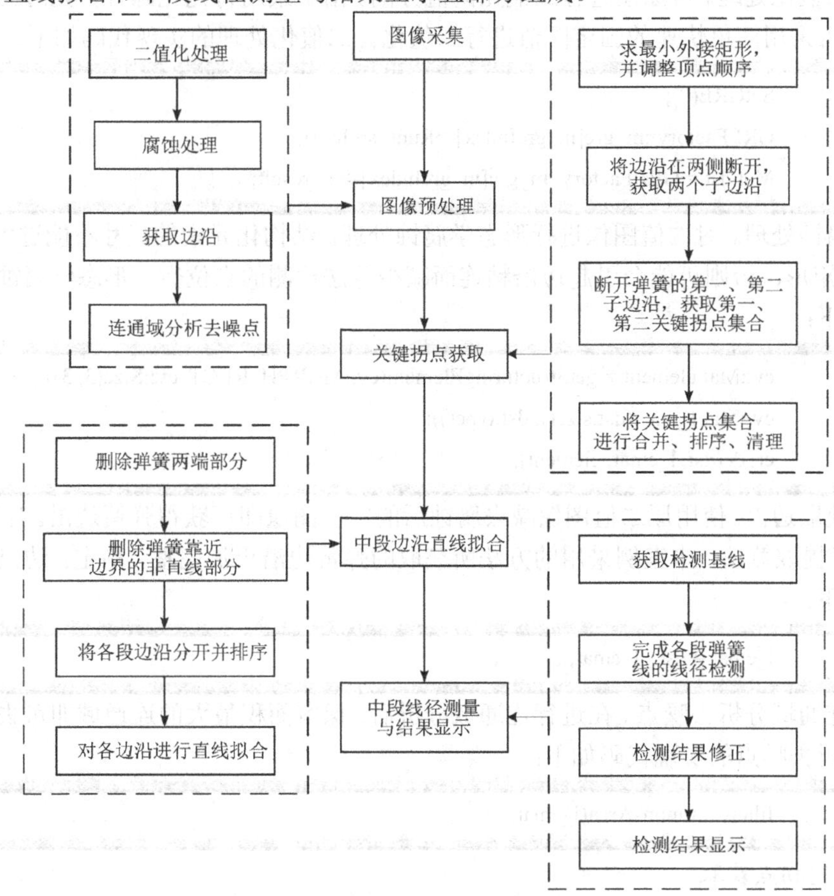

图 5.5.2　本案例算法的结构

1) 图像采集

图像采集模块用于获取弹簧的外观图像，本机器视觉检测系统包括工业相机、镜头、光源和计算机，其中，光源的选型和调节是关键。本案例实验中工业相机采用 CMOS 面阵相机，光源采用亮度可调的 LED 背光光源，调光时在不损伤弹簧边沿的条件下尽量增加背景亮度。图 5.5.3 所示为采集到的弹簧原图。

图 5.5.3　采集到的弹簧原图

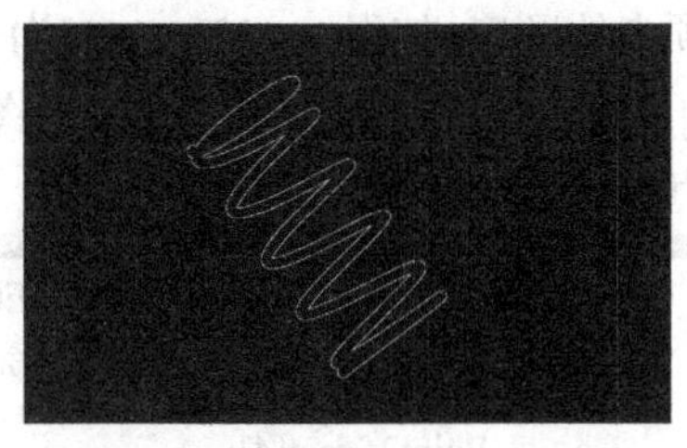

图 5.5.4　图像预处理后的结果

2) 图像预处理

图像预处理的目的在于提取弹簧的边沿部分并去除背景中的噪点，其实现思路包括如下 4 个步骤。图 5.5.4 所示为图像预处理后的结果。

(1) 二值化处理。对原图进行二值化阈值分割。由于采用背光光源且打光时已将背景照亮，因此可采用简单快速的固定阈值进行二值化。二值化处理的实现代码如下：

```
SetGRE(0);
GREFactory::m_gre[m_greIndex]->Run(*srcImg);
Mat dst = GREFactory::m_gre[m_greIndex]->m_result;
```

(2) 腐蚀处理。对二值图像进行形态学腐蚀处理。结构化元素的尺寸不能过大，一般使用 3×3 的矩形，否则可能会引起边沿粘连而减少算法检测的点位数。形态学腐蚀处理的实现代码如下：

```
cv::Mat element = getStructuringElement(cv::MORPH_RECT, cv::Size(3, 3));
cv::Mat l_emat(dst.size(), dst.type());
erode(dst, l_emat, element);
```

(3) 获取边沿。使用原二值图像减去腐蚀后的二值图像即可获得弹簧边沿。对比 Canny、Sobel 边沿提取算法，本案例采用的方法所获取的弹簧边沿更加完整、稳定。边沿获取的实现代码如下：

```
l_emat = dst - l_emat;
```

(4) 连通域分析去噪点。在进行连通域分析后，保留面积最大的连通域即可去除噪点。连通域分析去噪点的实现代码如下：

```
filterContinousArea(l_emat, 1);
```

3) 关键拐点获取

获取关键拐点的主要过程如图 5.5.5 所示。关键拐点指弹簧边沿内侧的拐点，是弹簧各段之间的交界点，如图 5.5.5(c)中弹簧边沿拐点处的圆点所示。关键拐点的获得是本案例算法的一个核心，是后续删除弹簧非直线段部分以及将整个弹簧的各段分开并生成检测基线等关键步骤的基础条件。

(1) 求最小外接矩形，并调整顶点顺序。将获取的弹簧最小外接矩形记为 RECT，并将其四个顶点存放到数组 rect 的四个元素中，分别为 rect[0]、rect[1]、rect[2]、rect[3]，调整四个顶点的顺序，使得 rect[0]rect[1]为长边(记为线段 L_1)，rect[2] rect[3]为长边(记为线段 L_2)，rect[0] rect[3]为短边(记为线段 L_3)，图 5.5.5(d)中标注了各边和顶点。求最小外接矩形并调整顶点顺序的部分实现代码如下：

```
//(1)获取最小外接矩形 RECT
RotatedRect box; //定义最小外接矩形集合
Point2f rect[4];
```

```
box = minAreaRect(Mat(contours[0]));   //计算每个轮廓最小外接矩形
box.points(rect);   //把最小外接矩形四个端点复制给 rect 数组

//(2)调整四个顶点的顺序，使得 rect[0]、rect[1]为长边
float width = CalDis(rect[0], rect[1]), height = CalDis(rect[1], rect[2]);
if (width < height){
    Point2f tmp_p=rect[0]; rect[0]=rect[1]; rect[1]=rect[2]; rect[2]=rect[3]; rect[3]=tmp_p;
    float tmp = width; width = height; height =tmp;
}
```

(2) 将边沿在两侧断开，获取两个子边沿。该步骤的实现较复杂，分三个环节来说明。

① 获取 RECT 的两条长边 L_1、L_2 的中线 L_4，求 L_4 与弹簧边沿的靠近 RECT 的短边两侧的交点，记为 P_1、P_2。将两个交点 P_1、P_2 沿中线方向的小块区域置零，即将弹簧边沿在靠边外接矩形 RECT 短边的两侧断开。其对应的实现代码如下：

```
//(1)获取 RECT 的两条长边 L1、L2 的中线 L4
Point2f mid1 = (rect[0] + rect[3]) / 2, mid2 = (rect[1] + rect[2]) / 2;

//(2)求 L4 与弹簧边沿的靠近 RECT 的短边两侧的交点 P1、P2
vector<cv::Point2f> pointsOnLine;
getPointsOnLineSeg(l_emat, pointsOnLine, mid1, mid2, 2);

//(3)将弹簧边沿在靠近外接矩形 RECT 短边的两侧断开
Point2f ppp = getFootOfPerpendicular(pointsOnLine[1], rect[0], rect[3]);
int dis_ppp = 1.5 * CalDis(ppp, pointsOnLine[1]);
dis_ppp = max(dis_ppp, 10);
Point2f pt_tmp[2];
get2Points_DistFrom1Point_onPerpendOrientation(pt_tmp, pointsOnLine[1], rect[0], rect[3], 
dis_ppp);
line(l_emat, pt_tmp[0], pt_tmp[1], 0, 3); //用背景色画线断开
ppp = getFootOfPerpendicular(pointsOnLine[0], rect[1], rect[2]);
dis_ppp = 1.5 * CalDis(ppp, pointsOnLine[0]);
dis_ppp = max(dis_ppp, 10);
get2Points_DistFrom1Point_onPerpendOrientation(pt_tmp, pointsOnLine[0], rect[1], rect[2], 
dis_ppp);
line(l_emat, pt_tmp[0], pt_tmp[1], 0, 3);
```

② 获取第一子边沿 BW_1，如图 5.5.5(a)所示。方法为对(2)的结果图进行连通域分析并保留最大连通域。获取第一子边沿 BW_1 的实现代码如下：

```
//获取第一子边沿 BW1
Mat mat1 = l_emat.clone(), mat2 = l_emat.clone();
Point2f center;
filterContinousArea_getCenters(mat1, 1, &center);
```

③ 获取第二子边沿 BW_2，并调整与 BW_1 的位置关系。首先使用①的结果图减去②的结果图后保留最大连通域，然后以两个边沿的重心到 L_1 的距离为依据，调整 BW_1 和 BW_2 的位置关系，使得 BW_1 更靠近 L_1，BW_2 更靠近 L_2。获取第二子边沿 BW_2 的实现代码如下：

```
//获取第二子边沿 BW2
filterContinousArea(mat2, 2);
mat2 = mat2 - mat1;
Vec4i line1(rect[0].x, rect[0].y, rect[1].x, rect[1].y);
Vec4i line2(rect[2].x, rect[2].y, rect[3].x, rect[3].y);
Vec4i line3(rect[0].x, rect[0].y, rect[3].x, rect[3].y);
if(getPoint2LineDis(line1,center)>getPoint2LineDis(line2,center)){//保证 BW1 更靠近 L1
    Mat tmp = mat1; mat1 = mat2; mat2 = tmp;
}
```

(3) 断开弹簧的第一、第二子边沿，获取第一、第二关键拐点集合。该步骤的实现较复杂，分四个环节来说明。

① 断开第一子边沿 BW_1，如图 5.5.5(b)所示。断开方法为先求 L_1 和 L_4 的中线 L_5，再将线段 L_1、L_5 包围的矩形区域置零。

断开第一子边沿 BW_1 的实现代码如下：

```
vector<Point> contour(4);
contour[0] = rect[0];
contour[1] = rect[1];
contour[2] = (mid2 + rect[1]) / 2;
contour[3] = (mid1 + rect[0]) / 2;
removePointsInConvexPolygon(mat1, contour); //将在多边形 contour 内的点改为背景
```

② 获取第一部分关键拐点集合 1，如图 5.5.5(c)中实心圆点所示。获取方法为求图 5.5.5(b)中各连通区域中离 L_1 最远的点(即离 L_2 最近的点)。靠近两交点 P_1、P_2 的两个伪拐点被排除，排除方法为计算潜在关键点与(2)中 P_1、P_2 的距离，如果过近，则认为不是关键拐点。其对应的实现代码如下：

```
//(1)连通域分析
vector<vector<Point>> l_areas1;
getContinousArea(mat1, l_areas1);
vector<Point> min1_point;
```

```
    //(2)遍历各个连通域，获取离 L2 最近的点(关键拐点)
    for (int i=0; i<l_areas1.size(); i++){
        double min_dis = 100000000;
        Point p(0, 0);
        for (int j=0; j<l_areas1[i].size(); j++){
            double dis = getPoint2LineDis(line2, l_areas1[i][j]);
            if (dis < min_dis){
                min_dis = dis;
                p = l_areas1[i][j];
            }
        }
if(5<CalDis((Point2f)p,pointsOnLine[0])&&5<CalDis((Point2f)p,pointsOnLine[1])
&&getPoint2LineDis(line1,p)>height/4) //排除与 P1、P2 的距离小于 5 的点
            min1_point.push_back(p);
    }
```

③ 断开第二子边沿 BW_2。先求 L_2 和 L_4 的中线 L_6，再将 L_2、L_6 包围矩形区域置零。

此部分与环节①的实现代码类似，省略。

④ 获取第二部分关键拐点集合 2。操作方法与环节②类似，求环节③中每个连通区域中距离 L_2 最远的点。

此部分与环节②的实现代码类似，省略。

(4) 将关键拐点集合进行合并、排序、清理。合并关键拐点集合并进行排序，如图 5.5.5(d)中蓝点所示。排序方法是按距离短边 L_3 由近到远排序，图 5.5.5(d)中用拐点处圆点的大小表示。合并关键拐点集合并进行排序的实现代码如下：

```
    //(1)合并关键拐点集合
    vector<Point> min_point, min_point_tmp;
    min_point.assign(min1_point.begin(), min1_point.end());
    min_point.insert(min_point.end(), min2_point.begin(), min2_point.end());

    //(2)对集合中的点按距离短边 L3 由近到远排序
    vector<int> min_point_dist1, min_point_dist2;
    for (int i = 0;i < min_point.size();i++)
        min_point_dist1.push_back(getPoint2LineDis(line3, min_point[i]));
    min_point_dist2 = min_point_dist1;
    sort(min_point_dist1.begin(), min_point_dist1.end());
    min_point_tmp = min_point;
    for (int i = 0; i < min_point.size(); i++){
```

```
            for (int j = 0;j < min_point.size();j++){
                if (min_point_dist2[j] == min_point_dist1[i]){
                    min_point[i] = min_point_tmp[j];
                    break;
                }
            }
        }
```

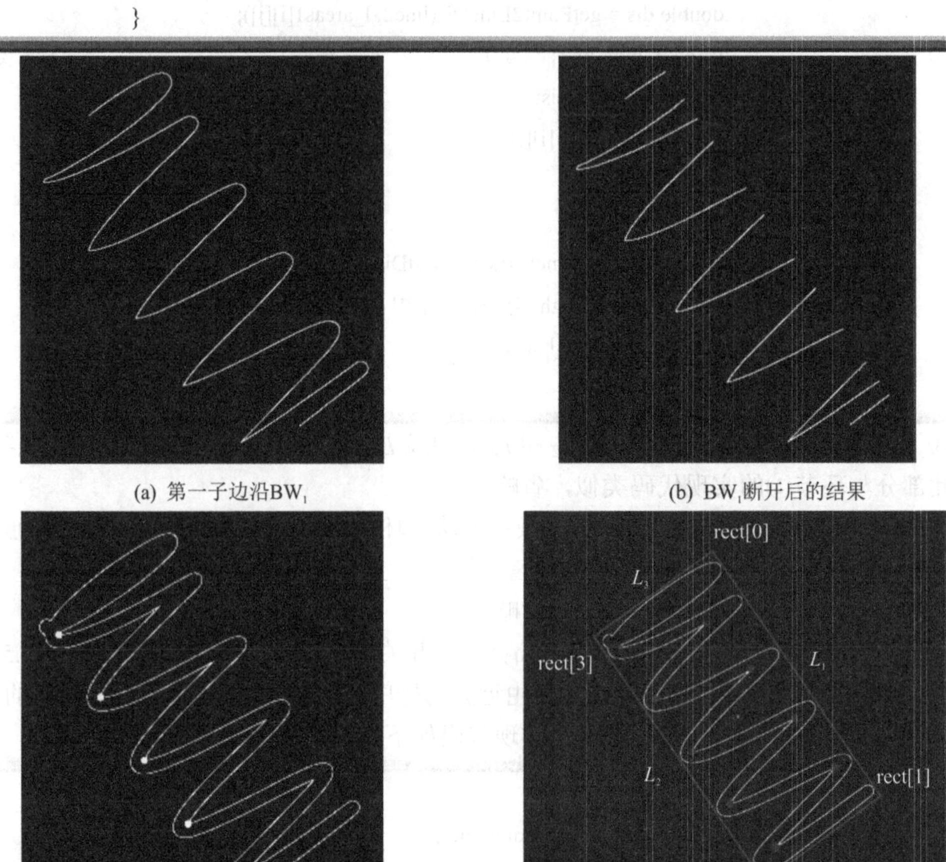

(a) 第一子边沿BW_1　　(b) BW_1断开后的结果

(c) 第一部分关键拐点　　(d) 合并后的关键拐点

图 5.5.5　获取关键拐点的主要过程

4) 中段边沿直线拟合

中段边沿直线拟合的实现思路是首先删除弹簧非直线及弹簧线重叠的部分，再将各段边沿分开，最后进行直线拟合，图 5.5.6 所示为中段边沿直线拟合的两个主要过程。

(1) 删除弹簧两端部分，即断开弹簧两端线径无法测量的部分。该步骤的实现较复杂，分两个环节完成。

① 首先分别以关键拐点集合中第一个和最后一个点为圆心、以背景色为填充色绘制实心圆；然后求以上两点到 L_1 和 L_2 的两对垂足点，以每对垂足为端点绘制背景色直线。环节①的实现代码如下：

```
//(1)分别以关键拐点集合中第一个和最后一个点为圆心、以背景色为填充色绘制实心圆
circle(l_emat, min_point[0], 15, 0, -1);
circle(l_emat, min_point[min_point.size() - 1], 15, 0, -1);

//(2)求以上两点到 L1 和 L2 的两对垂足点，以每对垂足为端点绘制背景色直线
Point2f pp1, pp2;
pp1 = getFootOfPerpendicular(min_point[0], rect[0], rect[1]);
pp2 = getFootOfPerpendicular(min_point[0], rect[2], rect[3]);
line(l_emat, pp1, pp2, 0, 3);
pp1 = getFootOfPerpendicular(min_point[min_point.size() - 1], rect[0], rect[1]);
pp2 = getFootOfPerpendicular(min_point[min_point.size() - 1], rect[2], rect[3]);
line(l_emat, pp1, pp2, 0, 3);
```

② 删除弹簧两端部分，经连通域分析后保留最大的两个连通域。对应的实现代码如下：

```
filterContinousArea(l_emat, 2);
```

(2) 删除弹簧靠近边界的非直线部分。该步骤的实现较复杂，分两个环节完成。

① 首先分别以 L_1、L_2 的两个端点和关键拐点集合中对应集合 1 和集合 2 中的关键点获得两个闭包络区域，然后调用闭包绘制函数(如 OpenCV 的 drawContours 函数)将两个闭包络区域置零。环节①的实现代码如下：

```
//(1)以 L1、L2 的两个端点和关键拐点集合中对应集合 1 和集合 2 中的关键点获得两个
//闭包络区域
vector<cv::Point> contour1;
contour.clear();
contour.push_back(rect[1]);
contour.push_back(rect[0]);
contour1.push_back(rect[2]);
contour1.push_back(rect[3]);
float dis_gap = 0;
int gap_num = 0;
for (int i = 0; i < min_point.size(); i += 2){
    dis_gap += getPoint2LineDis(line1, min_point[i]);
    gap_num++;
}
if(dis_gap/gap_num < height/2){
    for (int i = 0; i<min_point.size(); i += 2){
        contour.push_back(min_point[i]);
    }
```

```
        for (int i = 1; i < min_point.size(); i += 2){
            contour1.push_back(min_point[i]);
        }
    }else{
        for (int i = 1; i < min_point.size(); i += 2){
            contour.push_back(min_point[i]);
        }
        for (int i = 0; i < min_point.size(); i += 2){
            contour1.push_back(min_point[i]);
        }
    }
    //(2)将两个闭包络区域置零
    removePointsInConvexPolygon(l_emat, contour);//定义见上文步骤 3 代码(5)
    removePointsInConvexPolygon(l_emat, contour1);
```

② 进一步删除弹簧靠近边界的非直线部分。删除方法为将线段 L_1、L_5 包围的矩形区域内的所有像素点置零，将线段 L_2、L_6 包围的矩形内的所有像素点置零。环节②的实现代码如下：

```
    Point2f m1 = (rect[3] + rect[0]) / 2 ;
    Point2f m2 = (rect[2] + rect[1]) / 2;
    vector<Point> contour_1(4);
    contour_1[0] = rect[0];
    contour_1[1] = rect[1];
    contour_1[2] = (mid2 + rect[1]) / 2;
    contour_1[3] = (mid1 + rect[0]) / 2;
    removePointsInConvexPolygon(l_emat, contour_1);
    contour_1[0] = rect[3];
    contour_1[1] = rect[2];
    contour_1[2] = (mid2 + rect[2]) / 2;
    contour_1[3] = (mid1 + rect[3]) / 2;
    removePointsInConvexPolygon(l_emat, contour_1);
```

(3) 将各段边沿分开并排序。该步骤分两个环节完成。

① 将分属于弹簧不同段的边沿分离，如图 5.5.6(a)所示。分离方法为以各关键拐点为圆心绘制背景色的实心圆，实现代码如下：

```
    for (int i = 0; i < min_point.size(); i ++){
        circle(l_emat, min_point[i], 15, 0, -1);
    }
```

② 对各段边沿进行排序。首先通过连通域分析获得各段边沿的重心，然后以各重心到短边 L_3 的距离从小到大排序。图 5.5.6(a)中不同大小的圆点为各段边沿的重心，离 L_3 距离越远的点越大。对各段边沿进行排序的实现代码如下：

```
//(1)通过连通域分析获得各段边沿的重心
vector<vector<Point>> l_areas, l_areas_tmp;
vector<cv::Point2f> centers, centers_tmp;
getContinousArea_getCenters(l_emat, l_areas, centers, 20);

//(2)对各段边沿以各重心到短边 L3 的距离从小到大排序
vector<int> centers_dist1, centers_dist2;
for (int i = 0; i < centers.size(); i++){
      centers_dist1.push_back(getPoint2LineDis(line3, centers[i]));
}
centers_dist2 = centers_dist1;
sort(centers_dist1.begin(), centers_dist1.end());
centers_tmp = centers;
l_areas_tmp = l_areas;
for (int i = 0; i < centers.size(); i++){
      for (int j = 0;j < centers.size();j++){
            if (centers_dist2[j] == centers_dist1[i]){
                  centers[i] = centers_tmp[j];
                  l_areas[i] = l_areas_tmp[j];
                  break;
            }
      }
```

(4) 对各边沿进行直线拟合：对每个连通域分别进行最小二乘直线拟合，拟合结果如图 5.5.6(b)中各穿过边界的直线所示。

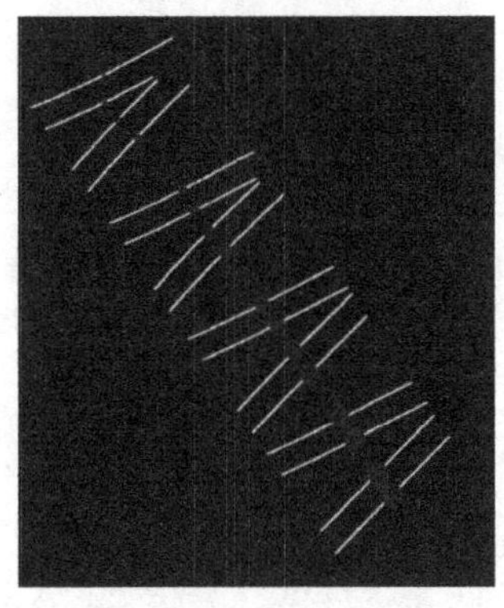

(a) 排序后的各段边沿

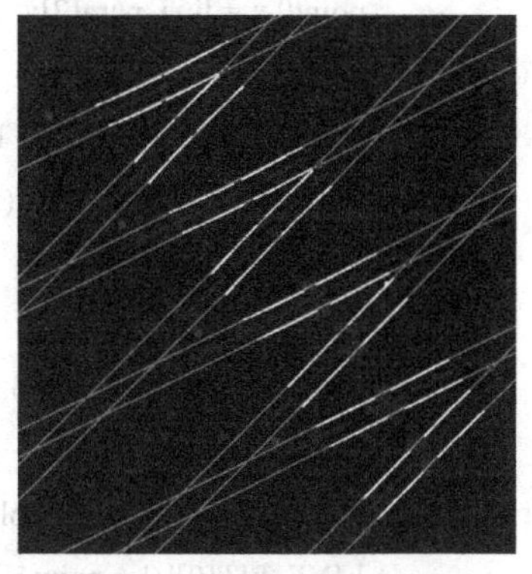

(b) 拟合直线与检测基线

图 5.5.6　中段边沿直线拟合的两个主要过程

对各边沿进行直线拟合的实现代码如下：

```
//对每个连通域分别进行最小二乘直线拟合
vector<Vec4f> line_para_all(2 * min_point.size() - 2, Vec4f(0, 0, 0, 0));
int min_point_pos = 1;
cv::Vec4f line_para, line_para1;
for (int i = 1; i< l_areas.size(); i++){
    cv::fitLine(l_areas[i-1], line_para, cv::DIST_L2, 0, 1e-2, 1e-2);
    cv::fitLine(l_areas[i], line_para1, cv::DIST_L2, 0, 1e-2, 1e-2);
    line_para_all[2 * min_point_pos - 2] = line_para;
    line_para_all[2 * min_point_pos - 1] = line_para1;
    min_point_pos++;
}
```

5) 中段线径测量与结果显示

中段线径测量与结果显示的实现思路是先基于关键拐点集合和各段边沿拟合直线生成检测基线，再根据预设检测密度生成检测线段，最后完成线径检测与结果显示。

(1) 获取检测基线，即弹簧线两侧边沿的中线，结果如图 5.5.6(b)中的各段弹簧中间的线段所示。求取以上两个关键拐点分别到配对的两条拟合直线的两对垂足，并分别求取每对垂足的中点，即为检测基线的两个端点。获取检测基线的实现代码如下：

```
//(1)将拟合直线由参数方程式转为两点式
vector<Point2f> LINE_FIT[2], LINE_FIT_TMP[2], LINE_CHECK[2];
LINE_FIT[0].resize(line_para_all.size());//拟合直线集合
LINE_FIT[1].resize(line_para_all.size());//检测基线集合
vector<float> LINE_CHECK_WIDTH;
for (int i = 0; i< line_para_all.size(); i++){
    cv::Vec4f line_para = line_para_all[i];
    cv::Point point0;
    point0.x = line_para[2];
    point0.y = line_para[3];
    double k = line_para[1] / line_para[0];
    //计算直线的端点(y = k(x - x0) + y0)
    cv::Point point1, point2;
    point1.x = 0;
    point1.y = k * (0 - point0.x) + point0.y;
    point2.x = l_emat.cols;
    point2.y = k * (l_emat.cols - point0.x) + point0.y;
    LINE_FIT[0][i] = point1;    //端点 1
    LINE_FIT[1][i] = point2;    //端点 2
```

```
        LINE_FIT_TMP[0].push_back(point1);
        LINE_FIT_TMP[1].push_back(point2);
    }

    //(2)根据关键拐点和拟合直线确定检测基线
    for (int i = 0; i < min_point.size() -1 ; i++){
        cv::Vec4f line_para = line_para_all[i * 2];
        Point2f p1, p2, p3, p4;
        p1=getFootOfPerpendicular(min_point[i],LINE_FIT[0][i*2],LINE_FIT[1][i*2]);
        p2=getFootOfPerpendicular(min_point[i],LINE_FIT[0][i*2+1],LINE_FIT[1][i*2+1]);
        p3=getFootOfPerpendicular(min_point[i+1],LINE_FIT[0][i*2],LINE_FIT[1][i*2]);

    p4=getFootOfPerpendicular(min_point[i+1],LINE_FIT[0][i*2+1],LINE_FIT[1][i*2+1]);
    LINE_CHECK[0].push_back((p1 + p2) / 2);        //检测基线端点 1
        LINE_CHECK[1].push_back((p3 + p4) / 2);        //检测基线端点 2
        LINE_CHECK_WIDTH.push_back(0.9 * (CalDis(p1,p2) + CalDis(p3, p4))/2);//线宽
    }
```

(2) 完成各段弹簧线的线径检测，如图 5.5.7 所示，与检测基线垂直的细线段为检测线段，其上的红点为边界点。以(1)中的检测基线为中线，以两边的 2 条拟合直线距离的 1.8 倍为检测宽度生成检测线段。以预设检测密度为步长向检测基线的另一端移动检测线段，进行弹簧线径检测。检测时以检测线与前景相交且最长的一段为弹簧线径，相交点为边界点，两个边界点的距离为该位置线径。

说明：

① 若检测线未检测到两个前景点(检测基线的两端)，则认为该段不是弹簧线的近似直线部分，因而不进行测量；

② 若检测到的两个前景点的中点不落在两条拟合直线之间(常见于两段弹簧的交界处)，则将该对点判为误检测点并排除。

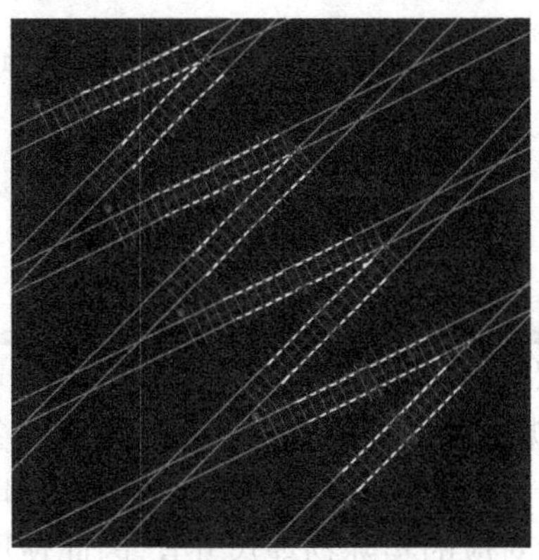

图 5.5.7　检测线段与边界定位结果

完成各段弹簧线的线径检测的实现代码如下：

```
m_width.resize(LINE_CHECK_WIDTH.size());                //线径值集合
m_widthOk.resize(LINE_CHECK_WIDTH.size());              //线径检测结果集合
int step = m_check_density_pix;                          //检测密度
for (int i = 0; i<LINE_CHECK_WIDTH.size(); i++){
    float checkLen = CalDis(LINE_CHECK[0][i], LINE_CHECK[1][i]); //检测基线长度
    int checkNum = checkLen / step + 1;                  //检测线数目
    Point2f checkPoint, checkSidePoints[2];
    cv::Point2f vec;
    vec.x = step * (LINE_CHECK[1][i].x - LINE_CHECK[0][i].x) / checkLen;
    vec.y = step * (LINE_CHECK[1][i].y - LINE_CHECK[0][i].y) / checkLen;
    for (int j = 0; j < checkNum; j++){
        checkPoint.x = LINE_CHECK[0][i].x + vec.x * j;
        checkPoint.y = LINE_CHECK[0][i].y + vec.y * j;
        get2Points_DistFrom1Point_onPerpendOrientation(checkSidePoints,checkPoint,
LINE_CHECK[0][i], LINE_CHECK[1][i], LINE_CHECK_WIDTH[i]);//在线段垂直方向上，获
//取离指定点指定距离的两个点 P1、P2，两点之间即为检测线段
        Point2f pt0(-1,-1), pt1(-1, -1), pt_mid;
        CheckLineSeg(l_emat_remove_side_save,     checkSidePoints[0],     checkSide
Points[1], pt0, pt1);//pt0, pt1 返回计算线径的两个端点
        pt_mid = (pt0 + pt1) / 2;
        //两个点 P1、P2 需满足约定条件才可认为是检测到有效线径
        if (pt1.x>0 && pt0.x >0                          //1.检测线段碰到边界
&& CalDis(pt0, pt1) > 0.05*LINE_CHECK_WIDTH[i]           //2.距离不能明显过小(可能
//发生在关键拐点处)
&& 0 == checkPointBtw2ParaLine(pt_mid, LINE_FIT_TMP[0][i * 2], LINE_FIT_TMP[1][i * 2],
LINE_FIT_TMP[0][i * 2 + 1], LINE_FIT_TMP[1][i * 2 + 1])){     //3.两点的中点位于两条拟
//合直线之间
            width = CalDis(pt0, pt1) * m_pixelEqual;
            m_width[i].push_back(width);
        }
    }
}
```

(3) 检测结果修正。比较奇、偶数段测量数据的平均值，以平均值较小的各段数据为基准修正平均值较大的各段数据。原因是弹簧有一定的高度，各个被测弹簧中段离镜头的距离会交替发生远、近的变化，从而形成“视差”。由于测量时采用贴放在试验台底座上的直尺来标定像素当量(每像素对应的实际物理尺寸)，因此使用离镜头较远的各段数据修正离镜头较近的各段数据(测量值偏大)。修正检测结果的实现代码如下：

```
//(1)分别计算奇、偶数段测量数据的平均值
double avg_wd_odd = 0, avg_wd_even = 0, ratio;
int num_odd = 0, num_even = 0, start_num;
for (int i = 0; i < m_width.size(); i++) {
    if (i % 2 == 1) {
        for (int j = 0; j < m_width[i].size(); j++) {
            num_odd++;
            avg_wd_odd += m_width[i][j];
        }
    }
    else {
        for (int j = 0; j < m_width[i].size(); j++) {
            num_even++;
            avg_wd_even += m_width[i][j];
        }
    }
}
avg_wd_odd /= num_odd;
avg_wd_even /= num_even;

//(2)以平均值较小的各段数据为基准修正平均值较大的各段数据
ratio = avg_wd_odd < avg_wd_even ? avg_wd_odd / avg_wd_even : avg_wd_even / avg_wd_odd;
start_num = avg_wd_odd < avg_wd_even ? 0 : 1;
for (int i = start_num; i < m_width.size(); i += 2) {
    for (int j = 0; j < m_width[i].size(); j++) {
        m_width[i][j] *= ratio;
    }
}
```

(4) 检测结果显示。如图 5.5.8 所示，在各检测基线的首端附近标注各检测段的编号，用于在后续检测数据列表时各行与各检测线段位置关系的确定。

编号绘制方法如下：

① 求各检测基线的首端和尾端的中点；

② 求各检测基线的首端与长边 L_1 和 L_3 的距离；

③ 求中点到较小距离对应长边(本例中奇数段对应 L_2，偶数段对应 L_1)的垂足；

④ 以垂足为参数调用文字绘制函数(如 OpenCV 的 putText 函数)绘制相应的编号。

检测结果显示的实现代码如下：

```
//(1)检查各线径是否在预设阈值范围内
```

```
    bool widthOK;
    for (int i =0; i<m_width.size(); i++){
        for (int j=0; j<m_width[i].size(); j++){
            width = m_width[i][j];
            if (width > m_minWidth_Set && width < m_maxWidth_Set){
                widthOK = true;
            }
            else{
                widthOK = false;
                m_result |= 8;
            }
            m_widthOk[i].push_back(widthOK);
        }
    }

    //(2)绘制线径编号和所有的检测线段及线径端点
        CvScalar s1 = cvScalar(0,255,0), s2 = cvScalar(0, 0, 255);
        Scalar ss1 = Scalar(0,255,0), ss2 = Scalar(0, 0, 255), ss3 = Scalar(255, 0, 0), sss;
        for (int i = 0; i < m_widthOk.size(); i++){
            sprintf(temp, "%d", i+1);
cv::putText(*drawImg, temp, show_number_point[i], CV_FONT_HERSHEY_SIMPLEX, 3,
cv::Scalar(255, 0, 0), 5);
            for (int j = 0; j < m_widthOk[i].size(); j++){
                sss = m_widthOk[i][j] ? ss1 : ss2;
                cv::line(*drawImg, m_check_line[0][i][j], m_check_line[1][i][j], sss, 2);
                circle(*drawImg, m_pt_pair[0][i][j], 2, ss3, -1);
                circle(*drawImg, m_pt_pair[1][i][j], 2, ss3, -1);
            }
        }
```

弹簧线径检测项目
最窄线径OK，检测值:1.36mm，阈值:1.30mm
最宽线径OK，检测值:1.44mm，阈值:1.50mm

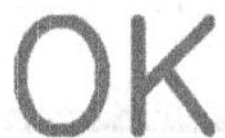

图 5.5.8　检测结果显示

2. 实验验证

下面通过两项实验来评估本案例算法的测量精度和在不同检测密度下算法运行速度的变化情况。

1) 测量精度试验

由于手动检测难以保证高密度精确移动，因此以较为稀疏的 80 pixel 为检测密度对图 5.5.3 所示的弹簧对象进行测量，再用电子游标卡尺(测量精度为 0.01 mm)对相应位置点进行手工测量。测量精度试验的检测结果如图 5.5.9 所示，试验数据如表 5.5.1 所示，共完成了 22 个位置点的线径值测量。由表 5.5.1 可见，最大绝对误差为 0.04 mm，最大相对误差为 2.84%，达到了测量精度的基本要求。

表 5.5.1　测量精度试验数据

段号	位置点	算法测量值/mm	手动测量值/mm	绝对误差/mm	相对误差
1	1	1.39	1.4	0.01	0.71%
1	2	1.39	1.41	0.02	1.42%
2	1	1.37	1.41	0.04	2.84%
2	2	1.42	1.4	0.02	1.43%
3	1	1.44	1.42	0.02	1.41%
3	2	1.39	1.4	0.01	0.71%
3	3	1.44	1.43	0.01	0.70%
4	1	1.39	1.39	0	0.00%
4	2	1.44	1.41	0.03	2.13%
4	3	1.42	1.4	0.02	1.43%
5	1	1.41	1.42	0.01	0.70%
5	2	1.36	1.39	0.03	2.16%
5	3	1.41	1.4	0.01	0.71%
6	1	1.39	1.39	0	0.00%
6	2	1.44	1.41	0.03	2.13%
6	3	1.39	1.4	0.01	0.71%
7	1	1.39	1.39	0	0.00%
7	2	1.39	1.39	0	0.00%
7	3	1.44	1.41	0.03	2.13%
8	1	1.39	1.39	0	0.00%
8	2	1.39	1.41	0.02	1.42%
8	3	1.42	1.41	0.01	0.71%

图 5.5.9　测量精度试验的检测结果

导致存在误差的主要原因是光学成像问题，一方面打光无法完全保证成像后的边沿与弹簧线的真实边沿完全一致，另一方面对检测结果的修正操作并不能完全消除成像“视差”的影响，后续拟采用远心镜头替代该修正方案。另外相机存在一定的畸变等其他硬件因素也导致测量结果存在误差。

2) *不同检测密度下的算法运行速度对比试验*

实验笔记本电脑 CPU 主频为 2.2 GHz，RAM 为 8 G。首先以图 5.5.3 型号的弹簧为对象随机摆放并抓拍 100 张图像，然后以不同的检测密度(即检测线段之间的距离，该值越小检测密度越高)进行批量测试，不同检测密度下算法的平均运行时间如表 5.5.2 所示。

表 5.5.2　不同检测密度下算法的平均运行时间

检测密度/pixel	5	10	20	40	80
算法平均运行时间/ms	130.3	125.1	122.6	121.5	120.4

由表 5.5.2 可见，随着检测密度的增加，算法的平均运行时间有小幅度增加。当检测密度为 5 pixel 时运行最慢(平均检测点位数为 403 个)，算法平均运行时间为 130.3 ms；当检测密度为 80 pixel 时运行最快(平均检测点位数为 21 个)，算法平均运行时间为 120.4 ms。虽然二者检测密度相差 16 倍(平均检测点位数相差近 20 倍)，但检测速度(算法平均运行时间)变化仅为 7.60%，说明由于增加检测密度时所增加的运算量并不大，检测速度受测量密度调整的影响较小。

3) *正常样例检测*

图 5.5.10 为检测结果的软件显示界面，该界面分左、右两部分，左边部分为结果图片，右边部分为数据列表。

左边部分的显示信息分为三部分：

① 左上角以文字的形式显示检测到的最小和最大线径及阈值，若线径在范围内则显示 OK，否则显示 NG。

② 右上角显示该弹簧检测的结果，若所有检测点的线径值都在预设的阈值范围内，则显示 OK，表示通过；否则显示 NG，表示不通过。

③ 中间弹簧部分，在弹簧各中段部分绘制检测线段，若该检测点的线径值在预设的阈值范围内，检测线为绿色，否则为红色。检测线段上的蓝点为定位到的弹簧边界点，弹簧

轴向两侧的数字表示已测量的各弹簧中段的编号。

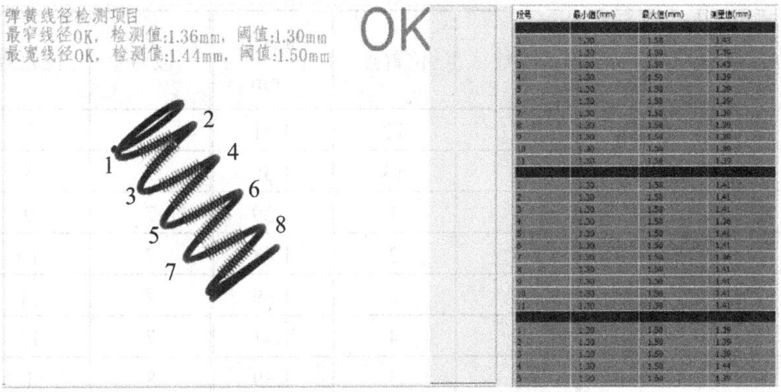

图 5.5.10　检测结果的软件显示界面

右边部分的数据列表包含三部分信息：

①“段号”列的规律为：首先是第 1 个弹簧段的编号，对应左图中弹簧轴向两侧的编号 1；接着是第一段弹簧的多个检测点编号；后续各段的数据格式与第 1 段一致。

②“最大值”“最小值”两列为设定的高、低阈值。

③“测量值”列为弹簧线径检测结果。左边部分中弹簧各段的编号与右边部分的数据列表中弹簧段的编号一一对应，左边部分中靠近各段编号的检测线为起始检测线段位置，实现了每个检测线位置的弹簧线径与右边部分的数据列表中的检测值的一一对应。由图 5.5.10 左边部分可知，算法进行了 8 段弹簧中段的线径检测，如果想要查看图 5.5.10 右边的数据列表部分的完整数据，只需拖动列表右边的滚动条即可。

由于检测数据量较大，检测结果的软件显示界面截图的数据列表部分只能显示部分检测数据，表 5.5.3 为导出并整理后的完整数据。由于空间限制且图 5.5.10 中已有显示，表中没有列出重复度较高的阈值信息。

表 5.5.3　各检测点的测量数据

段号	位置点	测量值/mm	段号	位置点	测量值/mm	段号	位置点	测量值/mm
1	1	1.43	3	12	1.44	6	6	1.44
1	2	1.39	3	13	1.38	6	7	1.39
1	3	1.43	4	1	1.39	6	8	1.41
1	4	1.39	4	2	1.39	6	9	1.36
1	5	1.39	4	3	1.39	6	10	1.39
1	6	1.39	4	4	1.39	6	11	1.44
1	7	1.39	4	5	1.39	6	12	1.39
1	8	1.39	4	6	1.44	7	1	1.39
1	9	1.39	4	7	1.41	7	2	1.41
1	10	1.39	4	8	1.44	7	3	1.41
1	11	1.39	4	9	1.44	7	4	1.39
2	1	1.41	4	10	1.44	7	5	1.41
2	2	1.41	4	11	1.41	7	6	1.44

续表

段号	位置点	测量值/mm	段号	位置点	测量值/mm	段号	位置点	测量值/mm
2	3	1.41	4	12	1.41	7	7	1.41
2	4	1.36	4	13	1.36	7	8	1.39
2	5	1.41	5	1	1.39	7	9	1.41
2	6	1.41	5	2	1.43	7	10	1.41
2	7	1.36	5	3	1.39	7	11	1.39
2	8	1.41	5	4	1.41	7	12	1.44
2	9	1.41	5	5	1.39	8	1	1.39
2	10	1.41	5	6	1.36	8	2	1.39
2	11	1.41	5	7	1.36	8	3	1.44
3	1	1.39	5	8	1.36	8	4	1.39
3	2	1.39	5	9	1.41	8	5	1.39
3	3	1.39	5	10	1.41	8	6	1.41
3	4	1.44	5	11	1.41	8	7	1.39
3	5	1.39	5	12	1.41	8	8	1.44
3	6	1.43	5	13	1.41	8	9	1.41
3	7	1.43	6	1	1.39	8	10	1.44
3	8	1.39	6	2	1.39	8	11	1.44
3	9	1.38	6	3	1.44	8	12	1.41
3	10	1.41	6	4	1.39			
3	11	1.41	6	5	1.41			

4) 缺陷检测示例

这里分别以部分线径过细和过粗的两个不同型号的缺陷弹簧为检测对象，演示本案例算法对缺陷位置的检测能力。

图 5.5.11(a)所示为缺陷弹簧样例 1 原图，左上角第二到第三圈部分线径偏细。图 5.5.11(b)所示为缺陷弹簧样例 2 原图，靠近中间的一小段部分线径过粗。

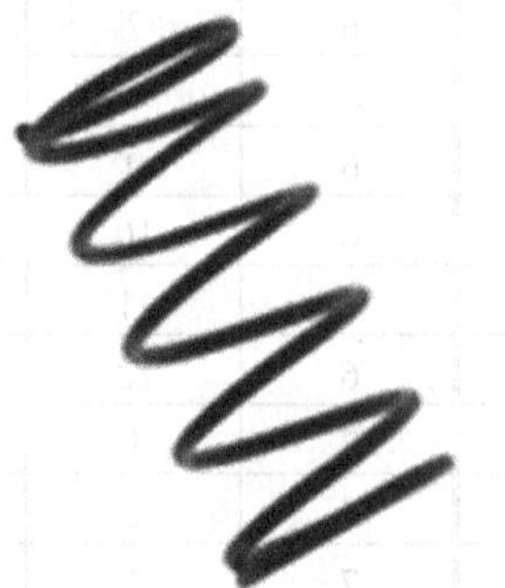

(a) 样例 1：部分线径过细

(b) 样例 2：部分线径过粗

图 5.5.11 缺陷弹簧原图

图 5.5.12(a)所示为缺陷弹簧样例 1 的检测结果。算法成功检出线径过细的部分，红色线段标出了检出低于阈值的线径部分。图 5.5.12(b)所示为缺陷弹簧样例 2 的检测结果。算法成功检出线径过粗的部分，红色线段标出了检出高于阈值的线径部分。

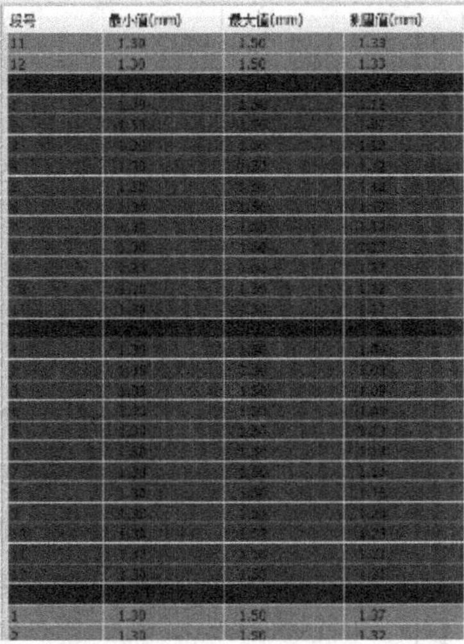

(a) 缺陷弹簧样例 1 的检测结果

(b) 缺陷弹簧样例 2 的检测结果

图 5.5.12　缺陷弹簧样例检测结果的软件显示界面

参 考 文 献

[1] 宋春华，彭泫知. 机器视觉研究与发展综述[J]. 装备制造技术，2019(06)：213-216.

[2] 刘砚秋. 机器视觉技术的发展动态[J]. 电子元件与材料，2014，33(05)：93-94.

[3] 胥磊. 机器视觉技术的发展现状与展望[J]. 设备管理与维修，2016(09)：7-9.

[4] 王风云，郑纪业，唐研，等. 机器视觉在我国农业中的应用研究进展分析[J]. 山东农业科学，2016，48(04)：139-144.

[5] LECUN Y，BOTTOU L，BENGIO Y，et al. Gradient-based learning applied to document recognition[J]. Proceedings of the IEEE，1998，86(11)：2278-2324.

[6] HINTON G E. What kind of a graphical model is the brain?[C]. International Joint Conference on Artificial Intelligence. Morgan Kaufmann Publishers Inc. 2005：1765-1775.

[7] HINTON G E，SALAKHUTDINOY R R. Reducing the Dimensionality of Data with Neural Networks[J]. Science，2006，313(5786)：504-507.

[8] HINTON G E，OSINDERO S，Teh Y W. A fast learning algorithm for deep belief Nets[J]. Neural Computation，2006，18(7)：1527-1554.

[9] DENG JIA，DONG WEI，SOCHER R，et al. ImageNet：a large-scale hierarchical image database[C]. IEEE Conference on Computer Vision and Pattern Recognition. Piscataway，NJ，USA：IEEE，2009：248-255.

[10] 张荣，李伟平，莫同. 深度学习研究综述[J]. 信息与控制，2018，47(04)：385-397+410.

[11] 秦颖，李鹏，李居尚. 基于深度学习的电路板焊接异常检测算法研究[J]. 电子器件，2020，43(02)：391-395.

[12] 赵海文，赵亚川，齐兴悦，等. 基于深度学习的汽车轮毂表面缺陷检测算法研究[J]. 组合机床与自动化加工技术，2019(11)：112-115.

[13] 袁清珂，张振亚，吴晖辉，等. 基于机器视觉系统的自动检测系统设计与开发[J]. 组合机床与自动化加工技术，2014(11)：119-121.

[14] 乔湘洋，王海芳，祁超飞，等. 基于机器视觉的线缆表面缺陷检测系统设计与算法研究[J]. 机床与液压，2020，48(05)：49-53.

[15] CHEN TIEJIAN，WANG YAONAN，XIAO CHANGYAN，et al. A machine vision apparatus and method for can-end inspection[J]. IEEE Transactions on Instrumentation and Measurement，2016，65(9)：2055-2066.

[16] ZIATDINOV M，MAKSOV A，KALININ S V . Learning surface molecular structures via machine vision[J]. Npj Computational Materials，2017，3(1)：31.

[17] RADCLIFFE J，COX J，BULANON D M . Machine vision for orchard navigation[J]. Computers in Industry，2018，98：165-171.

[18] AZARMDEL H，MOHTASEBI S S，TAFARI A，et al. Developing an orientation and cutting point determination algorithm for a trout fish processing system using machine vision[J]. Computers and

Electronics in Agriculture，2019，162：613-629.

[19] 杨钧宇. 基于机器视觉的螺纹钢丝头参数检测系统研究[D]. 西安科技大学，2020.

[20] 田如安，李筠，杨海马，等. 基于机器视觉的汽车减震杆检测系统[J]. 电子测量技术，2019，42(22)：103-106.

[21] 杨云涛，关贞珍. 基于机器视觉检测技术的齿轮几何参数自动测量系统[J]. 计量与测试技术，2020，47(07)：18-21+25.

[22] 周家裕. 弹簧座组件质量的机器视觉检测系统研制[D]. 华南理工大学，2020.

[23] MEJIA PARRA D，JAIRO R SÁNCHEZ，RUIZ-SALGUERO O，et al. In-Line Dimensional Inspection of Warm-Die Forged Revolution Workpieces Using 3D Mesh Reconstruction[J]. Applied Sciences，2019：9(6)(1069).

[24] KUMAR B M，RATNAM M M. Machine vision method for non-contact measurement of surface roughness of a rotating workpiece[J]. Sensor Review，2015，35(1)：10-19.

[25] 丁成波，刘蜜，彭秉东，等. 多品种高精度连接器外壳在线检测系统[J]. 山东工业技术，2022(6)：8-15.

[26] 邱之最. 复合移动机器人平台及其视觉检测系统研究开发[D]. 浙江大学，2020.

[27] 叶亚军. 宏海公司多品种小批量产品生产管理优化研究[D]. 宁波大学，2017.

[28] 史秀珍. 对当今企业多品种、小批量产品生产模型的特点分析及质量控制方法研究[J]. 科学技术创新，2018(22)：8-9.

[29] 刘岗岗，王旭亮，胡锐，等. 面向多品种、小批量微电子制造过程的 SPC 技术应用研究[J]. 电子质量，2020(01)：5-8.

[30] 王湘，龚弦，左彩红，等. 多品种小批量电子产品制造数字化智能化研究与探索[J]. 中国设备工程，2021(03)：31-32.

[31] 邢以超. 多品种小批量机加车间生产过程质量追溯支持系统[D]. 重庆大学，2012.

[32] 周如意. 多品种小批量的生产计划管理研究[J]. 冶金管理，2023(08)：74-76.

[33] 于丰源. 多品种小批量包装设备制造车间工艺规划与排产研究[D]. 哈尔滨工业大学，2022.

[34] 张程浩，刘耀倩，刘垲. 面向多品种小批量间歇生产模式的柔性控制系统研究与应用[J]. 仪器仪表用户，2023，30(05)：105-109.

[35] 唐红涛，杨源，闻婧. 多品种小批量模式下离散制造车间调度问题研究[J]. 数字制造科学，2022，20(03)：215-220.

[36] 罗薛嵘. 多品种小批量模式下的成组调度研究[D]. 电子科技大学，2021.

[37] 周博，井云鹏. 多品种小批量产品生产管理的现存问题及优化措施探讨[J]. 企业改革与管理，2022(09)：12-14.

[38] 王燕. 多品种小批量机械制造企业生产管理流程优化分析[J]. 现代制造技术与装备，2020(04)：215-216.

[39] 计春阳，王华. 多品种小批量电子产品单元精益生产过程研究[J]. 电子世界，2020(01)：13-15.

[40] 王波. 精益单元化生产在多品种小批量装配生产中的实践[J]. 现代制造工程，2019(10)：21-27+39.

[41] 石恒宇. 多品种小批量制造企业生产计划与控制系统改善初探[J]. 中国设备工程，2019(14)：57-58.

[42] 汤胜龙. 多品种小批量智能制造产线关键技术及应用[D]. 华南理工大学，2018.

[43] 杨磊，彭炜，周涛，等. 多品种小批量条件下的生产管理探讨[J]. 商场现代化，2019(12)：92-93.

[44] 牟懋竹，董仲博，曹大成，等. 面向多品种、小批量航天产品的外协管理与实践[J]. 质量与可靠性，

2022(02)：36-40.

[45] 谢元峰. TC 公司多品种小批量生产的快速换模管理研究[D]. 华中科技大学，2021.

[46] 赵琪，管东方. 基于多品种小批量模式的企业生产过程控制研究[J]. 企业改革与管理，2021(15)：16-17.

[47] 相恒萍，刘纯碧. 基于过程数据应用的多品种小批量产品四随精益管理方法研究[J]. 机械设计与制造工程，2023，52(05)：64-68.

[48] 岳俊，周理，张永慧，等. 多品种小批量生产模式下检验工时数学模型的建立[J]. 机械，2022，49(03)：25-31.

[49] MENG LILI，JI KUN，ZHENG LEI，et al. Pattern Recognition of Quality Control Chart of Multi-variety and Small-batch Production Mode Based on MC-GA Optimized BP[J]. Journal of Physics：Conference Series，2021，1965(1).

[50] YANG LINCHAO，ZHANG FAN，LIU ANYING，et al. A Study on the Identification of Delayed Delivery Risk Transmission Paths in Multi-Variety and Low-Volume Enterprises Based on Bayesian Network[J]. Applied Sciences，2022，12(23).

[51] XIAO QINZI，GAO MINGYUN，CHEN LIN，et al. Multi-variety and small-batch production quality forecasting by novel data-driven grey Weibull model[J]. Engineering Applications of Artificial Intelligence，2023，125.

[52] 高岩. 基于组合模型的多品种小批量生产方式质量预测方法研究[D]. 兰州理工大学，2020.

[53] 陈鑫，陈富民. 面向多品种小批量生产的贝叶斯动态质量控制方法[J]. 西安交通大学学报，2019，53(06)：17-22.

[54] 宋承轩，吉卫喜. 多品种小批量制造过程工序质量动态控制方法研究[J]. 现代制造工程，2019(06)：30-36.

[55] 杨剑锋，李永梅，李秀，等. 基于数据融合的多品种小批量产品质量预测方法[J]. 统计与决策，2021，37(09)：33-36.

[56] 安爱琴，聂永芳，张谦. 基于机器视觉的孔类零件检测方法研究[J]. 煤矿机械，2015，36(11)：270-273.

[57] ULRICH M，STEGER C，BAUMGARTNER A. Real-time object recognition using a modified generalized Hough transform[J]. Pattern Recognition，2003，36(11)：2557-2570.

[58] 陈柏生. 一种二值图像连通区域标记的新方法[J]. 计算机工程与应用，2006，25：46-47.

[59] HOUGH P V C. Machine Analysis of Bubble Chamber Pictures，Proc. Int. Conf. High Energy Accelerators and Instrumentation，1959.

[60] DUDA R O ，HART P E . Use of the Hough transformation to detect lines and curves in pictures[J]. Cacm，1972，15(1)：11-15. DOI：10. 1145/361237. 361242.

[61] BALLARD D H. Generalizing the hough transform to detect arbitrary shapes[J]. Pattern Recognition，1981，13(2)，111-122.

[62] 郭亚盛，张硕，张爱梅. 基于机器视觉的圆柱滚子尺寸检测方法[J]. 现代制造工程，2021(04)：109-113.

[63] 徐建桥，吴俊，陈向成，等. 基于规范化样本拆分的轴承缺陷检测[J]. 应用光学，2021，42(02)：327-333.

[64] 魏利胜，丁坤，段志达. 基于高斯加权均值分割的轴承工件检测和定位研究[J]. 电子测量与仪器学

报，2019，33(10)：118-127.

[65] 徐佳露，贺福强，管琪明，等. 基于遗传算法的光照自适应精密轴承尺寸检测系统[J]. 组合机床与自动化加工技术，2019(05)：68-72.

[66] 王晓初，邱杰豪，欧阳祥波，等. 基于机器视觉的轴承盖外形轮廓分类方法[J]. 包装工程，2020，41(23)：217-222.

[67] 徐巧玉，王已伟，王军委，等. 基于数字滤波的圆锥滚子倒装识别算法[J]. 轴承，2016(04)：52-56.

[68] 卢满怀，范帅，汤绮婷. 基于机器视觉的轴承套圈检测系统[J]. 轴承，2017(05)：39-44.

[69] 韩亮. 基于机器人视觉的轴承缺珠检测方法[J]. 机床与液压，2017，45(14)：151-153.

[70] 朱福康，刘毅，孟凡杰，等. 基于图像深度信息集的Hough圆检测方法[J]. 组合机床与自动化加工技术，2018(05)：85-88.

[71] 吴宗胜，薛茹. 基于颜色聚合向量的线序检测方法[J]. 计算机测量与控制，2019，27(06)：182-185.

[72] 刘新天，张晴，何耀，等. 锂电池组电压采样线序检测模块的设计与应用[J]. 电源技术，2018，42(12)：1828-1831.

[73] 何佳秋. 多通道声呐接收机自动线序测试装置研制[J]. 上海船舶运输科学研究所学报，2020，43(03)：18-22.

[74] 成都宸鸿科技有限公司. 一种基于机器视觉的彩色排线线序检测设备：CN201721645189. 5[P]. 2018-06-01.

[75] 河海大学常州校区. 一种基于机器视觉与模糊控制的电缆线序识别方法及设备：CN201210171856. 6[P]. 2012-09-19.

[76] 张攀，张勇，荣溪超，等. R 型销类零件装配到位判定方法[J]. 上海计量测试，2019，46(03)：47-49.

[77] 闵锋，郎达，吴涛. 基于语义分割的接触网开口销状态检测[J]. 华中科技大学学报(自然科学版)，2020，48(01)：77-81.

[78] 王健，罗隆福，邹津海，等. 基于图像识别的高铁接触网紧固件开口销故障分类方法[J]. 电气化铁道，2020，31(02)：45-49.

[79] 王昕钰，王倩，程敦诚，等. 基于三级级联架构的接触网定位管开口销缺陷检测[J]. 仪器仪表学报，2019，40(10)：74-83.

[80] 钟俊平，刘志刚，陈隽文，等. 高速铁路接触网悬挂装置开口销不良状态检测方法研究[J]. 铁道学报，2018，40(06)：51-59.

[81] 崔耀林. 基于深度自编码网络的接触网开口销缺失识别[J]. 电气化铁道，2019，30(03)：43-47.

[82] 马官兵，丁辉，王韦强，等. 核电厂控制棒导向筒开口销超声检测系统设计开发[J]. 核动力工程，2021，42(02)：144-147.

[83] 张鹏贤，韦志成，刘志辉. 管道焊口间隙量与错边量的激光视觉检测[J]. 焊接学报，2018，39(11)：103-107+133-134.

[84] 路亚缇，徐智良. 基于 Labview 的视觉盾尾间隙测量系统研究[J]. 现代隧道技术，2020，57(01)：197-202.

[85] 陈健，周兆钊，刘飞香，等. 基于盾构机盾尾间隙空间结构的视觉测量研究[J]. 机床与液压，2020，48(19)：116-121+107.

[86] 张智森，赵勇，康林春，等. 某型柱塞组件轴向间隙测量夹具优化设计[J]. 组合机床与自动化加工技术，2016(10)：140-141+144.

[87] MATAS J，GALAMBOS C，KITTLER J. Robust detection of lines using the progressive probabilistic Hough transform[J]. Computer Vision and Image Understanding，2000，78(1)：119-137.

[88] 孙珂琪. 非接触检测中螺纹图像牙型边界修正研究[J]. 计算机测量与控制，2017，25(01)：192-195.

[89] 刘阳，刘超. 基于视觉的非接触外螺纹关键参数测量方法[J]. 组合机床与自动化加工技术，2021(08)：105-108.

[90] 张昊，金冠，蒋毅，等. 基于 SVM 特征点分类的机器视觉外螺纹参数检测[J]. 传感器与微系统，2019，38(04)：121-124.

[91] 吴智峰，柴鑫，王亚波，等. 基于机器视觉非接触测量外螺纹尺寸系统[J]. 煤矿机械，2018，39(08)：171-172.

[92] 周策策，李杏华. 基于机器视觉的螺纹参量测量系统[J]. 激光技术，2016，40(05)：643-647.

[93] 田野，叶兵，王连兵. 基于机器视觉的内螺纹检测的实现方法[J]. 仪表技术与传感器，2018(01)：64-70.

[94] 包能胜，方海涛. 连续运动螺纹尺寸自适应机器视觉检测[J]. 计量学报，2020，41(09)：1062-1069.

[95] 李晋惠，于亚琳，田军委. 基于双远心光学系统的高精度外螺纹测量方法研究[J]. 应用光学，2016，37(02)：244-249.

[96] 苏州英飒智能科技有限公司. 一种螺纹计数设备：CN201510665727. 6[P]. 2016-01-13.

[97] 高频. 浅谈弹簧失效及其预防[J]. 机械，1997(06)：47-48.

[98] 崔可涛，刘怀广，周诗洋，等. 一种基于机器视觉的铅酸蓄电池尺寸检测方法[J]. 机床与液压，2021，49(11)：97-102+131.

[99] 陈鹏. 基于机器视觉的扁弹簧在线分类及质量检测[D]. 郑州大学，2017.

[100] 许昊，范详，魏文杰等. 基于机器视觉的弹簧内径尺寸检测研究[J]. 机电产品开发与创新，2016，29(01)：78-79+92.

[101] 张玉苗. 基于机器视觉的弹簧测量系统的研究与实现[D]. 聊城大学，2019.

[102] 屈力刚，朱哲，张丹雅，等. 基于影像技术的弹簧零件外径尺寸的精密检测研究[J]. 锻压装备与制造技术，2018，53(4)：82-86.

[103] 赵艳玲. 镜像式单摄像机立体视觉传感器对弹簧几何尺寸的测量[J]. 现代电子技术，2015，38(18)：137-140.

[104] 李倩，赵闻，路韬，等. 基于机器视觉的弹簧承载座缺陷检测研究[J]. 自动化与仪器仪表，2021(05)：57-60.

[105] 李勇. 基于机器视觉的弹簧装配检测[J]. 计量与测试技术，2020，47(12)：18-20.

[106] 樊伟，吴定祥，唐立军. 触发式弹簧表面缺陷多角度光源补偿检测系统[J]. 计算机工程与设计，2021，42(04)：1173-1180.

[107] 金文宝. 弹簧线径检测装置：201620442259. 6[P]. 2016-11-30.

[108] 陆兴华，魏盼. 基于机器视觉的柱状弹簧质量综合检测系统[J]. 工具技术，2017，51(12)：110-114.

[109] DO A T，HSU Q C，TANG F C. Study on measurement system for non-uniform diameter spring by machine vision[C]. IEEE International Conference on System Science and Engineering，2017：253-258.